量子力学がわかる

逐一数式の意味が解説され、
思考の筋道が理解できる入門書

伊東正人 著

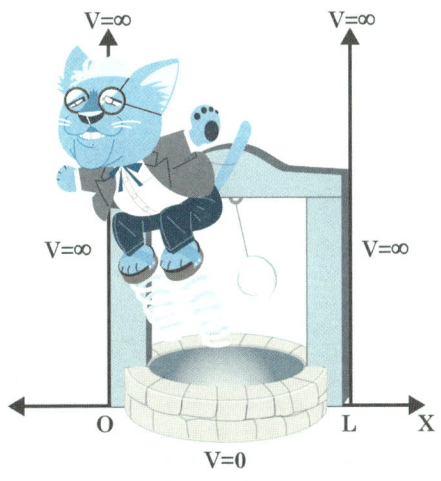

技術評論社

はじめに

　本書は、これから「量子力学」を学ぼうとする人を対象にしています。特に、量子力学の専門書を手に取り、さあ読もうと意気込んだが数ページで挫折した人です。本書は専門書を読むための本(副読本)と思っていただいて結構です。

　筆者自身が量子力学を学んだ経験から、読者に次の言葉を贈ります。
　　　「量子力学を認める寛容な心を持ち、そして計算せよ」
　　　「少々わからなくても悩まず認めて先に進め」
この意味は本書を読めば理解していただけると思います。

　さて、量子力学とは簡単に言うと**ミクロの世界の力学法則**です。原子や分子サイズくらいのミクロの世界になると、人間が住む世界の力学法則が全く通用しないことを20世紀の物理学者達が見抜いたのです。そして、最も重要なことは**量子力学を否定する実験結果はない**ということです。直接目で見ることのできないミクロの世界の物理現象を理解できるという、ものすごい理論なのです。

　そんな量子力学を是非勉強したいという初学者を悩ますのが、そこに登場する数々の数学的技法です。**量子力学を表現するにはどうしても数学が必要であり、物理量を計算するためにも数学を避けることはできない**のです。

　本書は、量子力学が誕生する歴史を振り返りながら徐々に数学が登場してきます。数学特有の厳密性は議論しません。本書の横に計算用紙を置いて読みながら計算する習慣をつけることが、量子力学修得の近道です。筆者もそのように勉強しました。本書をきっかけに、量子力学を好きになる読者が増えることを期待しています。

　最後に、本書の原稿を読んで学生目線から貴重な意見をくれた冬頭かおりさんにお礼を申し上げます。

2010 年 5 月　伊東正人

ファーストブック 量子力学がわかる Contents

第1章 量子力学までの道のり
- 1-1 ミクロの世界への探求 …… 10
- 1-2 光は波? …… 14
- 1-3 光は粒子? …… 18
- 1-4 光の二重性 …… 22
- [章末問題] …… 23

第2章 古典論から量子論へ
- 2-1 温度と色の関係(黒体輻射) …… 26
- 2-2 エネルギー量子説 …… 31
- 2-3 水素原子の構造(ボーアの原子模型) …… 35
- [章末問題] …… 42

第3章 量子力学の原理
- 3-1 量子的イメージ …… 44
- 3-2 波束と不確定性関係 …… 46
- [章末問題] …… 52

第4章 シュレディンガー方程式 →波動関数・演算子・固有値・交換関係
- 4-1 波動関数とシュレディンガー方程式 …… 54

4-2 固有関数・固有値 ·· 60
4-3 量子力学の数学的表現 ·· 65
[章末問題] ·· 72

第5章 無限に深い井戸型ポテンシャル →シュレディンガー方程式を解くI

5-1 1次元井戸型ポテンシャル ································ 74
5-2 立方体に閉じ込められた自由粒子 ···················· 83
[章末問題] ·· 86

第6章 有限の深さの井戸型ポテンシャル →シュレディンガー方程式を解くII

6-1 シュレディンガー方程式の立式 ························ 88
6-2 エネルギー固有値の導出方法 ···························· 93
[章末問題] ·· 97

第7章 1次元散乱問題とトンネル効果 →シュレディンガー方程式を解くIII

7-1 確率の流れ ·· 100
7-2 散乱現象 ·· 103
[章末問題] ·· 113

第8章 調和振動子 →シュレディンガー方程式を解くⅣ

- 8-1　単振動 …… 116
- 8-2　調和振動子の量子力学的特徴 …… 123
- [章末問題] …… 128

第9章 中心力場ポテンシャルのシュレディンガー方程式 →シュレディンガー方程式を解くⅤ

- 9-1　3次元極座標系のシュレディンガー方程式 …… 131
- 9-2　中心力場ポテンシャルのシュレディンガー方程式 …… 133
- [章末問題] …… 148

第10章 角運動量の量子化

- 10-1　角運動量の定義 …… 150
- 10-2　角運動量の量子化 …… 154
- [章末問題] …… 160

第11章 水素原子 →シュレディンガー方程式を解くⅥ

- 11-1　水素原子のシュレディンガー方程式 …… 162
- 11-2　シュレディンガー方程式を解く …… 169
- [章末問題] …… 177

第12章 シュレディンガー方程式の近似解法

12-1 量子力学における摂動論 …………………… 180
12-2 定常状態で縮退がない場合の摂動論 …………… 182
12-3 定常状態で縮退がある場合の摂動論 …………… 190
12-4 非定常状態の摂動論 …………………………… 197
[章末問題] ………………………………………… 204

第13章 さらに勉強したい人のために

13-1 角運動量の代数関係 …………………………… 206
13-2 スピン ………………………………………… 212
13-3 粒子のスピンと統計性 ………………………… 219

付録1 必要な数学の知識 …………………………… 225
付録2 平面波について ……………………………… 237
付録3 特殊関数公式集 ……………………………… 241
付録4 調和振動子のエネルギー固有値の離散化 …… 245

章末問題略解 ………………………………………… 251
索引 …………………………………………………… 254

量子先生

：素子さん、物理に数式はどうして必要なのかわかりますか？

：物理法則が数式で表されるからですか？

：果たしてそうでしょうか？ 例えば、高校物理で登場する $F=ma$ という数式は、「力は質量と加速度をかけたもの」と、文章で表すこともできます。

：あっそうか！ それなら、物理の法則はすべて文章で表せばいいんだね。

：でも、物理で測定する量は数値ですよね。素子さんは文章に数値を代入して計算しますか？ 数式で表現してあるから計算できるのですよ。

：つまり、物理の法則が数式で書いてあるのは計算するためなんだ。

：それだけではありません。物理法則の数式からさまざまな物理的解釈を読み取ることができます。前の $F=ma$ を例にとると、「物体に力を加えると加速度が生じる」、「力と加速度の比が質量である」、「一定の加速度で物体を動かすとき質量が大きいほど大きな力が必要である」など、1つの式からさまざまな解釈ができます。

：数式の方がずっと便利なんですね。

素子ちゃん

：その通りです。物理の数式に慣れながら、一緒に頑張っていきましょう。

第1章
量子力学までの道のり

　19世紀までの古典物理学の概念を大きく変えた量子力学は、20世紀以降、実験と理論の両輪によって発展しました。量子力学は、それまでの既成概念を打ち破った勇気ある物理学者たちが生み出した理論なのです。量子力学の誕生に至る経緯は長い歴史をたどる必要がありますが、この本ではポイントのみ押さえていきます。

　本章では、量子力学に至るまでの歴史的経緯を追いながら、先人たちの英知と努力を感じてみましょう。

1-1 ミクロの世界への探求

● 身の回りの量子力学

　量子力学は日常生活に全く無縁なものではありません。物質に対する基礎研究や電子デバイス開発の応用分野に必要不可欠です。現在のエレクトロニクス技術(超微細化技術、ナノテクノロジー、ナノデバイス工学)は量子力学によって大きく進展しました。コンピュータや携帯電話などの小型化は、内蔵されているデバイスの超小型化を要求しています。

　デバイスのサイズが小さくなると量子力学的効果が無視できなくなるのです。我々の生活を豊かにしてくれる技術は、量子力学のおかげで発展しているといっても過言ではないのです。

　このように日常生活に必須となっている量子力学は、どのように確立されたのでしょうか。その歴史を見ていきましょう。

● 物質を細かくしていくと

　「物質をどんどん分割していくと最後には何が残る？」という素朴な疑問は、いつの時代にも問われてきた大問題であったようです(図1-1参照)。紀元前、ギリシャ時代に活躍した哲学者デモクリトスは、分割して最後に残る粒子を"もうこれ以上分割できない"という意味の**アトム**(atom)と名付けました。日本語では**原子**と呼びます。

図1-1　どんどん分割すると最後に残るのは？

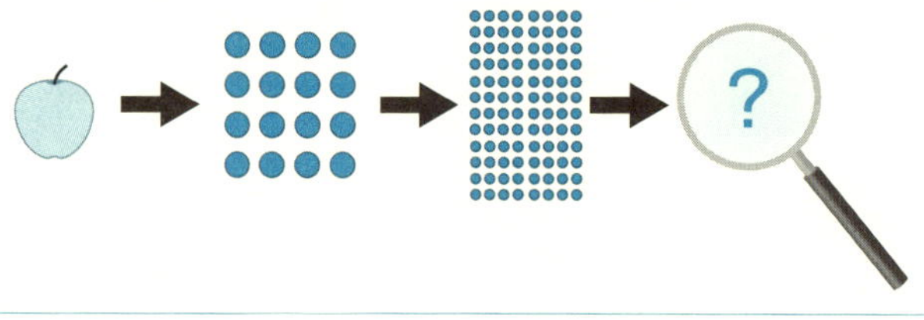

物質をどんどん分割していき原子が現れるような小さい領域を**ミクロの世界**と呼びましょう。人類は原子論を大成したデモクリトスの時代から2000年以上の年月を経て、ミクロの世界にある原子を解明しました（図1-2参照）。原子は電子と原子核から成り、原子核は核子と呼ばれる中性子と陽子から成ることがわかりました。

さらに、理論と加速器実験により核子内部を構成する基本粒子についてもわかってきました。ミクロの世界の基本粒子を総称して**素粒子**と呼びます。素粒子は、物質の基本粒子である**物質粒子**と、力を媒介する**ゲージ粒子**に分類されます。

現在までに判明している物質粒子について説明しましょう。

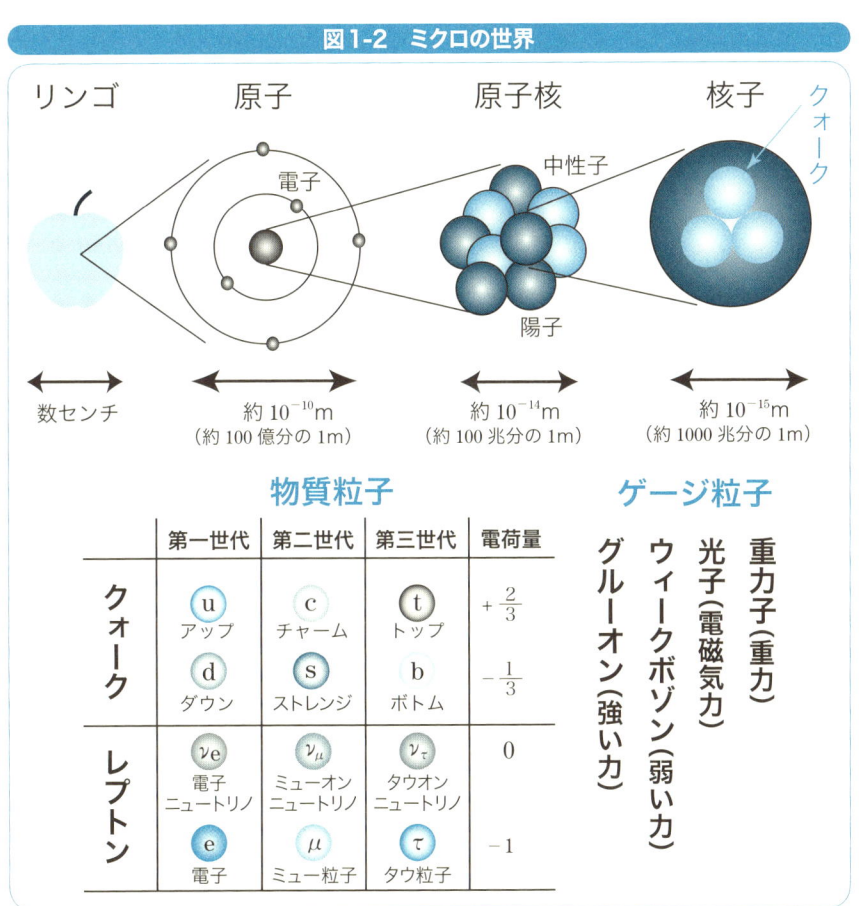

図1-2 ミクロの世界

図1-2にあるように、物質粒子は**クォーク**と**レプトン**に分類されます。核子は6種類のクォークによって構成されています。また、電子にはそれと対(つい)となるニュートリノが存在し、これらはレプトンと呼ばれています。クォークとレプトンは、理論的に第1世代・第2世代・第3世代と分類されています。まるで家族構成のようです。我々の体、身の回りのすべての物質、さらには宇宙全体に存在する物質はすべてクォークとレプトンからできているのです。1973年にクォークは最低6種類あると提唱したのが、小林誠と益川敏英です。ご存知のように2008年にノーベル物理学賞を受賞しました。

　次に、ゲージ粒子について説明します。図1-3にあるように、自然界には重力・電磁気力・弱い力・強い力の4つが存在します。まとめると以下のようになります。

- 重力 ……… 物質間に働く引力
- 電磁気力 … 電気と磁気による力
- 弱い力 …… β崩壊(中性子が陽子になる崩壊)を引き起こす力
- 強い力 …… クォークを結びつける力

図1-3　4つの力とゲージ粒子

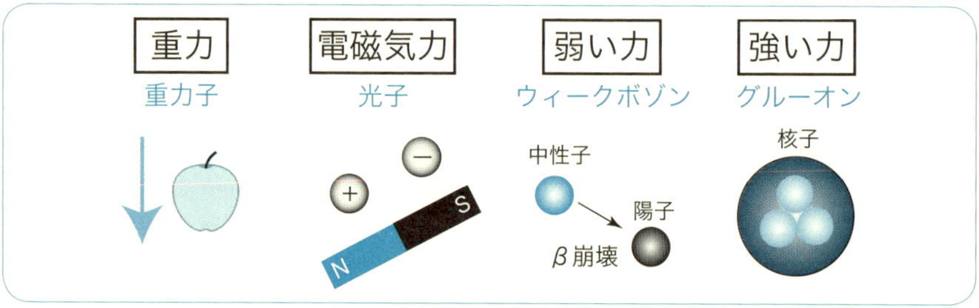

重力	電磁気力	弱い力	強い力
重力子	光子	ウィークボソン	グルーオン

　ゲージ粒子が媒介することによって、それぞれの力が生じると理解されています。重力子を除いた光子・ウィークボソン・グルーオンの存在は実験で確認されています。重力や電磁気力は日常生活で感じますが、弱い力と強い力はミクロの世界で存在します。

　それでは、弱い力も強い力も全く我々と無縁なのでしょうか。そうではありません。ミクロの世界で強い力がクォークを強く結びつけること

で核子が構成され、原子核が成り立つのです。もし、強い力がなくなったら我々の体はバラバラになり、ひいては宇宙も存在しません。

ミクロの世界を探求し、物質を構成する基本粒子や力の物理法則を研究する分野を**素粒子論**といい、その基礎が**量子力学**になります。

ミクロの世界を知ってどうなるのかと思う人もいるでしょう。少し、大げさな話をしてみましょう。我々は地球上にいます。地球は宇宙にあります。宇宙はどのようにして誕生したのでしょう？

宇宙は現在でも膨張し続けています。映画のフィルムを巻き戻すように過去にさかのぼってみると、宇宙はミクロの点からの大爆発で始まったといわれています。今から約137億年前に宇宙が誕生したことは、観測的状況証拠によってわかっています。最初の宇宙は素粒子のつまった高温・高密度のミクロの世界と考えられています。ミクロの宇宙が大爆発した後、膨張して冷えながらクォークが核子、核子が原子核、原子核と電子(レプトン)が原子になり、たくさんの原子が集まり分子になり、分子から惑星や恒星、そして、銀河、人類が誕生したことになります。宇宙のような壮大なマクロの世界はミクロの世界とつながっているのです。宇宙を知りたければ、行き着くところは素粒子論になります。

図1-4 ミクロの世界からマクロの世界へ

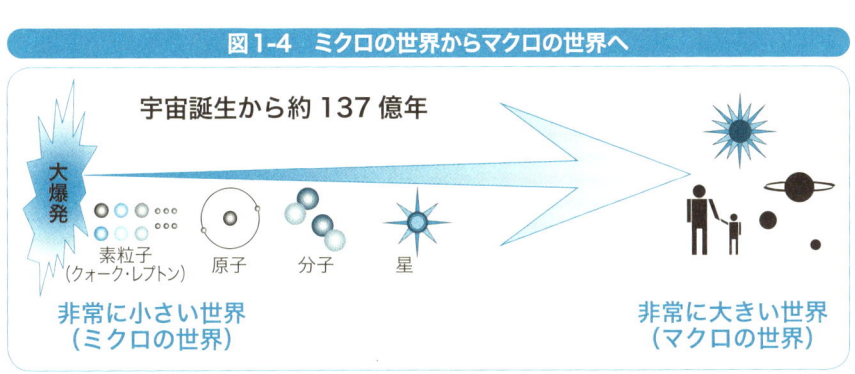

本書では素粒子論についての詳細に触れませんが、その土台になっているのが量子力学です。量子力学の根本は、「光とは何か？」という問いから始まります。光の本質への探究が量子力学につながっていきます。歴史を追いながら光について考えてみましょう。

1-2 光は波?

光の正体

皆さんは"光は波なのか粒子なのか"を考えたことはあるでしょうか。イメージとしては図1-5のようなものでしょう。

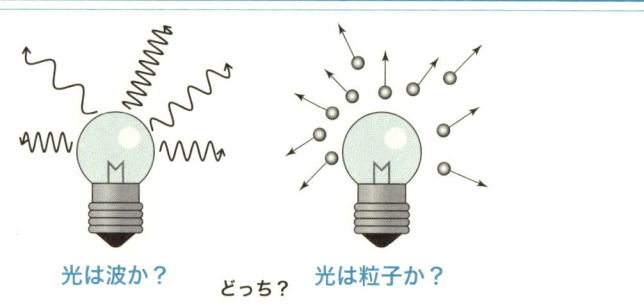

図1-5 光は波か? 粒子か?

光は波か?　　どっち?　　光は粒子か?

この問いは光の本質にかかわっていて、17世紀後半から研究が始まっています。もちろん、当時、光の本質がミクロの世界で重要になることすら認識していなかったはずです。19世紀後半までの光に関する研究の歴史を以下に示します。

　　1678年　ホイヘンス　　　　　　「光の波動性」の発表
　　1704年　ニュートン　　　　　　「光の粒子性」の発表
　　1807年　ヤング　　　　　　　　干渉実験により「光の波動性」が復活
　　1864年　マックスウェル　　　　電磁波の存在を予言
　　1887年　マイケルソン・モーリー　光速度一定を実験検証
　　1888年　ヘルツ　　　　　　　　電磁波を実験検証

17世紀後半からのホイヘンスとニュートンの論争に始まり、18世紀中は「光の粒子性」が有力となります。

二重スリット実験

1807年、ヤングは光の二重スリット実験によって、**干渉現象**(波が互いに強め合ったり弱め合ったりする現象)による**干渉縞**を確認しました。光は波であるとすると、干渉縞を見事に説明できるのです。それを解説しましょう。

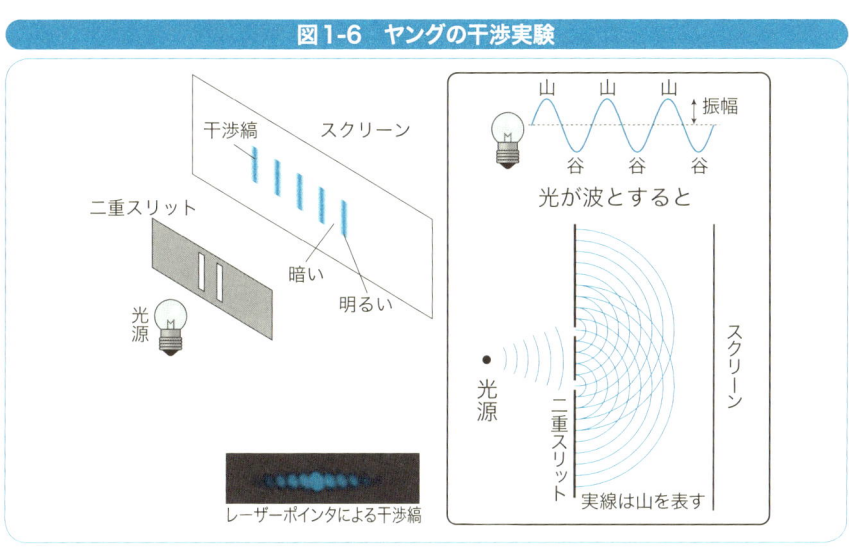

図1-6 ヤングの干渉実験

水面を伝わる波を思い浮かべるとわかるように、波には振幅とその最大値の山・最小値の谷があります。光を波と考えると、光源から出た光はスリットによって2つに分かれて再びスクリーン上で出会います。スクリーン上で2つの波が山あるいは谷で出会うかで、干渉の様子が以下のように異なります。

○ 2つの波が山(谷)と山(谷)で出会う→互いに強め合う→明るくなる
○ 2つの波が山と谷で出会う→互いに弱め合う→暗くなる

スクリーン上には、明暗が縞(干渉縞)になって観測されます。図1-6には、レーザーポインタの二重スリットによる干渉縞が示してあります。光を波と考えて干渉縞の明暗の位置や間隔を計算すると、実験結果と見事に一致します。この実験により、「光の波動性」が復活したのです。

波としての光

　1864年、マックスウェルは電気と磁気の理論を統一したマックスウェル方程式を作り上げました。この方程式は、電場と磁場は真空中を波として伝播できることを示していたのです。この予言された波を**電磁波**と呼び、光はその電磁波とみなすことができたのです。1887年、マイケルソン・モーリーの実験により、光の速さは真空中で一定であることが検証されました。人間が色として認識できる電磁波を**可視光**といい、日常的にはそれを光と呼んでいます。

　ここで、波を特徴付ける**波長・周期・振動数**(あるいは**周波数**)について説明しておきましょう。図1-7には、時間が経過して黒の波が進んで青の波になった状態を表しています。波の隣り合う山(谷)と山(谷)の間隔を波長 λ (ラムダと読む)〔m〕といいます。波が1波長分進むのにかかる時間を周期 T〔s〕といい、1秒間に波が振動する回数を振動数 ν (ニュー)〔1/s = Hz(ヘルツ)〕といいます。波が1波長進んだとき1回振動することになります。

図1-7　波の波長と周期と振動数

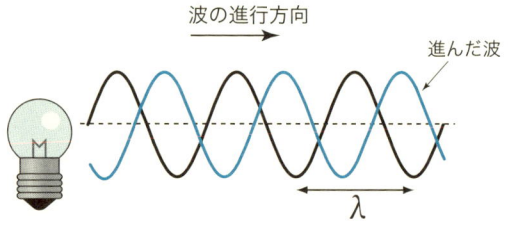

波の基本的長さ…波長(λ)
波が1波長進む時間…周期(T)
1秒間に波が振動する回数…振動数($\nu = \dfrac{1}{T}$)

　1回振動する時間(周期 T〔s〕)に、波は1波長 λ〔m〕進むので、波の速さ v〔m/s〕は次のように表せます。

$$v = \frac{\lambda}{T} = \lambda\nu \tag{1.1}$$

光の速さ c は真空中で一定で、以下のような定義値となっています。

$$c = 2.99792458 \times 10^8 \cong 3.00 \times 10^8 \,[\mathrm{m/s}] \tag{1.2}$$

近似記号

振動数・波長によって電磁波には名前が付けられています。図1-8には電磁波の種類、可視光の色と波長の関係を示してあります。

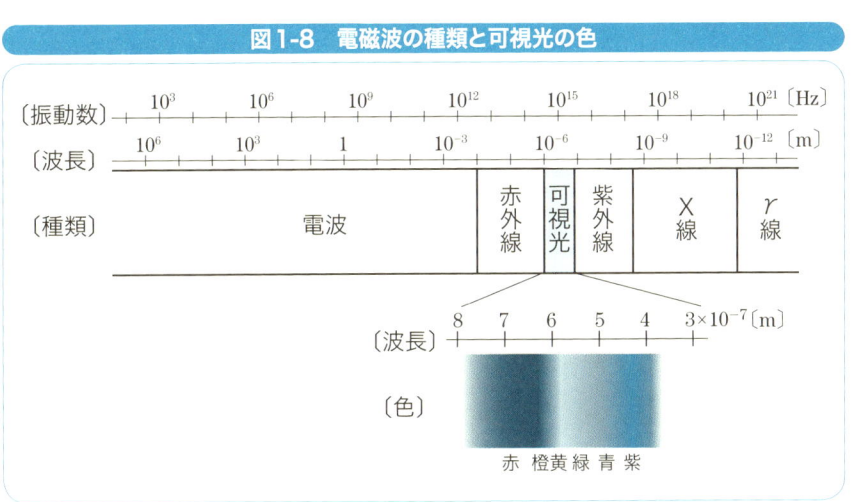

図1-8 電磁波の種類と可視光の色

ヤングの干渉実験以降、「光の波動性」が有力になりますが、19世紀後半になるとそれでは十分に説明できない実験事実が発見されるのです。

1-3 光は粒子?

光電効果

1887年、ヘルツは金属板に紫外線を照射すると電子(光電子)が金属板から放出されることを発見します。この現象を光電効果といいます。

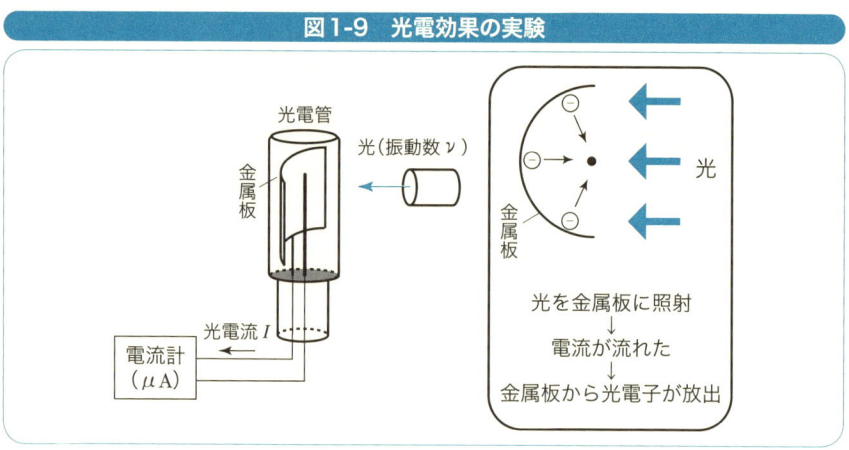

図1-9　光電効果の実験

図1-9にあるように、真空のガラス管内に金属板と棒状の電極を備えた光電管に光を当てると、電流計に微弱な電流が流れ光電効果が確認できます。紫外線以外の光でも光電効果は起き、20世紀に入り、さらに詳細な実験によって以下の主な特徴があることがわかりました(図1-10参照)。

① 照射する光の振動数がある値 ν_0 (**限界振動数**という)以上でないと、光電効果は起こらない。ν_0 の値は金属の種類による。
② ν_0 以上の光であれば、**光の強さ**(明るさ)に関係なく光電効果は起きる。

③ 金属板から出る光電子の運動エネルギーの最大値は、光の強さに関係なく、光の振動数に対して直線的に増加する。
④ 光の振動数(ν_0以上)を一定にして、光の強さを増加させると、光電子の個数もそれに比例して増加する。

　光電効果の実験結果で重要なのは、光電子の個数(光電流に比例)は光の強さによるが、光電効果が起きる(光電子が1個出てくる)条件は、**光の振動数のみで決まる**ということです。

　光の波動性から、光電効果を説明することを試みてみましょう。光を当てると電流が流れるということは、金属内の電子が飛び出ていることは間違いないわけです。金属内部の電子(自由電子)は正イオンの間を自由に動くことができますが、金属外部に飛び出るには、正イオンとの電気的引力から引き離すだけのエネルギーが必要になります。つまり、光のエネルギーによって光電子が金属から飛び出ることになります。

　波のエネルギーは振幅の2乗に比例しています。例えば、海上の波の高さが大きいほど物体を破壊する能力が大きいことは容易に想像できる

図1-10　光電効果実験の結果

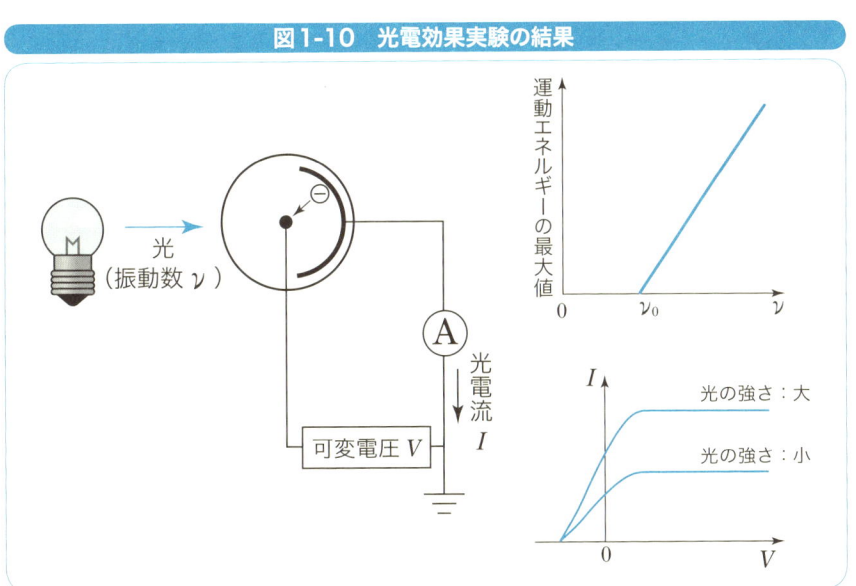

と思います。光の振動数が小さくても振幅が大きければエネルギーが大きい強い光ですし、振動数が大きくても振幅が小さければエネルギーが小さく弱い光になります（図1-11参照）。波はエネルギーを運んでいるので、振動数に関係なく、振幅を大きくすればいつでも金属板から電子が飛び出すエネルギーに達するはずです。しかし、光電効果の①と②からわかるように実験結果ではそうなっていないのです。**光の波動性から、限界振動数の存在は説明できないのです**。

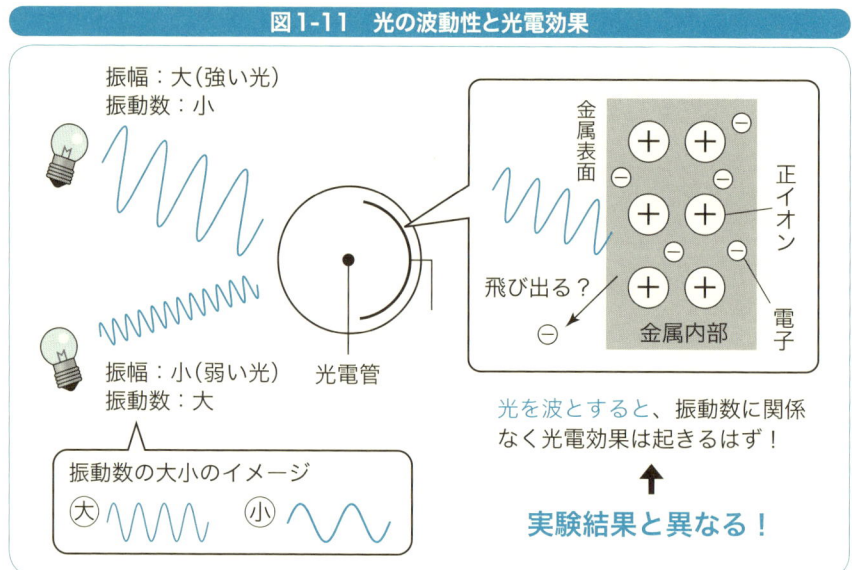

図1-11　光の波動性と光電効果

粒子としての光

　1905年、相対性理論で有名な**アインシュタイン**は、**光量子仮説**を唱えて光電効果の説明に成功しました。その仮説とは、「**振動数 ν の光はエネルギー E の1個の粒子（光子）で、$E = h\nu$ と表される**」ということです。ここで、h は**プランク定数**といい、次のような近似値であることが実験で測定されています。

$$h \cong 6.63 \times 10^{-34} \text{ J·s} \tag{1.3}$$

つまり、アインシュタインは「光の粒子性」を唱えたのです。この仮説は、第2章で扱うプランクの「エネルギー量子説」（1900年）を発展させたものです。身近な赤外線・可視光・紫外線で考えると光子のエネルギーは振動数 $\left(\nu=\dfrac{c}{\lambda}\right)$ で決まるので、図1-8から、振動数の大きい（波長の小さい）紫外線の方がエネルギーが大きいことになります。

　アインシュタインの光量子仮説で光電効果を説明しましょう。

　例えば、紫外線の照射では光電効果が起き、赤外線では光電効果が起きない金属があるとします（図1-12参照）。光子のエネルギーは振幅に関係ないので、赤外線の光子より紫外線の光子の方がエネルギーが大きいのです。赤外線の光子を増加（強い赤外線）させても光電効果は起きません。なぜなら、赤外線1個の光子は正イオンと電子間の電気的引力を切り離すエネルギーを持っていないからです。一方、紫外線1個の光子は、電子を正イオンから切り離すのに十分なエネルギーを持っているので光電効果が起きるのです。紫外線の光子を増加（強い紫外線）させると、光子の個数に比例して飛び出す光電子の個数も増加するのです。

　このように、光電効果における実験結果①〜④（P.18）は光の粒子性で説明できるのです。

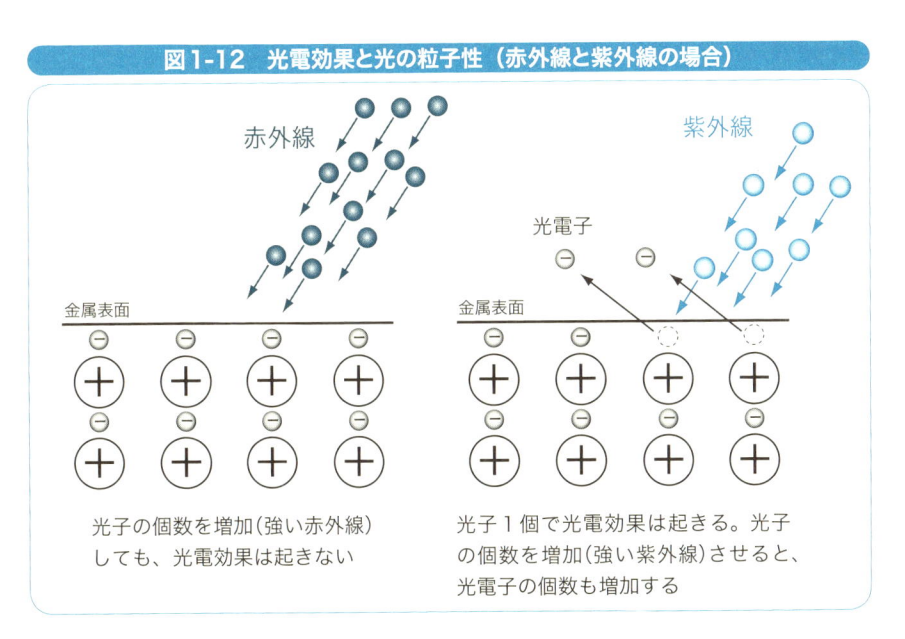

図1-12　光電効果と光の粒子性（赤外線と紫外線の場合）

光子の個数を増加（強い赤外線）しても、光電効果は起きない

光子1個で光電効果は起きる。光子の個数を増加（強い紫外線）させると、光電子の個数も増加する

1-4 光の二重性

17世紀後半～20世紀初頭にかけて問われてきた"光は波なのか粒子なのか"に対する答えはどうなるのでしょう。下記に、まとめてみました。

	光の波動性	光の粒子性
干渉実験	○	×
光電効果	×	○

光の本質にかかわる実験事実を説明しようとするとき、光の波動性と粒子性を実験ごとに人間が決めるという妙なことになっているわけです。そこで、敢えて柔軟な発想で光の本質に迫ってみましょう。光は両方の性質を兼ね備えているとすると実験事実と一致するわけです。干渉実験をすれば光の波動性が顕著になり、光電効果の実験をすれば光の粒子性が顕著になると考えるのです。光はどちらか一方の性質しか持たないという概念が通用しないのです。さらに踏み込むと、光は波動性と粒子性の両方の性質を持ち、それが光の本質であることを認めるのです。これを**光の二重性**といいます(図1-13参照)。

ただし、二重性があるからいって、光が野球のボールのように飛んでいるように見えるとか、水面の波のように見えるわけではありません。あくまで波と粒子の性質を持ち合わせているということです。光電効果にもあるように、光は原子や電子と相互作用(互いに力を及ぼし合う)します。ミクロの世界の物理法則において、光の二重性は重要な役割をするのです。光の二重性から量子力学発展の歴史が始まります。

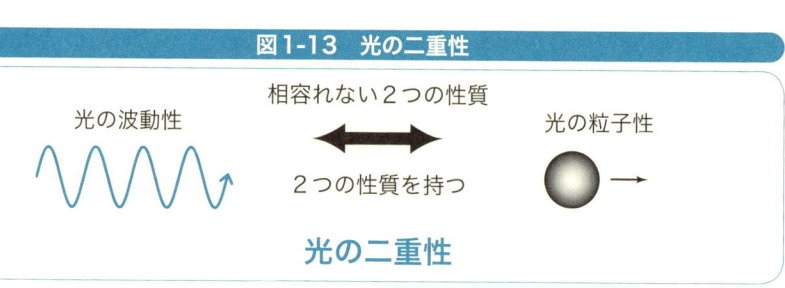

図1-13 光の二重性

> **まとめ**

- 光・原子・分子が存在するミクロの世界に適用できる力学法則は量子力学が基本となる。
- 光の干渉実験は「光の波動性」によって説明できる。(1807年、ヤング)
- 光の光電効果は「光の粒子性」によって説明できる。(1905年、アインシュタイン)
- 振動数 ν の光子1個のエネルギーは $E = h\nu$ である(光量子仮説)。
- 光は波動性と粒子性を持ち、それを「光の二重性」という。
- 重要な基礎定数
  光速度(真空中) $c \cong 3.00 \times 10^8$ m/s
  プランク定数　$h \cong 6.63 \times 10^{-34}$ J・s

[問題]

1.1 波長 650 nm の光子1個のエネルギーは何 J か。また、何 eV か。
ただし、1 eV(電子ボルト)は $1 \text{ eV} = 1.6 \times 10^{-19}$ J である。

1.2 1 eV のエネルギーを持つ光子1個の振動数と波長を求めよ。

1.3 100 W の蛍光灯から放射される波長 500 nm の光子は1秒間に何個か。
ただし、1 W(ワット) = 1 J/s である。

略解は P.251

ギリシャ文字の読み方一覧

大文字	小文字	読み方
A	α	アルファ
B	β	ベータ
Γ	γ	ガンマ
Δ	δ	デルタ
E	ε	イプシロン
Z	ζ	ゼータ
H	η	エータ, イータ
Θ	θ	シータ
I	ι	イオタ
K	κ	カッパ
Λ	λ	ラムダ
M	μ	ミュー
N	ν	ニュー
Ξ	ξ	グザイ, クサイ, クシー
O	o	オミクロン
Π	π	パイ
P	ρ	ロー
Σ	σ	シグマ
T	τ	タウ
Υ	υ	ウプシロン
Φ	ϕ	ファイ
X	χ	カイ
Ψ	ψ	プサイ, プシー
Ω	ω	オメガ

物理学の数式では、ギリシャ文字がよく使われます。ここで、読み方をまとめておきましょう。

第 2 章
古典論から量子論へ

　第1章では、ヤングの干渉実験と光電効果の実験から光の二重性(波動性と粒子性)を説明しました。このように、20世紀初頭、当時知られていた物理学(古典論)では説明できない実験結果が多く発見され、新しい理論である量子論が徐々に構築されていきました。
　本章では電磁波のエネルギー量子化のきっかけとなった黒体輻射の理論と、電子の波動性のきっかけとなったボーアの水素原子模型について解説します。この時代は、量子力学の定式化が未熟で前期量子論と呼ばれています。

2-1 温度と色の関係（黒体輻射）

光の研究が量子論を生んだ

　物が燃えるとき"真っ赤に燃える"と言ったりします。人間が赤と感じるということは、燃えている物から赤に対応する波長（振動数）の電磁波が放射されていることになります。このように温度と色（波長あるいは振動数）には関係があります（図2-1参照）。熱せられた物体から放射される電磁波を**輻射**（ふくしゃ）（**熱放射**）といいます。

　19世紀中期から、温度と色の関係を物理的に解明する研究が始まりました。その当時、製鉄業が盛んであったヨーロッパにおいて、鉄から不純物を取り除く精製工程では、溶鉱炉内の温度測定が重要な問題でした。しかし、溶鉱炉内の温度を測定できる温度計がなく、温度は経験的に判断するしかありませんでした。溶鉱炉の熱輻射から温度を推定することが急務だったのです。

　熱を加えられた鉄の温度が上昇すると、色が赤から橙へと変化していきます。熱輻射の強度分布（**スペクトル分布**）は、図2-1にあるように測定されています。熱輻射はいろいろな振動数の電磁波を含んでいて、温度によって強度分布が最大となる振動数が変わることがわかります。19世紀後半まで、この強度分布を説明する理論はありませんでした。歴史

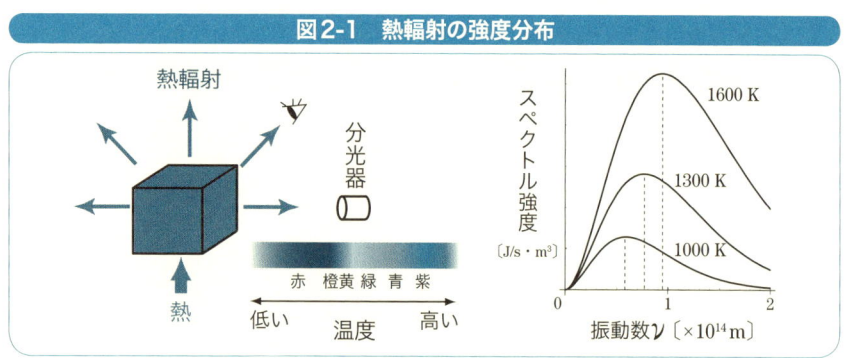

図2-1　熱輻射の強度分布

を追いながら、熱輻射が量子力学の発端になる経緯を見ていきましょう。

1859年、**キルヒホッフ**は温度と熱輻射のスペクトル強度の関係を物理的に考察するため、**黒体**という物体を仮定しました。黒体とは、すべての電磁波(光)を吸収する理想化された真っ黒な物体です。

空洞の物体にあけた小さい穴を外から見ると、1度穴を通った光は中で反射を繰り返して外に出ることはほとんどないので、空洞の穴は外から見ると黒体と等価になります(図2-2参照)。例えば、部屋の鍵穴をのぞき込むと、真っ黒に見えます。

ここで、熱平衡状態にある空洞内の電磁波を考えてみます。キルヒホッフは、絶対温度Tの壁に囲まれた空洞で熱平衡状態にある**黒体輻射**のスペクトル強度は、温度Tのみの関数であることを示しました。つまり、空洞の形・大きさや壁の物質に無関係ということです。**キルヒホッフが黒体を提案して以降、実験結果の温度Tに対するスペクトル強度曲線**(図2-1参照)**を理論的に導出することが、物理学者たちの研究課題となりました。**

図2-2 黒体と空洞は等価

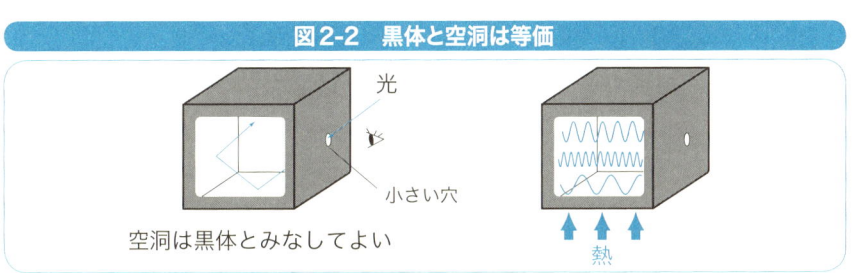

1896年、**ウィーン**は次のような式(**ウィーンの式**)を提案しました。

$$U(\nu) = a\nu^3 e^{-b\nu/T} \qquad (2.1)$$

ウィーンの式は実験データに合うように作られたもので、計算してでてくるものではありません。$U(\nu)$は振動数νの熱輻射のスペクトル強度(単位はJ/s・m^3＝単位時間・単位体積当たりのエネルギー)です。ここで、aとbは実験で決められる定数です。

この式は、振動数が大きい側（波長が短い）の実験データとよく合います。
1900年、**レーリー**は古典力学と熱力学からスペクトル強度を導き、1905年、**ジーンズ**による訂正を経て**レーリー・ジーンズの式**を提案しました。

$$U(\nu) = \frac{8\pi}{c^3}\nu^2 k_B T \quad (2.2)$$

レーリー・ジーンズの式は古典力学と熱力学から理論的に導かれる式です。ここで、$k_B = 1.38 \times 10^{-23}$〔J/K〕は**ボルツマン定数**です。

この式は振動数が小さい側（波長が大きい）の実験データと非常によく合います。レーリー・ジーンズの式を次のように分けると、物理的解釈がしやすくなります。

$$\frac{8\pi}{c^3}\nu^2 \quad \times \quad k_B T \quad (2.3)$$

空洞内に閉じ込められた電磁波のモード数　　熱平衡状態にある熱エネルギー（エネルギー等分配則）

この式の意味を説明しましょう。

空洞内に閉じ込められた電磁波は、両端で反射を繰り返して、壁で節（変位がゼロ）になる振動をします。図2-3に示すように、波長はとびとびの値を持ちます。ちょうど、両端が固定されたギターの弦の振動と同じです。振動数νで振動する電磁波がいくつもあり、この数を**モード数**あるいは**状態数**といいます。3次元空間で振動する電磁波は、各3方向でも振動の様子が異なります。導出の詳細は避けますが、振動数νのモード数は(2.3)式の第1項になります。

図2-3　空洞内の電磁波とそれと等価な調和振動子

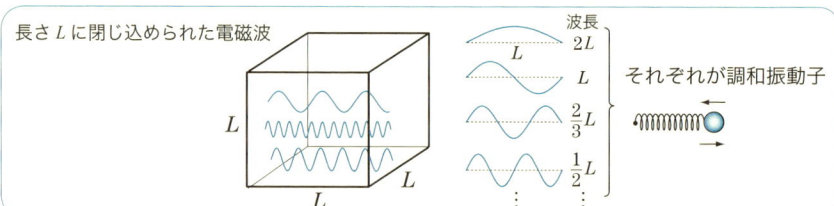

熱平衡状態では、空洞内の電磁波の振動が熱エネルギーを持つことになります。そのエネルギーを計算してみましょう。

　電磁波の振動は調和振動子（ばねの単振動）と等価であることがわかっています。調和振動子は熱エネルギーによって振動するので、熱平衡状態では熱力学的エネルギーと調和振動子の力学的エネルギーは等しくなります。熱力学のエネルギー等分配という法則によると、絶対温度Tで$\frac{1}{2}k_\mathrm{B}T$のエネルギーが1自由度に分配されるので、

調和振動子の力学的エネルギー ＝ 運動エネルギー＋ばねの位置エネルギー
$$= \frac{1}{2}k_\mathrm{B}T + \frac{1}{2}k_\mathrm{B}T = k_\mathrm{B}T$$

となります。これが(2.3)式の第2項になります。

図2-4　レーリー・ジーンズの式

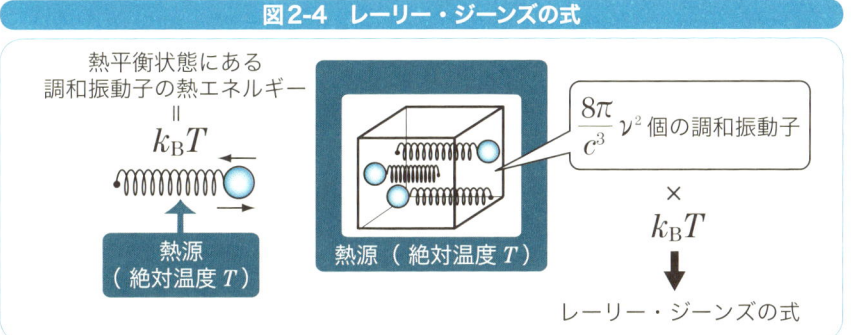

　古典論から導出されたレーリー・ジーンズの式は、振動数νの3次元調和振動子のモード数$\frac{8\pi}{c^3}\nu^2$個に1自由度当たりの熱エネルギー$k_\mathrm{B}T$を掛けたものです（図2-4参照）。

● プランクの登場

　実験データを再現できる理論曲線は、(2.1)の高振動数側（ウィーンの式）と(2.2)の低振動数側（レーリー・ジーンズの式）しかありませんでした。**全振動数にわたるスペクトル強度の理論曲線はなかった**のです。

1900年、ついに、ブレークスルー(突破口)が起きます。**プランク**はウィーンの式とレーリー・ジーンズの式をつなぐ数学的考察を行い、次のような**プランクの放射式**を思いつきました。

$$U(\nu) = \frac{8\pi}{c^3} \frac{h\nu^3}{e^{h\nu/k_\mathrm{B}T} - 1} \tag{2.4}$$

ここで、定数 h は第 1 章(1.3)式のプランク定数です。図 2 - 5 にあるように、プランクの放射式はすべての振動数にわたって見事に実験データと一致したのです。(2.4)式を $h\nu \ll k_\mathrm{B}T$(低振動数)と考えるとレーリー・ジーンズの式となり、$h\nu \gg k_\mathrm{B}T$(高振動数)とするとウィーンの式になります。プランクの放射式はレーリー・ジーンズの式とウィーンの式を含んでいるのです。

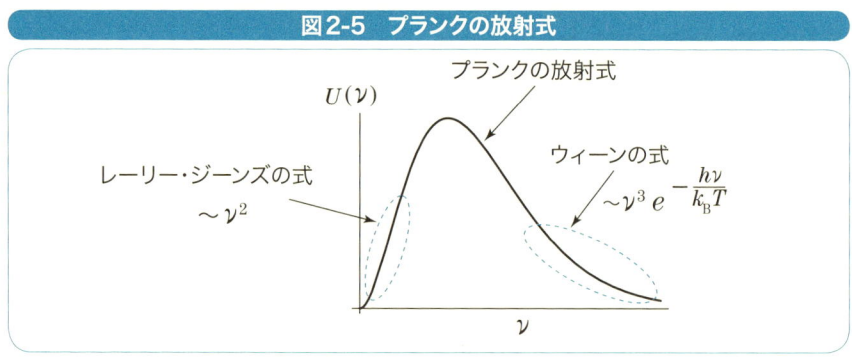

図2-5　プランクの放射式

プランクは実験データと一致する式を見つけましたが、それを説明する理論がありませんでした。そこで、プランクはそれまでの古典論の概念を大きく変える仮説を提唱しました。それは、電磁波のエネルギーには最小単位があるという考え方で、それを"**エネルギー量子**"と名付けたのです。この仮説は**エネルギー量子説**(1900 年)と呼ばれ、「**電磁波(光)のエネルギーは $h\nu$ の整数倍である**」と主張するものでした。

アインシュタインは、このエネルギー量子説を発展させて光の粒子性にたどり着き、光電効果の解明に成功しました(第 1 章参照)。まさに、光の二重性の出発点になっているのです。

2-2 エネルギー量子説

● エネルギーはとびとびの値に

　前の節では、プランクの放射式がエネルギー量子説へとつながるプロセスがはっきりしていませんでした。逆からたどってみましょう。つまり、エネルギー量子説からプランクの放射式を導出してみます。

　古典論では、電磁波のエネルギーはゼロから無限大まで連続的な値をとることができます。しかし、エネルギー量子説ではとびとびの値のエネルギーしかとれません。

　エネルギー量子説で、振動数 ν の電磁波のエネルギー E_n は

$$E_n = nh\nu, \quad n = 0, 1, 2, \cdots \tag{2.5}$$

つまり、最小単位 $h\nu$ の整数倍だね。

となります。このように不連続なエネルギーをとることを**エネルギーの量子化**と呼び、その値を**エネルギー準位**といいます。

　図2-6にあるように、エネルギー準位はエネルギー $h\nu$ を持った塊をゼロから無限個まで積み上げていくイメージになります。

図2-6　電磁波のエネルギー準位とそのイメージ

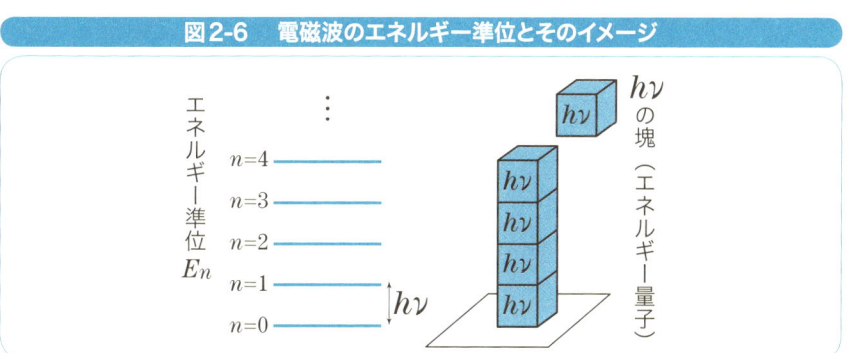

量子の統計力学

この節では、プランクの放射式を、量子の考え方と統計力学を使って導いてみます。最初は読み飛ばして、力がついてから読み返してもかまいません。

プランクの放射式の導出には、当時よく知られていた統計力学を使う必要があります。統計力学によると、絶対温度 T で熱平衡状態にあるエネルギーが E_n をとる確率はボルツマン因子 $e^{-\beta E_n}$ $\left(\beta = \dfrac{1}{k_B T}\right)$ を使って

$$\frac{e^{-\beta E_n}}{e^{-\beta E_0} + e^{-\beta E_1} + \cdots} = \frac{e^{-\beta E_n}}{\sum_{n=0}^{\infty} e^{-\beta E_n}} \tag{2.6}$$

で与えられます(図 2-7 参照)。

図2-7 統計力学による確率分布

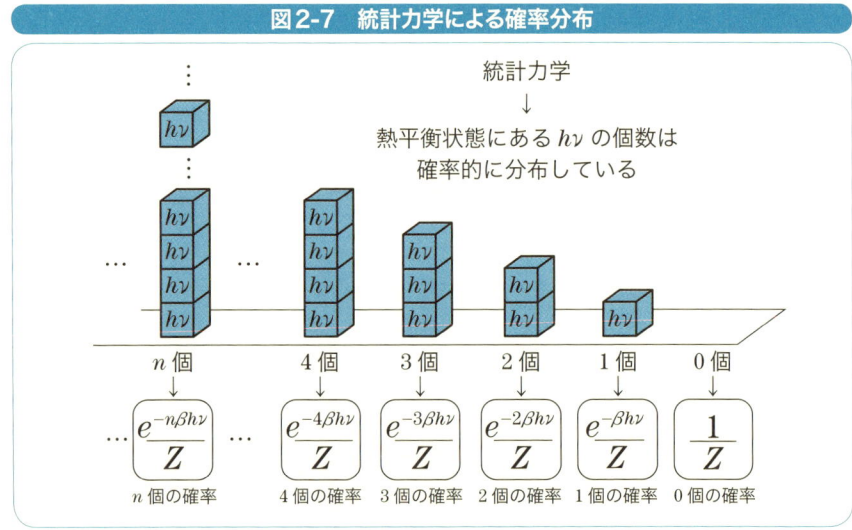

(2.6)の分母は統計力学において重要な量で分配関数 Z と呼ばれています。(2.5)式から Z は次のように計算することができます。

$$Z = \sum_{n=0}^{\infty} e^{-\beta E_n} = \sum_{n=0}^{\infty} e^{-n\beta h\nu} = 1 + e^{-\beta h\nu} + e^{-2\beta h\nu} + e^{-3\beta h\nu} + \cdots = \frac{1}{1 - e^{-\beta h\nu}} \tag{2.7}$$

(2.7)式は無限等比級数和(初項1、公比$e^{-\beta h\nu}$)になっていることを利用しました。熱平衡にあるエネルギーの平均値$\langle E \rangle$は、(2.6)式の確率に電磁波のエネルギーE_nをかけて総和をとると得られるので

$$\langle E \rangle = \frac{\sum_{n=0}^{\infty} E_n e^{-\beta E_n}}{\sum_{n=0}^{\infty} e^{-\beta E_n}} = \frac{-\frac{\partial}{\partial \beta}\sum_{n=0}^{\infty} e^{-\beta E_n}}{\sum_{n=0}^{\infty} e^{-\beta E_n}} = -\frac{\partial}{\partial \beta}\log\left(\sum_{n=0}^{\infty} e^{-\beta E_n}\right) = -\frac{\partial}{\partial \beta}\log Z \quad (2.8)$$

$\frac{\partial}{\partial \beta}\log Z = \frac{1}{Z}\frac{\partial}{\partial \beta}Z$ より

$\frac{\partial}{\partial \beta}\sum e^{-\beta E_n} = -\sum E_n e^{-\beta E_n}$ より

分配関数へ置き換え

となります。(2.7)を(2.8)に代入すると、絶対温度Tの熱平衡状態にある振動数νの電磁波の平均エネルギー

$$\langle E \rangle = \frac{h\nu}{e^{h\nu/k_B T}-1} \quad (2.9)$$

が得られます。これに(2.3)式中の第1項にある電磁波のモード数を掛けると、次のようにプランクの放射式(2.4)になります。

$$U(\nu) = \underbrace{\frac{8\pi}{c^3}\nu^2}_{\text{電磁波のモード数}} \times \underbrace{\frac{h\nu}{e^{h\nu/k_B T}-1}}_{\text{温度}T\text{における電磁波の平均エネルギー}} \quad (2.10)$$

近似式の記号

$h\nu \ll k_B T$(低振動数あるいは高温)のとき、$e^{h\nu/k_B T} \cong 1 + \frac{h\nu}{k_B T}$と展開できるので(2.2)のレーリー・ジーンズの式になります。

$h\nu \gg k_B T$(高振動数あるいは低温)のとき、$e^{h\nu/k_B T} \gg 1$となるので

$$U(\nu) = \frac{8\pi}{c^3}h\nu^3 e^{-h\nu/k_B T} \quad (2.11)$$

となりウィーンの式になります。(2.1)式の定数a, bは上式を見れば一目瞭然です。**エネルギー量子説は、見事に熱輻射のスペクトル強度分布の実験データを理論的に説明したのです。**

エネルギー量子説から見た古典論と量子論

熱輻射のスペクトル分布を見事に説明したエネルギー量子説から、古典論と量子論のイメージをそれぞれ考えてみましょう（図2-8参照）。

高温になってくると、プランクの放射式は古典論のレーリー・ジーンズの式と一致していきます。エネルギー量子の塊$h\nu$が電磁波に等分配される熱エネルギー$k_{\mathrm{B}}T$に比べて小さいので、1つひとつのエネルギー量子の影響は小さくなります。まるで、$k_{\mathrm{B}}T$という大きなバケツの中に米粒大の大きさの$h\nu$を入れていくようなものです。高温のとき、黒体輻射の理論は古典論的扱いで問題ないのです。

図2-8　古典論と量子論のイメージ

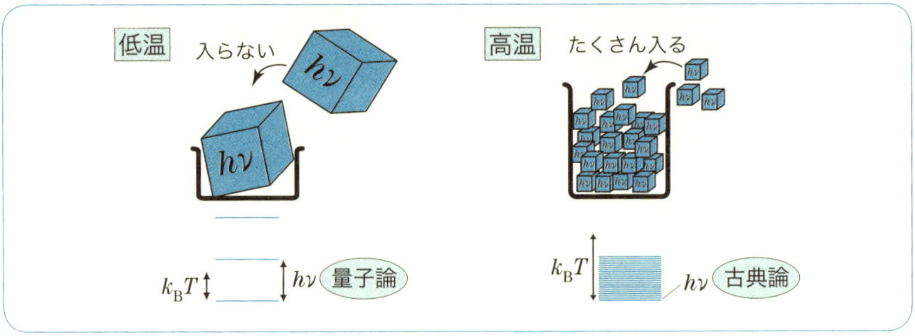

低温になってくると、エネルギー量子の塊$h\nu$が熱エネルギー$k_{\mathrm{B}}T$より大きくなります。エネルギー準位の間隔が非常に大きくなり、不連続なエネルギー値をとることが本質的になるので、古典論は通用しません。まるで、$k_{\mathrm{B}}T$のバケツの中に入りきらない大きさ$h\nu$のブロックを入れていくようなものです。低温のとき、黒体輻射では量子論的扱いが必要になるのです。

以上から、

古典論　⇒　エネルギーは連続　　量子論　⇒　エネルギーは不連続

と考えて構いません。また、2つの理論を個別に考える必要はありません。**量子論は古典論を含んでいるので、量子論で計算した物理量で$h \to 0$の極限をとれば、それは古典論で計算したものになります。**

2-3 水素原子の構造（ボーアの原子模型）

ラザフォードの原子模型の限界

20世紀に入り、実験技術の進展や測定精度の向上により、原子の構造が明らかになってきました。電気的に中性である原子は、負電荷の電子を持ち、中心には正電荷の原子核が存在することが、ラザフォードのα線による散乱実験(1911年)で明らかになりました。

ラザフォードが提唱した原子模型は、原子核を中心として電子がその周りを回転している模型でした(図2-9参照)。ちょうど、原子核が太陽で、電子が地球のイメージです。しかし、古典論の枠組みで考えられたこの原子模型には、以下に述べるような問題点がありました。

図2-9 ラザフォードの原子模型

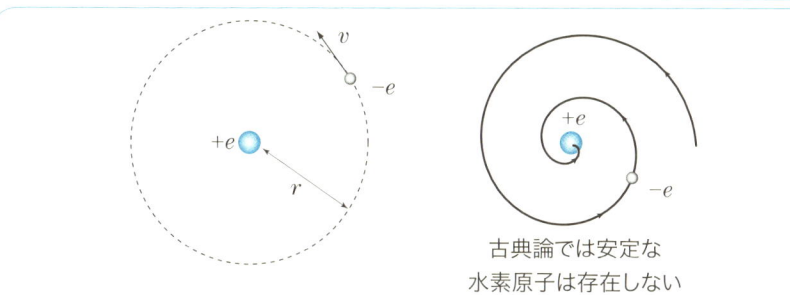

古典論では安定な水素原子は存在しない

電子の質量をm、速さをv、等速円運動の軌道半径をrとすると、電気的引力(クーロン力)と遠心力が釣り合っているので、

$$\text{電気的引力} \Rightarrow \frac{1}{4\pi\varepsilon_0}\frac{e^2}{r^2} = m\frac{v^2}{r} \Leftarrow \text{遠心力} \tag{2.12}$$

となります。電子の力学的エネルギーEは、電子の運動エネルギーとクーロン力によるポテンシャルエネルギーの和なので、(2.12)と合わせると

$$E = \frac{1}{2}mv^2 - \frac{1}{4\pi\varepsilon_0}\frac{e^2}{r} = -\frac{1}{8\pi\varepsilon_0}\frac{e^2}{r} \tag{2.13}$$

力学的エネルギーの式　　(2.12)より

となります。上式は、実に恐ろしい結果を招きます。エネルギー的に安定な条件は、エネルギーに最小値があることですが、(2.13)は $r \to 0$ でどんどんエネルギーが下がりマイナス無限大になっていきます。ということは、電子は原子核に落ち込んでしまいます。しかし、現実には水素原子は存在し、そのおかげで人間も存在しています。つまり、**古典力学(古典論)の枠組みでは、電子の軌道半径を決める原理がない**のです。

ボーアの原子模型

　ラザフォードの原子模型提唱以前に重要な実験事実がありました。1885年、バルマーが水素原子スペクトルの規則性を解明していたのです(図2-10参照)。水素を封入したガラス管に高電圧をかけると放電現象が起き、発光します。この光を分光器に通すと、特有の波長(振動数)を持ったスペクトル(線スペクトル)しか観測されませんでした。この線スペクトルの波長の規則性を**バルマー系列**といい、次のようなものです。

$$\lambda = 3.6456 \times 10^{-7} \times \frac{n^2}{n^2 - 2^2} \text{[m]} \quad (n = 3, 4, 5, \cdots) \tag{2.14}$$

古典論ではこの規則性を理論的に説明することができませんでした。

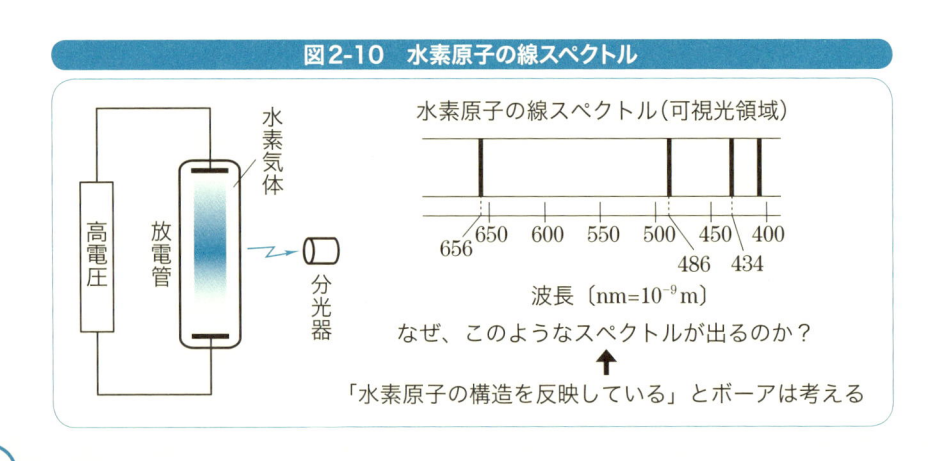

図2-10　水素原子の線スペクトル

水素原子の線スペクトル(可視光領域)

波長 〔nm=10^{-9}m〕
656, 650, 600, 550, 500, 486, 450, 434, 400

なぜ、このようなスペクトルが出るのか？
「水素原子の構造を反映している」とボーアは考える

1913年、**ボーア**は以下の大胆な仮説の下、水素原子の線スペクトル規則性を説明できる水素原子模型(**ボーアの原子模型**)を提案しました。

【仮説1】角運動量の量子化条件

電子の角運動量は量子化され、

$$m v r = \frac{h}{2\pi} n \quad (n = 1, 2, 3, \cdots) \tag{2.15}$$

というとびとびの値しかとらない。n を**量子数**という。電子は量子化条件を満たす円軌道上のみ運動でき、その状態を定常状態という。

【仮説2】振動数条件

量子数 n における定常状態のエネルギー準位を E_n とする。電子が異なる量子数 n から m に移る(**遷移**する)とき、1個の光子を放出あるいは吸収する。その振動数は

$$\nu = \frac{1}{h} \left| E_n - E_m \right| \tag{2.16}$$

で与えられる。

2つの仮説によって、線スペクトルの規則性を見事に説明できることを示しましょう。(2.12)(2.13)と【仮説1】の(2.15)を使うと、量子数 n における電子のエネルギー準位 E_n と電子の軌道半径 r_n は

$$E_n = -\frac{me^4}{8\varepsilon_0^2 h^2} \frac{1}{n^2}, \quad r_n = \frac{\varepsilon_0 h^2}{\pi m e^2} n^2 \tag{2.17}$$

となります。$n = 1, 2 \cdots$ と増やしていくとわかるように、**エネルギーと軌道半径はとびとびの値をとり量子化されています**(図2-11参照)。$n = 1$ のとき、電子は一番内側の軌道を運動し、エネルギーは最低となります。この状態を**基底状態**といいます。電子が外部からエネルギーをもらうと、$n = 2, 3 \cdots$ と外側の軌道にとびとびに移っていきますが、この状態を**励起状態**といいます。

図2-11　量子化された軌道半径とエネルギー

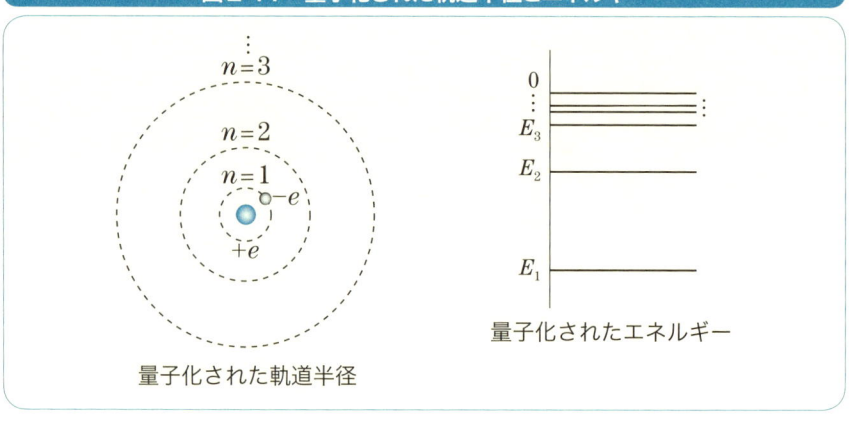

量子化された軌道半径

量子化されたエネルギー

　水素気体の放電による発光現象を考えてみましょう（図2-12参照）。水素気体に高電圧をかけると、水素原子にエネルギーが加わり、電子はあるエネルギー準位 E_n の励起状態に移ります。この状態は不安定なので、電子はすぐにエネルギーの低い $E_{n'}(n'<n)$ を持つ内側の軌道に移り、余ったエネルギー $E_n - E_{n'}$ が光子1個のエネルギー $h\nu$ に転化されて振動数 ν の光が出るのです。

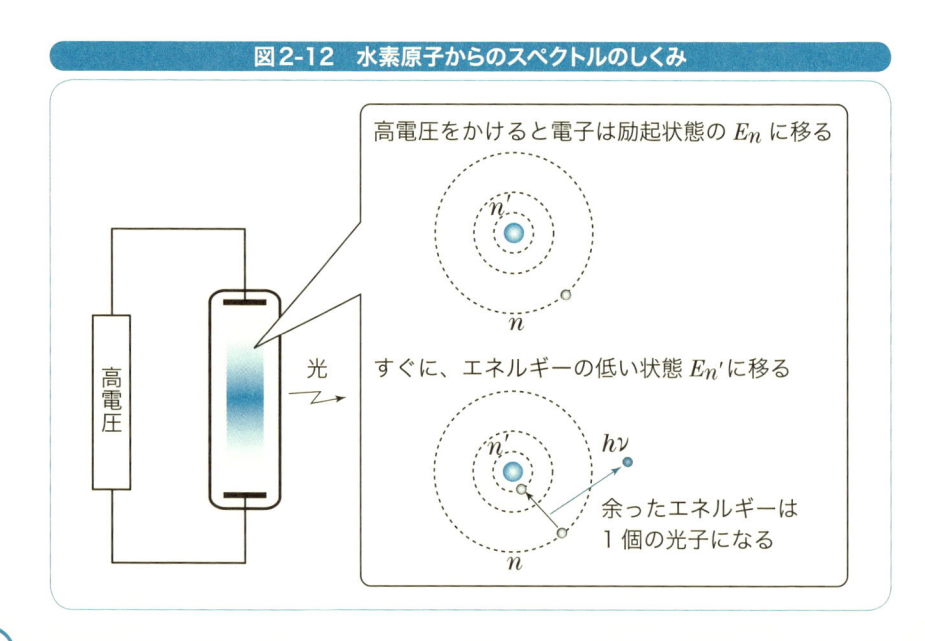

図2-12　水素原子からのスペクトルのしくみ

高電圧をかけると電子は励起状態の E_n に移る

すぐに、エネルギーの低い状態 $E_{n'}$ に移る

余ったエネルギーは1個の光子になる

発光する光の振動数 ν は【仮説2】で与えられ、波長は $\lambda = \dfrac{c}{\nu}$ なので (2.17) を使うと

$$\lambda = \frac{hc}{E_n - E_{n'}} = \frac{8\varepsilon_0^2 h^3 c}{me^4} \frac{n^2 n'^2}{n^2 - n'^2} \tag{2.18}$$

となります。実験事実によるバルマー系列 (2.14) と見比べると、(2.18) で $n' = 2$ に対応することがわかります。すると、

$$\lambda = \frac{32\varepsilon_0^2 h^3 c}{me^4} \frac{n^2}{n^2 - 2^2} \tag{2.19}$$

となります。前の係数に定数を代入すると

$$\frac{32\varepsilon_0^2 h^3 c}{me^4} = 3.64491 \times 10^{-7} \tag{2.20}$$

となり、これはバルマー系列の (2.14) とほとんど一致しています。バルマー系列は、電子が $n > 2$ の励起状態から $n = 2$ の定常状態に移るときに放出されるスペクトルであることがわかります。これは驚きです。マクロの世界で実施した実験から、決して我々が見ることができないミクロの世界を解明できてしまったのですから。今現在まで、ボーアの仮説を否定する実験結果はありません。

ボーアの仮説から見た古典論と量子論

水素原子を見事に説明したボーアの仮説から、古典論と量子論をどのようにイメージすればよいか考えてみましょう。

> (2.15) を次のように書き直すと、ボーアの仮説の意味がわかりやすくなります。「軌道半径 r の円周の長さは波長 λ の整数倍である」と読み取れます。

$$2\pi r = \lambda n \ (n = 1, 2, 3, \cdots), \quad \lambda = \frac{h}{mv} \tag{2.21}$$

ここで、**電子は粒子なのですが、波長 λ の波である**と発想の転換をします。すると(2.21)が意味することは、**λ の整数倍の長さを持つ円周の円軌道のみが許される**ということです。図2-13には、λ が8個分の円周を持つ軌道の場合が示されています。このように、軌道円周の長さや軌道半径は、電子の波動性で決まり、それはとびとびの値をとることを意味しているのです。

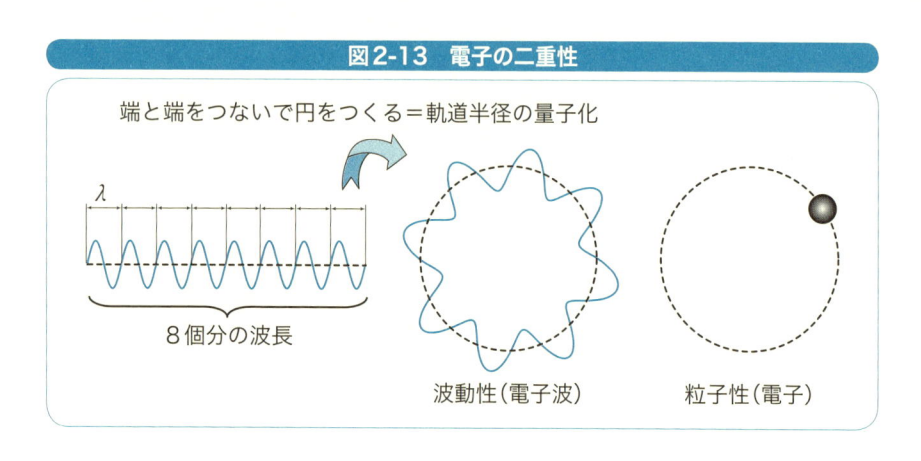

図2-13 電子の二重性

端と端をつないで円をつくる＝軌道半径の量子化

8個分の波長

波動性（電子波）　　　　粒子性（電子）

1924年、ド・ブロイは「**電子も光と同様に粒子性と波動性の両方の性質（二重性）を持っている**」と提唱しました。波長 λ を**ド・ブロイ波長**といいます。運動量 $p=mv$ なので(2.21)から

$$\lambda = \frac{h}{mv} = \frac{h}{p} \tag{2.22}$$

> ド・ブロイ波長の式は量子力学の特徴そのものを意味しています。波長 λ（波としての物理量）は、プランク定数を運動量 p（粒子としての物理量）で割ったものになっています。まさに、1つの式の中に二重性が含まれているのです。

さらに言えば、陽子・中性子なども二重性を持ちます。これらを一般に**物質波**といいます。**ミクロの世界では、光と同様に物質も二重性を持つことを認めないと、実験事実を説明できない**のです。

実験の歴史

　歴史を振り返ると、必ず今までの既成概念(古典論)では説明できない実験に対して、物理学者がそれを説明する仮説を提唱してきました。そして、その仮説から導出された物理量は見事に実験事実と矛盾がなかったのです。このようにして、量子力学の第一歩になるのです。

> **まとめ**

○ それぞれの実験事実から次の仮説が打ち立てられました。

黒体輻射のスペクトル　⇒　エネルギー量子説(1900年)
　　　　　　　　　　　　　「光のエネルギーは $h\nu$ の整数倍である」

光電効果の実験　　　　⇒　光量子仮説(1905年)
　　　　　　　　　　　　　「光子1個のエネルギーは $h\nu$ である」

水素原子の線スペクトル⇒　ボーアの仮説(1913年)
　　　　　　　　　　　　　「電子の軌道半径は量子化されている」

○ 「エネルギー E、運動量 p」(粒子性)と「振動数 ν、波長 λ」(波動性)の関係式

$$E = h\nu$$

$$p = \frac{h}{\lambda}$$

[問題]

2.1 プランクの放射式(2.4)から $\dfrac{dU}{d\nu} = 0$ を計算して、U が最大となる振動数を $\nu_{\max}$ とすると $h\nu_{\max} \cong 2.8\, k_B T$ となることを示せ。$(3-x)e^x = 3$ の解は $x \cong 2.8$ であることを利用せよ。

2.2 全エネルギー密度 $\int_0^\infty U(\nu)d\nu$ は T^4 に比例することを示せ。これをステファン・ボルツマン則という。

2.3 (2.17)(2.18)を導け。

2.4 速さ 1.0×10^7 m/s の電子と陽子のド・ブロイ波長はそれぞれ何 m か。ただし、電子と陽子の質量は $m_e = 9.1 \times 10^{-31}$ kg、$m_p = 1.67 \times 10^{-27}$ kg とせよ。

略解は P.251

第3章
量子力学の原理

　ミクロの世界になると、光・物質は粒子性と波動性の両方の性質を持つことは実験から揺るぎのないものとなりました。ミクロの世界の力学を記述する量子力学は、粒子性と波動性の両方を併せ持つ必要があります。この二重性を定式化するために、下記の3つのことを認めなければならないのです。
- 重ね合わせの原理
- 不確定性関係
- 波動関数の確率解釈

上記3つを認めて構築された量子力学は、実験結果と矛盾がないのです。
　量子力学において物質の物理的状態を得るには、シュレディンガー方程式(第4章)を解く必要があります。本章では、量子力学の定式化に必要な上記3つの項目を理解することを目標にします。

3-1 量子的イメージ

　粒子性と波動性という2つの全く相容れない性質を持ち合わせたものをイメージせよと言われても、恐らく誰もできないでしょう。例えば、我々は空を飛ぶ飛行機の動きを粒子的イメージで捉えることに慣れていますが、それを波動的イメージで捉えるというのは難しいでしょうし、できません。量子力学は、粒子的と波動的なイメージの両方を持ち合わせた奇妙な理論なのです。

　幸いなことに、この理論はミクロの世界にだけ通用します。粒子的イメージと波動的イメージの両方を兼ね備えたイメージを**量子的イメージ**と呼びましょう。この量子的イメージを波動的イメージから作り上げてみます。

　いろいろな振幅・波長の波を足し合わせたとき、図3-1に示すような、ある特定の場所にだけ波が集まるような合成波を作ることができます。この波を局在化された「**波束**」と呼び、このような波の足し算を**波の重ね合わせ**といいます。局在化した中央で波は互いに強め合い、その両側では互いに弱め合っているのです。ここで、この局在化した波束の変位をΨとします。Ψは**波動関数**と呼び、一般に複素数です。

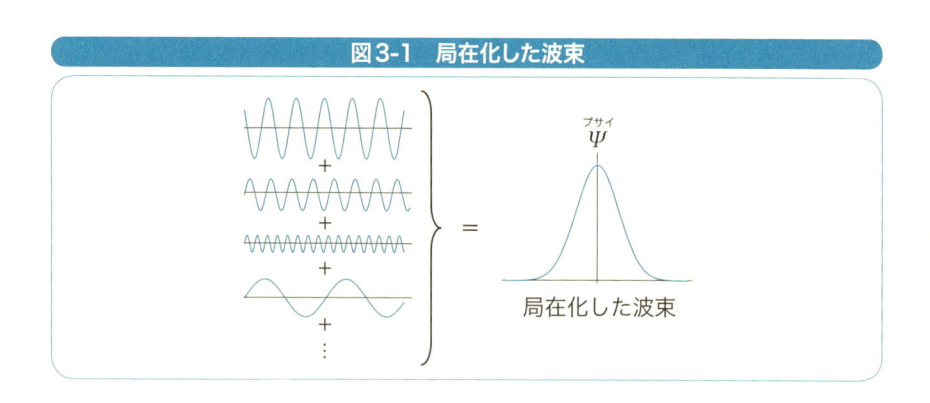

図3-1　局在化した波束

局在化した波束

　波動+粒子の量子的イメージを作り上げるには、次のように考えるとよいでしょう。局在化した波束の大きさの2乗の値、つまり$|\Psi|^2 = \Psi^*\Psi$

は**粒子を見出す確率**であると考えます（Ψ^*は複素共役）。$|\Psi|^2$の最大値をとる位置は、粒子を見出す確率が最大であるということになります（図3-2）。決して、1個の粒子がぼやけて存在しているわけではありません。

図3-2　量子的イメージ

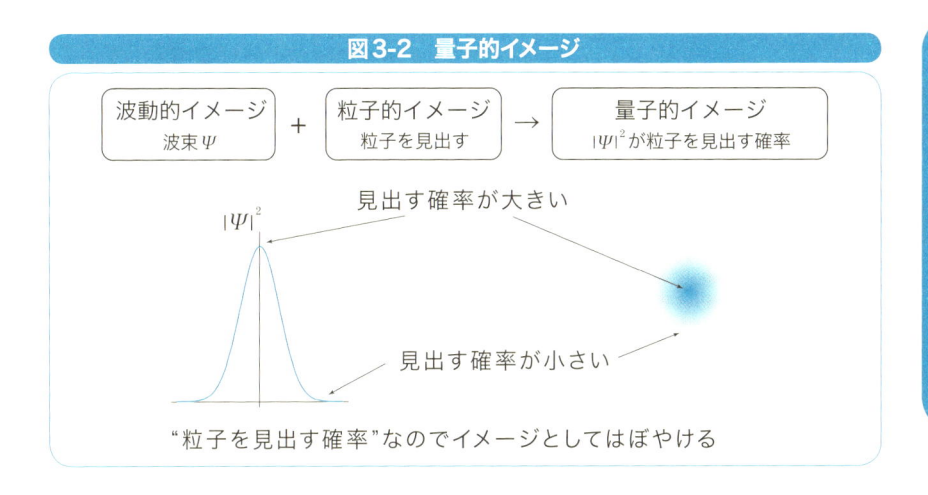

波動的イメージ（波束Ψ）＋ 粒子的イメージ（粒子を見出す）→ 量子的イメージ（$|\Psi|^2$が粒子を見出す確率）

$|\Psi|^2$
見出す確率が大きい
見出す確率が小さい

"粒子を見出す確率"なのでイメージとしてはぼやける

　日常の感覚ならば、粒子は100％の確率で観測した位置にあるはずです。しかし、量子力学では、粒子の存在は確率的にしか議論できないのです。これを「波動関数の確率解釈」（1926年、ボルン）といいます。

　基底状態における水素原子内の電子を量子的イメージで眺めてみましょう。図3-3に示すように、古典力学の粒子的イメージでは、電子はボーア半径で惑星のように周回しています。量子力学の量子的イメージでは、ボーア半径で電子の存在確率が大きく、電子は回転していません。

図3-3　水素原子の量子的イメージ

水素原子の粒子的イメージ
電子
原子核
ボーア半径

水素原子の量子的イメージ
ボーア半径

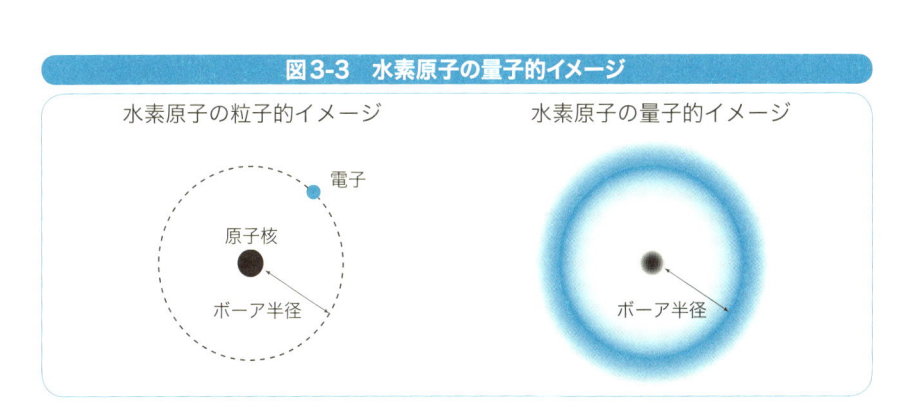

3-2 波束と不確定性関係

位置と運動量は同時に決まらない

波束はさらに奇妙な量子的性質を生み出します。

量子力学では、「位置と運動量が同時に確定した値をとることは不可能である」という**不確定性関係**があります。古典力学では、2つの量を同時に精確な値で測定することができます。日常生活でも、不確定性関係のような体験はしたことがないはずです。

この不確定性関係が、波の重ね合わせの波束の議論から導出できることを説明します。

波を数式で表現するとき、**波数** k という量で表現すると便利です。波長 λ に対して波数は

$$k = \frac{2\pi}{\lambda} \tag{3.1}$$

と定義されます。振幅 A の波は Ae^{ikx} と書きます。詳細は付録2を参照してください。

ここで、波数 k に依存した振幅 $g(k)$ を持つ平面波 $\psi(k,x)$ を考えます。

> 平面波とは、波面が平面になる波のことで、波打ち際に平行に打ち寄せる波のようなものです。$\psi(k,x)$ のように2つ変数を持っていると、k と x の両方の変化につれて値が変化します。

$$\psi(k,x) = g(k)e^{ikx} \tag{3.2}$$

図3-1のような局在化した波束を作るために

$$g(k) = e^{-a(k-k_0)^2} \quad (a > 0) \tag{3.3}$$

とします。このとき、波数 k_0 のとき振幅が最大になり、十分大きい波

数$|k|\gg 1$のとき振幅がゼロに近づく平面波になります。このような振幅を持った平面波を無限に重ね合わせて波束を作りましょう。平面波$\psi(k,x)$をすべてのkについて積分すると次のようになります。

$$\Psi(x) = \int_{-\infty}^{\infty} \psi(k,x) dk = \int_{-\infty}^{\infty} e^{-a(k-k_0)^2 + ikx} dk \quad \text{(3.2)(3.3)より}$$

$$= e^{ik_0 x - x^2/4a} \int_{-\infty}^{\infty} e^{-a(k-k_0 - ix/2a)^2} dk = \sqrt{\frac{\pi}{a}} e^{ik_0 x - x^2/4a} \quad (3.4)$$

積分については付録1のガウス積分(A1.20)を参照してください。式(3.3)と(3.4)から、振幅と波束の2乗は

$$\begin{aligned}
|g(k)|^2 &= e^{-2a(k-k_0)^2} \quad \leftarrow k = k_0 \text{ で最大となる} \\
|\Psi(x)|^2 &= \frac{\pi}{a} e^{-x^2/2a} \quad \leftarrow x = 0 \text{ で最大となる}
\end{aligned} \quad (3.5)$$

となります。これらをグラフにしたのが図3-4です。

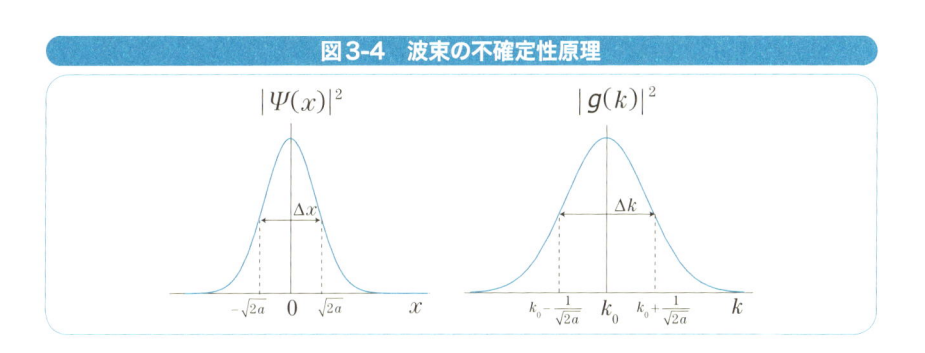

図3-4 波束の不確定性原理

波束の位置は$x=0$を中心に広がりを持ち、波数は$k=k_0$を中心に広がりを持っています。その広がりの幅を、グラフの最大値のだいたい$\frac{1}{e}$倍になったときだと定義しましょう。すると、

$$\begin{aligned}
\text{位置の広がり} \quad \Delta x &\cong 2\sqrt{2a} \\
\text{波数の広がり} \quad \Delta k &\cong \frac{2}{\sqrt{2a}}
\end{aligned} \quad (3.6)$$

となります。広がりの大きさはaの値によって変わります。ここで、2

つの広がりの積 $\Delta x \Delta k$ をとってみます。

$$\Delta x \Delta k \cong 4 \tag{3.7}$$

　この結果で重要なのは、積がゼロではない一定値ということです。つまり、位置の広がり Δx を小さくすると、必ず波数の広がり Δk が大きくなるという相関があるのです。その逆もしかりです。波を重ね合わせた波束では、位置の広がりと波数の広がりを同時に小さくすることが原理的に不可能なのです。広がり Δx と Δk はそれぞれ位置と波数の不確定さと見ることもできるので、同時に2つの値を確定することはできないことを意味しています。(3.7)式を波束の不確定性関係と呼びましょう。

● 不確定性関係

　波束の不確定性関係を量子力学に適用してみましょう。波長 λ と波数 k は(3.1)の関係にあり、$\lambda = \dfrac{2\pi}{k}$ なので第2章(2.22)から運動量 p は

$$p = \frac{h}{\lambda} = \hbar k \tag{3.8}$$

となります。ここで、

$$\hbar = \frac{h}{2\pi} \tag{3.9}$$

として、その値は $\hbar = 1.055 \times 10^{-34}$ J・s です。これは量子力学でよく登場する定数で、ディラック定数といいます。$\hbar$ は「エイチバー」と呼びます。
　(3.8)を(3.7)に代入すると

$$\Delta x \Delta p \cong \hbar \tag{3.10}$$

> エイチバーの定数倍であることが重要なので、4は関係なくなる

となります。この関係式から、位置と運動量の不確定さには相関があることがわかります。つまり、

$\Delta x \to 0$(位置を精確に決めようとする) $\Rightarrow \Delta p \to \infty$(運動量が決まらない)
$\Delta p \to 0$(運動量を精確に決めようとする) $\Rightarrow \Delta x \to \infty$(位置が決まらない)

となります。以上から、(3.10)式は「位置と運動量は同時に確定した値

をとることができない」ことを意味しています。1927年、ハイゼンベルグによって発見されたこの関係を**量子力学における不確定性関係**と呼びます。

　位置と運動量の不確定性関係が日常生活では決して体験できない理由を考えてみましょう。例えば、質点運動の実験をしたとき、質点の位置を測定する不確定さを $\Delta x = 1$ mm 程度としてみます。ディラック定数は $\hbar = 1.055 \times 10^{-34}$ J・s なので、質点の運動量を測定する不確定さは $\Delta p \cong 10^{-31}$ kg・m/s 程度となります。これほど小さい量(小数点以下ゼロが31個並ぶ)の不確定さで測定が左右される測定装置はありません。つまり、巨視的な世界において不確定性関係を認識することはできないのです。

● 水素原子での不確定性関係

　それでは、非常に小さいミクロの世界において不確定性関係はどのようになるでしょうか。水素原子で調べてみましょう。水素原子の電子の位置の不確定さをボーア半径程度だとすると、$\Delta x = 10^{-10}$ m 程度です。すると、不確定性関係から計算して、電子の運動量の不確定さは $\Delta p \cong 10^{-24}$ kg・m/s 程度になります。この不確定さも非常に小さいので無視してよいのでしょうか。電子の運動エネルギーとクーロン力による位置エネルギーを概算してみます(図3-5参照)。

図3-5 水素原子と不確定性関係

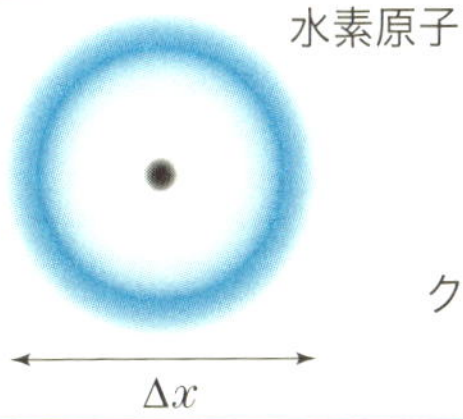

水素原子

運動エネルギー　$\dfrac{(\Delta p)^2}{2m} \cong +10^{-18}$ J

クーロン力の位置エネルギー　$-\dfrac{1}{4\pi\varepsilon_0}\dfrac{e^2}{\Delta x} \cong -10^{-18}$ J

Δx

　電子の運動エネルギーとクーロン力による位置エネルギーの大きさは同程度になっています。つまり、不確定性関係による位置と運動量の不確定さは、水素原子の安定性に大きな影響を与えることがわかります。

そこで、ちゃんとエネルギーを計算してみましょう。不確定性関係を $\Delta x \Delta p = \hbar$ として、水素原子内の電子の力学的エネルギー E を計算します。

> ここでは、運動エネルギーと位置エネルギーを合わせて1つの変数の関数に変形して、その2次関数の最小値を求めます。

$$E = \frac{(\Delta p)^2}{2m} - \frac{1}{4\pi\varepsilon_0}\frac{e^2}{\Delta x} = \frac{(\Delta p)^2}{2m} - \frac{1}{4\pi\varepsilon_0}\frac{e^2}{\hbar}\Delta p$$

> 不確定性関係を使う

$$= \frac{1}{2m}\left(\Delta p - \frac{e^2 m}{4\pi\varepsilon_0 \hbar}\right)^2 - \frac{e^4 m}{2(4\pi\varepsilon_0 \hbar)^2} \geq -\underbrace{\frac{e^4 m}{2(4\pi\varepsilon_0 \hbar)^2}}_{\text{最小値}}$$

(3.11)

(3.11)からわかるように、エネルギー E は安定な最小値を持ちます。その値はボーアの原子模型による基底状態のエネルギー値(2.17)に $n=1$ を代入した値と全く同じです。以上から、ミクロの世界では不確定性関係が重大な影響を及ぼしていることがわかります。

巨視的世界ではどうでもよい不確定性関係は、ミクロの世界ではどうでもよくないのです。その原因は、プランク定数にあります。プランク定数の代わりに使ったディラック定数が $\hbar = 1.055 \times 10^{-34}$ J・s と非常に小さい量だからといって、ゼロにしてはいけないのです。これがゼロでないことが量子力学の本質なのです。つまり、ミクロの世界にいくほどこのプランク定数の値が効いてくるのです。

もし、$\hbar \to 0$ の極限をとると最小値は $-\infty$ となり、電子は核に向かって落ち込み水素原子は安定に存在しないことになります。つまり、我々人間も存在しないしこの宇宙にあるすべての物質は存在しないことになります。水素原子の存在が安定であることによって不確定性関係の正しさを認識できるのです。

量子力学を教えていると、不確定性関係で、量子力学を嫌いになってしまう学生が多いです。位置と運動量が同時に確定できないことに、抵抗を感じるかもしれません。しかし、非常に小さいミクロの世界までいくとその不確定さは自然なことであり、粒子性と波動性を併せ持つ量子

世界の独特の性質であるということを認めなければならないのです。

　不確定性関係は、その不確定さを伴うため量子力学は理論として不完全なように見えてしまいます。有名な物理学者ハイゼンベルグは次のように解釈しています。

「不確定性関係は、本来は確定しているのに人間が知り得ないというのではなく、粒子自体が持つ本質に根ざした不確定さであり、それが波動性という形で現れてくると考えなければならない。この不確定性関係を基本原理(**不確定性原理**)として量子力学を理論的に構築しなければならない。」

> **まとめ**

- 重ね合わせの原理
  量子力学では、さまざまな波を重ね合わせた波は波動関数 Ψ と呼ばれ、その運動状態を表す。
- 不確定性関係（1927年、ハイゼンベルグ）　　$\Delta x \Delta p \cong \hbar$
  粒子の位置と運動量を同時に正確に測定することはできない。
- 波動関数 Ψ の確率解釈（1926年、ボルン）
  量子力学では、粒子の存在は確率的で、粒子を見出す確率は波動関数 Ψ の大きさの2乗 $|\Psi|^2 = \Psi^* \Psi$ で与えられる。
- 上記3つは、ミクロの世界でのみ通用するもの。我々が住むマクロの世界ではその量子力学的世界観を垣間見ることはできない。

[問題]

3.1　(3.2)において平面波の振幅 $g(k)$ が
$$g(k) = \begin{cases} g_0 \quad (\text{一定}) & (|k| \leq k_0) \\ 0 & (|k| > k_0) \end{cases}$$
のとき、波束 $\psi(x)$ を求めよ。さらに、波の広がり Δx と波数の広がり Δk には不確定性関係があることを示せ。

3.2　不確定性関係が $\Delta x \Delta p = \dfrac{1}{2}\hbar$ にあるとき、調和振動子（ばねの単振動）のエネルギーが $E = \dfrac{(\Delta p)^2}{2m} + \dfrac{1}{2}m\omega^2(\Delta x)^2$ で与えられる。E の最小値を求めよ。また、その物理的意味を考えよ。

略解は P.251

第4章
シュレディンガー方程式
波動関数・演算子・固有値・交換関係

　1章から3章まで、ミクロの世界では物質が粒子性と波動性を持つことを学びましたが、その運動はどのように記述すればよいのでしょうか。第3章で学んだ3つの基本原理を定式化する必要があります。量子力学において、物質の運動状態は波動関数によって表されます。そして、波動関数はシュレディンガー方程式の解なのです。

　本章では、波動を記述する波動方程式を学び、それに量子論を適用してシュレディンガー方程式を導出します。さらに、粒子の存在確率、物理量を表す演算子の固有値の意味、物理量の期待値の計算、交換関係と不確定性関係を学びます。

4-1 波動関数とシュレディンガー方程式

シュレディンガー方程式

エネルギー E と運動量 p を持つ粒子を、角振動数 ω と波数 k で表される波として表してみましょう。粒子性と波動性を表す式は

$$E = h\nu = \hbar\omega \quad \text{エネルギー量子説} \qquad (4.1)$$

$$p = \frac{h}{\lambda} = \hbar k \quad \text{ド・ブロイ波長} \qquad (4.2)$$

です。x 方向に伝わる ω と k を持つ平面波 Ψ は振幅 A として次のように書くことができます(付録 2 参照)。

$$\Psi(x,t) = Ae^{i(kx-\omega t)} = Ae^{i(px-Et)/\hbar} \qquad (4.3)$$

(4.3)を解に持つ方程式を導出するために、次の2つの偏微分

$$\frac{\partial}{\partial t}\Psi(x,t) = -i\frac{E}{\hbar}\Psi(x,t) \qquad (4.4)$$

$$\frac{\partial^2}{\partial x^2}\Psi(x,t) = -\frac{p^2}{\hbar^2}\Psi(x,t) \qquad (4.5)$$

を使います。外力を受けずに運動する自由粒子の運動エネルギーは

$$\frac{1}{2}mv^2 = \frac{1}{2m}p^2 = E \qquad (4.6)$$

となるので、(4.4)(4.5)を $\Psi(x,t)$ の形にして等号で結ぶと

$$-\frac{\hbar^2}{2m}\frac{\partial^2}{\partial x^2}\Psi(x,t) = i\hbar\frac{\partial}{\partial t}\Psi(x,t) \qquad (4.7)$$

となります。(4.7)は自由粒子の波動方程式と呼ばれ、Ψ が満たすべき方程式です。

量子力学の特徴は二重性なので、粒子性を表すエネルギー保存則と波動性を記述する波動方程式の関係を見ましょう。

$$\boxed{\text{粒子性}\quad \frac{1}{2m}p^2 = E} \Leftrightarrow \boxed{\text{波動性}\quad -\frac{\hbar^2}{2m}\frac{\partial^2}{\partial x^2}\Psi(x,t) = i\hbar\frac{\partial}{\partial t}\Psi(x,t)} \tag{4.8}$$

粒子性↔波動性を認める量子力学の観点から、(4.8)を見比べるとエネルギー E と運動量 p は次のような**微分演算子**に置き換えることに相当します。

$$E \to i\hbar\frac{\partial}{\partial t} \tag{4.9}$$

$$p \to -i\hbar\frac{\partial}{\partial x} \tag{4.10}$$

(4.9)(4.10)の操作を行うことによって、二重性を認めた量子力学に移行することができます。(4.8)の Ψ を**波動関数**といいます。

演算子という言葉に抵抗を感じるかもしれません。そもそも小学校で学習する四則演算(＋－×÷)も演算子です。つまり、何か数学的処理をするものを広い意味で演算子と呼び、それが微分なら微分演算子と呼んでいるだけですので、後は言葉に慣れてください。

ポテンシャル $V(x)$ 中を運動する粒子の場合、エネルギー保存則は運動エネルギーとポテンシャルエネルギーの和なので、

$$\frac{1}{2m}p^2 + V = E \tag{4.11}$$

となります。これを(4.9)(4.10)により変形し Ψ に作用させると

$$-\frac{\hbar^2}{2m}\frac{\partial^2}{\partial x^2}\Psi(x,t) + V(x)\Psi(x,t) = i\hbar\frac{\partial}{\partial t}\Psi(x,t) \tag{4.12}$$

（下線部：(4.10)、(4.9)）

となります。これを**非定常状態(時間を含む)における1次元シュレディンガー方程式**(1926年、シュレディンガー)と呼びます。さて、(4.12)の左

辺で波動関数 Ψ を除いた部分を

$$\boxed{\text{演算子を表す記号}}\ \hat{H} = -\frac{\hbar^2}{2m}\frac{\partial^2}{\partial x^2} + V(x) \qquad (4.13)$$

とすると、(4.12) は

$$\hat{H}\Psi = i\hbar\frac{\partial}{\partial t}\Psi \qquad (4.14)$$

と書くことができます。$\hat{H}$ を**ハミルトニアン**と呼びます。読むときは「エイチハット」などといいます。古典力学の運動エネルギーとポテンシャルエネルギーを量子力学に移行したものがハミルトニアンと言えます。

(4.12) を 3 次元空間に拡張しましょう。運動量ベクトルを $\boldsymbol{p} = (p_x, p_y, p_z)$ とするとエネルギー保存則は

$$\frac{1}{2m}\left(p_x^2 + p_y^2 + p_z^2\right) + V(x, y, z) = E \qquad (4.15)$$

となります。(4.10) は 3 次元に拡張すると

$$p_x \to -i\hbar\frac{\partial}{\partial x},\ \ p_y \to -i\hbar\frac{\partial}{\partial y},\ \ p_z \to -i\hbar\frac{\partial}{\partial z}$$

となるので、(4.15) に代入し波動関数 $\Psi(x, y, z, t)$ を作用させると

$$-\frac{\hbar^2}{2m}\left(\frac{\partial^2}{\partial x^2} + \frac{\partial^2}{\partial y^2} + \frac{\partial^2}{\partial z^2}\right)\Psi(x, y, z, t) + V(x, y, z)\Psi(x, y, z, t) = i\hbar\frac{\partial}{\partial t}\Psi(x, y, z, t) \qquad (4.16)$$

これを**時間を含む 3 次元シュレディンガー方程式**といいます。

波動関数 Ψ を空間座標 x, y, z に依存する波動関数 $\psi(x, y, z)$ と時間 t の関数に分離します。

どうやって分けるの？

振幅を座標だけの関数だと考えます。

$$\Psi(x,y,z,t) = \psi(x,y,z)\,e^{-iEt/\hbar} \qquad (4.17)$$

これを(4.16)に代入すると

$$-\frac{\hbar^2}{2m}\left(\frac{\partial^2}{\partial x^2}+\frac{\partial^2}{\partial y^2}+\frac{\partial^2}{\partial z^2}\right)\psi(x,y,z) + V(x,y,z)\psi(x,y,z) = E\psi(x,y,z)$$

$$(4.18)$$

となります。これを**定常状態(時間を含まない)における3次元シュレディンガー方程式**と呼びます。ハミルトニアンは

$$\hat{H} = -\frac{\hbar^2}{2m}\left(\frac{\partial^2}{\partial x^2}+\frac{\partial^2}{\partial y^2}+\frac{\partial^2}{\partial z^2}\right) + V(x,y,z) \qquad (4.19)$$

となるので、(4.18)は

$$\hat{H}\psi = E\psi \qquad (4.20)$$

と書けます。

● 量子力学への移行のまとめ

簡単にまとめると、次のようになります。

古典力学のエネルギー保存則

⇓

量子力学への移行

$$\boxed{p_x \to -i\hbar\frac{\partial}{\partial x},\ p_y \to -i\hbar\frac{\partial}{\partial y},\ p_z \to -i\hbar\frac{\partial}{\partial z},\ E \to i\hbar\frac{\partial}{\partial t}} \qquad (4.21)$$

⇓

波動関数の導入

3次元シュレディンガー方程式

量子力学を勉強し始めの人にとって、量子力学への移行の式をなぜ？と思うのは当然でしょう。量子力学の初学者はこの置き換えをまず受け

入れて先に進んでください。まずは量子力学に慣れ親しんでほしいのです。このシュレディンガー方程式の解法は第5章以降になりますが、あまり細かいことは気にせずある程度慣れてから、もっと専門的な本でより深く時間をかけて勉強すればよいです。ちなみに著者もそのように勉強していました。

> とりあえず先へ進むことも大事！

粒子の存在確率

粒子のエネルギー保存則を、(4.21)を使って量子力学に移行しました。さて、波動関数Ψ自体は物理的に何を意味しているのでしょうか。

シュレディンガー方程式の解である波動関数Ψは一般に複素数なので、Ψを観測量である物理量とみなすことはできません。そこで、量子力学では波動関数Ψを次のように解釈します。

時刻t、位置x, y, zにおいて、微小体積$dx\,dy\,dz = dV$中に粒子を見つけ出す確率は、

$$\left|\Psi(x, y, z, t)\right|^2 dV \tag{4.22}$$

> Ψ^*はΨの複素共役

です。ここで、$|\Psi|^2 = \Psi^*\Psi$（波動関数の絶対値の2乗）です。これは、第3章の「波動関数の確率解釈」に対応します。

量子力学では、質点の位置は確率的に与えられると考えます。どこの位置に何％の確率で存在するとしか議論できません。図4-1左に示すように、古典力学では、時刻tにおける質点の位置は一般に$(x(t), y(t), z(t))$と表すことができ、その位置に100％存在しています。しかし、量子力学ではこの位置に必ず存在するということができないのです。図4-1右に示すように、1個の粒子がぼやけたように見えますが、粒子がぼや

けているわけでなく、粒子の位置が確率的であることのイメージです。粒子が存在する確率の高い位置を濃く描いてあります。

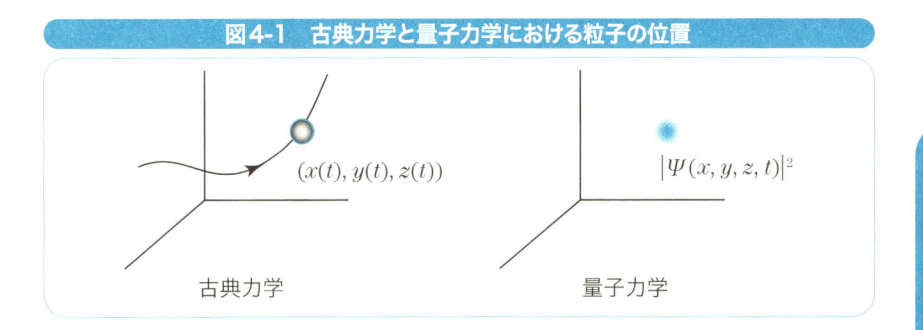

図4-1　古典力学と量子力学における粒子の位置

古典力学　$(x(t), y(t), z(t))$

量子力学　$|\Psi(x, y, z, t)|^2$

　粒子の存在が確率的であるというこの奇妙な考え方を認めないと量子力学の勉強は先に進めないのです。自分は認めない、と意地を張らないでください。なぜなら、ミクロの世界で起きる現象を量子力学は説明できているからです。実験事実は量子力学の考え方を認めているのです。

　$|\Psi|^2$が粒子の存在する確率を与えるならば、満たすべき条件があります。起こり得るすべての事象の確率をすべて足すと、1になります。例えば、コインの表と裏の出る確率はそれぞれ$\frac{1}{2}$と$\frac{1}{2}$で、足すと1です。量子力学では、$|\Psi(x,y,z,t)|^2 dV$を全空間について積分すると1になることに相当します。つまり、

$$\int_V |\Psi(x,y,z,t)|^2 dV = 1 \tag{4.23}$$

ということで、この条件を**規格化条件**といいます。(4.17)を代入すると

$$\int_V |\psi(x,y,z)|^2 dV = 1 \tag{4.24}$$

となります。規格化条件は波動関数が満たすべき条件の1つですので忘れないでください。

4-2 固有関数・固有値

● 演算子

　量子力学への移行操作(4.21)は、運動量とエネルギーを微分演算子に置き換えることでした。微分演算子に置き換えたとき、測定値はどのように読み取ればよいのでしょうか。ここで登場するのが、数学の線形代数学で学ぶ固有値と固有関数という概念です。これらの考え方を、例を示しながら説明します。

　x 方向の運動量 p_x を微分演算子にしたときの記号を

$$\hat{p}_x = -i\hbar \frac{\partial}{\partial x} \tag{4.25}$$

と書き、運動量演算子と呼びます。エネルギー E、運動量 p_x を持つ平面波

$$\Psi(x,t) = A e^{i(p_x x - Et)/\hbar} \tag{4.26}$$

を $\hat{p}_x$ に作用させると

$$\hat{p}_x \Psi = p_x \Psi \tag{4.27}$$

となります。これを「運動量演算子 $\hat{p}_x$ に Ψ を作用させると、運動量 p_x は Ψ の係数である」と読み取ることができます。さらに、エネルギー E を微分演算子にしたときの記号を

$$\hat{E} = i\hbar \frac{\partial}{\partial t} \tag{4.28}$$

と書き、エネルギー演算子と呼びます。$\hat{E}$ に Ψ を作用させると

$$\hat{E}\Psi = E\Psi \tag{4.29}$$

となります。これも「**エネルギー演算子 $\hat{E}$ に Ψ を作用させると、エネルギー E は Ψ の係数である**」と読み取ることができます。

固有値と固有関数

　これをさらに一般化してみましょう。ある物理量 A に対応する演算子 $\hat{A}$ が存在するとき、それに作用するある特別な関数 u が

$$\hat{A} u = a u \tag{4.30}$$

を満たすとき「a を演算子 $\hat{A}$ に対する**固有値**」「u を演算子 $\hat{A}$ に対する**固有関数**」といいます。ここで注意点は、(4.30)の左辺 $\hat{A}u$ の計算をして右辺で u が出てこなければ、それは固有関数としての資格はありません。つまり、何でも固有関数になれるわけではありません。図4-2で演算子、固有値、固有関数の位置関係を覚えておきましょう。

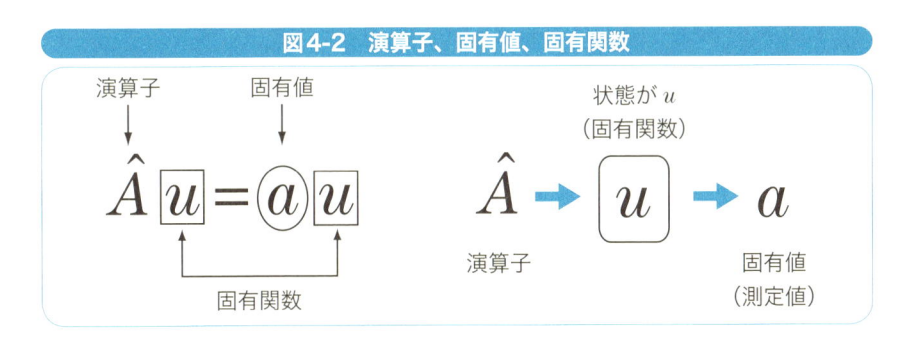

図4-2　演算子、固有値、固有関数

　次のように読み取ることもできます。「**物理量の演算子に固有関数を入力すると、固有関数が含む物理量を出力しそれが固有値になる**」

　量子力学における(4.30)の解釈は次のようになります(図4-2参照)。

　　「u の状態で $\hat{A}$ の測定を行うと、$\hat{A}$ は測定値 a を持つ」

(4.20)の定常状態におけるシュレディンガー方程式

$$\hat{H} \psi = E \psi \tag{4.31}$$

は次のように対応します。

演算子 → ハミルトニアン $\hat{H}$
固有関数 → 波動関数 ψ
固有値 → エネルギー E

　量子力学において、系の状態は波動関数によって指定されます。ある系が状態 ψ（**固有状態**というときがある）にあるとき、$\hat{H}$ を測定すると確定したエネルギー E（**エネルギー固有値**というときがある）を測定できることをシュレディンガー方程式は意味しています（図4-3参照）。

図4-3　シュレディンガー方程式

$\hat{H}$ → ψ → E

ハミルトニアン　　波動関数　　エネルギー固有値
　　　　　　　（系の固有状態）

● 完全正規直交系と物理量の期待値

　ある物理量 A の演算子 $\hat{A}$ に対応する固有関数とその固有値が離散的（とびとびの値）に存在するとします。そこで、固有関数 ψ_n という固有状態で $\hat{A}$ を測定すると測定値 a_n を得るとし、その離散性を表す数を $n=1,2,3\cdots$ とします。

$$\hat{A}\psi_n = a_n \psi_n \tag{4.32}$$

なので、具体的に表記してみると

$$\begin{aligned}\hat{A}\psi_1 &= a_1 \psi_1 \\ \hat{A}\psi_2 &= a_2 \psi_2 \\ \hat{A}\psi_3 &= a_3 \psi_3 \\ &\vdots \end{aligned} \tag{4.33}$$

となります。異なる固有関数 $\psi_1, \psi_2, \psi_3\cdots$ に定数をかけてすべて足した状態（**線形結合**という）を ψ とすると

$$\psi = c_1\psi_1 + c_2\psi_2 + \cdots = \sum_{n=1}^{\infty} c_n\psi_n \tag{4.34}$$

と書けます。

(4.34)の状態は、各状態$\psi_1, \psi_2, \psi_3\cdots$を重ね合わせた状態となっています。係数$c_n$を**展開係数**といいます。重ね合わせた状態$\psi$で$\hat{A}$を測定すると確率的に$a_1, a_2, \cdots$の1つを測定値として得ることになります(図4-4参照)。その確率はc_nによって決まることを解説します。

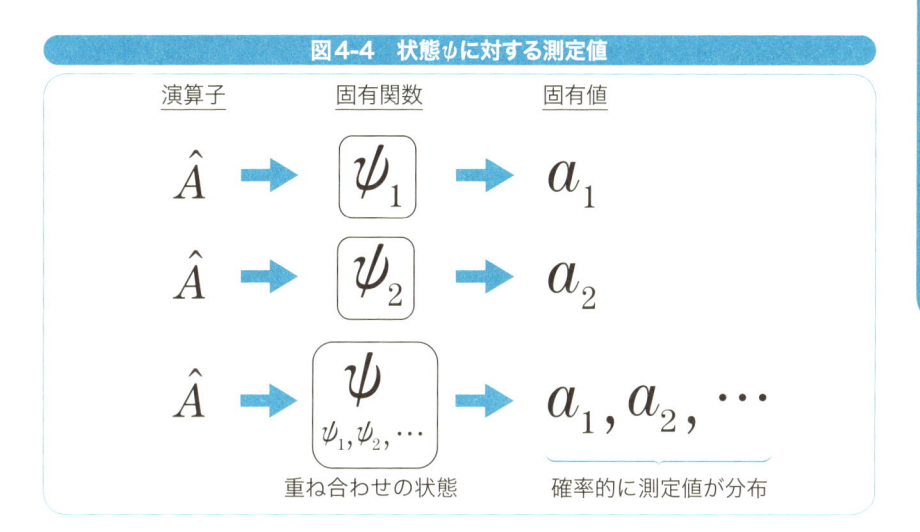

図4-4　状態ψに対する測定値

演算子	固有関数	固有値
$\hat{A}$ →	ψ_1	→ a_1
$\hat{A}$ →	ψ_2	→ a_2
$\hat{A}$ →	ψ ($\psi_1, \psi_2, \cdots$) 重ね合わせの状態	→ $a_1, a_2, \cdots$ 確率的に測定値が分布

固有状態ψ_nが次の条件を満たすとします。

$$\int_V \psi_m^*(x,y,z)\psi_n(x,y,z)dV = \delta_{m,n} \tag{4.35}$$

> ここで、$\delta_{m,n}$は**クロネッカーのデルタ記号**と呼ばれるもので、$m=n$のとき1、$m \neq n$のとき0を与える便利な記号です。

$m=n$のとき(4.35)は規格化条件そのものになります。$m \neq n$のとき(4.35)の積分値がゼロになるということは、異なる固有状態は独立していることを意味しています。このように(4.35)を満たす固有関数ψ_nの集まりを**完全正規直交系**といい、(4.35)の式を**規格直交性**といいます。

$\psi = \sum_{n=1}^{\infty} c_n \psi_n$ は「関数 ψ を完全正規直交系 ψ_n で展開する」といいます。

ψ に規格化条件を課して、(4.35)を使うと

$$\begin{aligned} 1 &= \int_V \psi^* \psi \, dV = \int_V \sum_{m=1}^{\infty} c_m^* \psi_m^* \sum_{n=1}^{\infty} c_n \psi_n \, dV \\ &= \sum_{m=1}^{\infty} \sum_{n=1}^{\infty} c_m^* c_n \, \delta_{m,n} = \sum_{n=1}^{\infty} |c_n|^2 \end{aligned} \quad (4.36)$$

となります。(4.36)を次のように読み取ることができます。

「ある系が異なる固有状態 $\psi_1, \psi_2, \psi_3, \cdots$ の重ね合わせの状態 ψ にあるとき、状態 ψ_n で存在する確率は $|c_n|^2$ である」

逆に、存在する確率 $|c_n|^2$ をすべて足し上げると 1 になるってことだね。

さらに、演算子 $\hat{A}$ に ψ を作用させて、(4.32)を使うと

$$\hat{A}\psi = \sum_{n=1}^{\infty} c_n \hat{A}\psi_n = \sum_{n=1}^{\infty} c_n a_n \psi_n \quad (4.37)$$

となり、(4.37)の左から ψ^* をかけて全空間で積分すると

$$\int_V \psi^* \hat{A} \psi \, dV = \sum_{n=1}^{\infty} a_n |c_n|^2 \quad (4.38)$$

となります。(4.38)を次のように読み取ることができます。

「ある系が異なる固有状態 $\psi_1, \psi_2, \psi_3, \cdots$ の重ね合わせの状態 ψ で、$\hat{A}$ を測定したとき測定値 $a_1, a_2, a_3, \cdots$ を得る確率は $|c_1|^2, |c_2|^2, |c_3|^2, \cdots$ であり、その物理量の期待値(平均値) $\langle \hat{A} \rangle$ は $\sum_{n=1}^{\infty} a_n |c_n|^2$ で与えられます」

このように読み取れることは、高校数学での確率を復習するとよくわかると思います。

以上から量子力学において、物理量を表す演算子 $\hat{A}$ の期待値は(4.38)から

$$\langle \hat{A} \rangle = \int_V \psi^* \hat{A} \psi \, dV \quad (4.39)$$

で計算できます。

4-3 量子力学の数学的表現

エルミート演算子

測定値である物理量は実数です。状態 ψ_n において演算子 $\hat{A}$ の固有値 a_n は測定値となるので、a_n は実数でなければなりません。

$$a_n = a_n^* \tag{4.40}$$

また、$\hat{A}$ の平均値 $\langle \hat{A} \rangle$ の複素共役 $\langle \hat{A} \rangle^*$ は (4.38) (4.40) から

$$\sum_{n=1}^{\infty} a_n |c_n|^2 = \sum_{n=1}^{\infty} a_n^* |c_n|^2 \tag{4.41}$$

となるので、$\langle \hat{A} \rangle = \langle \hat{A} \rangle^*$ となり $\langle \hat{A} \rangle$ も実数になります。(4.41) を積分で表すと

$$\int_V \psi^* \hat{A} \psi \, dV = \int_V \left(\hat{A} \psi \right)^* \psi \, dV \tag{4.42}$$

となります。(4.42) に (4.34) を代入すれば (4.41) が得られます。物理量に対応する演算子の固有値が実数である条件を積分で表現している式が (4.42) であることがわかります。

さらに、(4.42) の式を一般化します。2個の演算子 $\hat{A}, \hat{B}$ に対して

$$\int \psi_1^* \hat{A} \psi_2 \, dV = \int \left(\hat{B} \psi_1 \right)^* \psi_2 \, dV \tag{4.43}$$

を満たすとき $\hat{B} = \hat{A}^\dagger$ と書き、これを演算子 $\hat{A}$ に対する**エルミート共役演算子** $\hat{A}^\dagger$ (†はダガーと読む) といいます。演算子 $\hat{A}$ のエルミート共役演算子 $\hat{A}^\dagger$ は

$$\int \psi_1^* \hat{A} \psi_2 \, dV = \int \left(\hat{A}^\dagger \psi_1 \right)^* \psi_2 \, dV \tag{4.44}$$

と定義されます。特に、$\hat{A} = \hat{A}^\dagger$ のとき、$\hat{A}$ を**エルミート演算子**といいます。

演算子 $\hat{A}$ がエルミート演算子であるためには

$$\int \psi_1^* \hat{A} \psi_2 \, dV = \int \left(\hat{A} \psi_1 \right)^* \psi_2 \, dV \tag{4.45}$$

が条件となります。(4.45)において$\psi_1 = \psi_2 = \psi$とおいた式が(4.42)です。

> どうしてエルミート演算子を考えるの？

> 実数である物理量に対応する演算子は、すべてエルミート演算子なのです。

物理量の行列表示

　この節は初学者にとっては、かなりイメージしにくいので飛ばしていただいても構いません。摂動論の章を勉強してからこの節に戻るとよいでしょう。

　固有関数ψ_nによる演算子$\hat{A}$の固有値a_nに対して

$$\hat{A}\psi_n = a_n \psi_n \tag{4.46}$$

が成り立ちます。(4.34)から、固有関数ψ_nを重ね合わせた状態は

$$\psi = \sum_{n=1}^{\infty} c_n \psi_n \tag{4.47}$$

でした。展開のとき完全正規直交系であるψ_nのことを基底と呼びます。例えば、3次元直交座標においてベクトル$\boldsymbol{V}$があるとき

$$\boldsymbol{V} = \begin{pmatrix} V_1 \\ V_2 \\ V_3 \end{pmatrix} = V_1 \begin{pmatrix} 1 \\ 0 \\ 0 \end{pmatrix} + V_2 \begin{pmatrix} 0 \\ 1 \\ 0 \end{pmatrix} + V_3 \begin{pmatrix} 0 \\ 0 \\ 1 \end{pmatrix} = V_1 \boldsymbol{i} + V_2 \boldsymbol{j} + V_3 \boldsymbol{k} \tag{4.48}$$

と表すと、3つの独立な単位ベクトル$\boldsymbol{i}, \boldsymbol{j}, \boldsymbol{k}$を基底、$V_1, V_2, V_3$を座標と呼び、$\boldsymbol{V}$を**3次元ベクトル空間**といいます。これは高校数学で学んでいることでしょう。関数で同様に考えてみると、(4.47)のψは基底$\psi_1, \psi_2, \psi_3\cdots$で座標$c_1, c_2, c_3, \cdots$の**無限次元ベクトル空間**とみなすことができます。以上から、状態ψを

$$\psi \to \begin{pmatrix} c_1 \\ c_2 \\ c_3 \\ \vdots \end{pmatrix} \tag{4.49}$$

と行列表示できます。つまり、展開係数が座標になります。

展開係数 c_n を取り出す計算をしてみましょう。(4.47)の左から ψ_m^* をかけて全空間で積分して、規格直交系の式(4.35)を使うと

$$c_m = \int_V \psi_m^* \psi \, dV \tag{4.50}$$

となります。完全正規直交系で展開した展開係数は(4.50)のように導出することができます。この技法は量子力学でよく登場するので覚えておきましょう。

演算子 $\hat{A}$ の行列表示を考えてみましょう。$\hat{A}\psi$ を完全正規直交系で展開したときの展開係数 b_n を計算してみます。そこで、

$$\phi = \hat{A}\psi \tag{4.51}$$

として ϕ と ψ を完全正規直交系 ψ_n で展開します。(4.51)は $\phi = \sum_{n=1}^{\infty} b_n \psi_n$ なので、

$$\sum_{n=1}^{\infty} b_n \psi_n = \sum_{n=1}^{\infty} c_n \hat{A} \psi_n \tag{4.52}$$

となります。(4.52)の左から ψ_m^* をかけて全空間で積分すると

$$\sum_{n=1}^{\infty} b_n \delta_{m,n} = \sum_{n=1}^{\infty} c_n \int_V \psi_m^* \hat{A} \psi_n \, dV \tag{4.53}$$

となります。ここで、

$$A_{m,n} = \int_V \psi_m^* \hat{A} \psi_n \, dV \tag{4.54}$$

とおくと(4.53)は

$$b_m = \sum_{n=1}^{\infty} A_{m,n} c_n \tag{4.55}$$

となります。以上から、$\hat{A}\psi = \sum b_m \psi_m$ となり、b_m を具体的に書くと

$$\begin{aligned} b_1 &= A_{1,1} c_1 + A_{1,2} c_2 + A_{1,3} c_3 + \cdots \\ b_2 &= A_{2,1} c_1 + A_{2,2} c_2 + A_{2,3} c_3 + \cdots \\ b_3 &= A_{3,1} c_1 + A_{3,2} c_2 + A_{3,3} c_3 + \cdots \\ &\vdots \quad \vdots \quad \vdots \quad \vdots \end{aligned} \tag{4.56}$$

となるので行列で表記すると

$$\phi = \hat{A}\psi \quad \rightarrow \quad \begin{pmatrix} b_1 \\ b_2 \\ b_3 \\ \vdots \end{pmatrix} = \begin{pmatrix} A_{1,1} & A_{1,2} & A_{1,3} & \cdots \\ A_{2,1} & A_{2,2} & A_{2,3} & \cdots \\ A_{3,1} & A_{3,2} & A_{3,3} & \cdots \\ \vdots & \vdots & \vdots & \ddots \end{pmatrix} \begin{pmatrix} c_1 \\ c_2 \\ c_3 \\ \vdots \end{pmatrix} \quad (4.57)$$

となります。ψ の行列表記は(4.49)で与えられるので、演算子 $\hat{A}$ の行列表記は

$$\hat{A} \quad \rightarrow \quad \begin{pmatrix} A_{1,1} & A_{1,2} & A_{1,3} & \cdots \\ A_{2,1} & A_{2,2} & A_{2,3} & \cdots \\ A_{3,1} & A_{3,2} & A_{3,3} & \cdots \\ \vdots & \vdots & \vdots & \ddots \end{pmatrix} \quad (4.58)$$

となります。演算子 $\hat{A}$ の行列要素 $A_{m,n}$ (m 行 n 列の要素)は固有関数でサンドイッチし、それを全空間で積分した $A_{m,n} = \int_V \psi_m^* \hat{A} \psi_n \, dV$ になります。

演算子の行列表示はこの節だけでは、その有効性が見えてきません。摂動論でこれが強力に発揮されますのでお楽しみに。

演算子の交換関係と不確定性関係

2つの数のかける順番を交換しても答えは同じです。例えば、$3 \times 5 = 5 \times 3 = 15$ です。当然と思うでしょう。しかし、2つの行列 A と B の積の交換は一般に $AB \neq BA$ でかける順番に注意が必要になってきます。量子力学で登場する微分演算子も例外ではありません。

2つの演算子 $\hat{A}$ と $\hat{B}$ の積において、次の言い方をします。

$\hat{A}\hat{B} = \hat{B}\hat{A}$ のとき $\hat{A}$ と $\hat{B}$ は**可換**

$\hat{A}\hat{B} \neq \hat{B}\hat{A}$ のとき $\hat{A}$ と $\hat{B}$ は**非可換**

$\hat{A}$ と $\hat{B}$ の可換、非可換を判定するものとして**交換子**があり、次のように定義されています。

$$[\hat{A}, \hat{B}] = \hat{A}\hat{B} - \hat{B}\hat{A} \quad (4.59)$$

> また見慣れない記号が出てきたけど、外国語を覚えるように、少しずつ覚えていけばいいね。

$\hat{A}$ と $\hat{B}$ の交換関係は交換子を使って、次のような表現を使います。

$\left[\hat{A},\hat{B}\right] = 0$ のとき $\hat{A}$ と $\hat{B}$ は可換
$\left[\hat{A},\hat{B}\right] \neq 0$ のとき $\hat{A}$ と $\hat{B}$ は非可換

この交換子が量子力学で登場する場面を紹介しましょう。固有関数 ψ において $\hat{A}$ と $\hat{B}$ を測定したとき、それぞれの測定値を a と b とすると

$$\hat{A}\psi = a\psi \quad , \quad \hat{B}\psi = b\psi \tag{4.60}$$

となります。このとき、

$$\hat{A}\hat{B}\psi - \hat{B}\hat{A}\psi = (ab - ba)\psi = 0 \tag{4.61}$$

となります。a と b は数なので、$ab = ba$ です。(4.61)は交換子を使って

$$\left[\hat{A},\hat{B}\right]\psi = 0 \tag{4.62}$$

となるので

$$\left[\hat{A},\hat{B}\right] = 0 \tag{4.63}$$

となります。逆に言うと、演算子 $\hat{A}$ と $\hat{B}$ が可換ならば、$\hat{A}$ と $\hat{B}$ は同じ固有関数 ψ を持つことができます。これらは量子力学では次のように解釈できます(図4-5参照)。

「$\hat{A}$ と $\hat{B}$ が可換なとき、同じ固有状態 ψ で同時に $\hat{A}$ と $\hat{B}$ を測定したとき同時に測定値 a と b を得る」

図4-5 $\hat{A}$ と $\hat{B}$ が可換なとき

演算子	同じ固有状態	固有値
$\hat{A}$ →	ψ	→ a
$\hat{B}$ →		→ b

4-3 量子力学の数学的表現

つまり、

$$[\hat{A}, \hat{B}] = 0 \text{ のとき } \hat{A} \text{ と } \hat{B} \text{ は同時に精確に測定可能}$$

となります。

一方、非可換のときはどうでしょうか。$[\hat{A}, \hat{B}] \neq 0$ のとき、演算子 $\hat{A}$ と $\hat{B}$ に対して同じ固有関数が存在しないことを意味します。例として、x 座標と x 方向の運動量演算子 $\hat{p}_x$ の非可換性を見ましょう。ある関数 φ に対して

$$x\,\hat{p}_x\,\varphi = -i\hbar\, x\frac{\partial}{\partial x}\varphi \tag{4.64}$$

$$\hat{p}_x\, x\,\varphi = -i\hbar\frac{\partial}{\partial x}x\,\varphi = -i\hbar\varphi - i\hbar x\frac{\partial}{\partial x}\varphi \tag{4.65}$$

となります。x を $\hat{x}$ と書いて、(4.64) と (4.65) から

$$[\hat{x}, \hat{p}_x]\varphi = i\hbar\varphi \tag{4.66}$$

となり、$\hat{x}$ と $\hat{p}_x$ は非可換となります。(4.66) を

$$[\hat{x}, \hat{p}_x] = i\hbar \tag{4.67}$$

と書きます。$\hat{x}$ と $\hat{p}_x$ の非可換性は、

位置と運動量は同時に精確に測定できない

ことを意味し、それはまさに不確定性関係そのものであることがわかります。つまり、不確定性関係を数式で表現すると交換子 (4.67) で表記することができるのです。同様に計算してまとめると

$$\begin{array}{lll}[\hat{x}, \hat{p}_x] = i\hbar, & [\hat{y}, \hat{p}_y] = i\hbar, & [\hat{z}, \hat{p}_z] = i\hbar \\ [\hat{p}_x, \hat{p}_y] = 0, & [\hat{p}_y, \hat{p}_z] = 0, & [\hat{p}_x, \hat{p}_z] = 0 \\ [\hat{x}, \hat{y}] = 0, & [\hat{y}, \hat{z}] = 0, & [\hat{x}, \hat{z}] = 0\end{array} \tag{4.68}$$

となります。

つまり、

$$[\hat{A}, \hat{B}] \neq 0 \text{ のとき } \hat{A} \text{ と } \hat{B} \text{ は同時に精確に測定不可能}$$

となります。

まとめ

- 古典力学から量子力学への移行

$$p_x \to -i\hbar \frac{\partial}{\partial x}, p_y \to -i\hbar \frac{\partial}{\partial y}, p_z \to -i\hbar \frac{\partial}{\partial z}, E \to i\hbar \frac{\partial}{\partial t}$$

- ハミルトニアン

$$\hat{H} = -\frac{\hbar^2}{2m}\left(\frac{\partial^2}{\partial x^2} + \frac{\partial^2}{\partial y^2} + \frac{\partial^2}{\partial z^2}\right) + V(x, y, z)$$

- 非定常状態のシュレディンガー方程式（1926年、シュレディンガー）

$$\hat{H}\Psi(x, y, z, t) = i\hbar \frac{\partial}{\partial t}\Psi(x, y, z, t)$$

- 定常状態のシュレディンガー方程式

$$\hat{H}\psi(x, y, z) = E\psi(x, y, z)$$

- 波動関数 Ψ の粒子の存在確率 $= \Psi^*\Psi = |\Psi|^2$
- 波動関数 Ψ の規格化条件 $\int_V \Psi^*\Psi \, dV = 1$
- 演算子 $\hat{A}$ の固有値を a、固有関数を u としたとき

$$\hat{A}u = au$$

- $\hat{A}\Psi = a\Psi$ は状態 Ψ において物理量に対応する演算子 $\hat{A}$ で測定したとき、その測定値は a であると量子力学では解釈する
- 演算子 $\hat{A}$ の期待値の計算

$$\langle \hat{A} \rangle = \int \psi^* \hat{A} \psi \, dV$$

- 演算子 $\hat{A}$ のエルミート共役演算子 $\hat{A}^\dagger$ の定義

$$\int \psi_1^* \hat{A} \psi_2 \, dV = \int \left(\hat{A}^\dagger \psi_1\right)^* \psi_2 \, dV$$

- エルミート演算子は $\hat{A} = \hat{A}^\dagger$ を満たし、その固有値は実数である
- 演算子 $\hat{A}$ の行列表示 $A_{m,n} = \int_V \psi_m^* \hat{A} \psi_n \, dV$
- $\hat{A}$ と $\hat{B}$ の交換子は $[\hat{A}, \hat{B}] = \hat{A}\hat{B} - \hat{B}\hat{A}$ と定義される
- $[\hat{A}, \hat{B}] = 0$ のとき $\hat{A}$ と $\hat{B}$ は同時に精確に測定可能

- $[\hat{A}, \hat{B}] = 0$ のとき $\hat{A}$ と $\hat{B}$ は同時に精確に測定不可能
- 位置 $\hat{x}$ と運動量 $\hat{p}_x$ は同時に測定することができないという不確定性関係は交換関係 $[\hat{x}, \hat{p}_x] = i\hbar$ で表すことができる

[問題]

4.1 $-\infty < x < \infty$ において波動関数が $\psi(x) = Ne^{-x^2}$ で与えられた。以下の設問に答えよ。ただし、積分計算においては付録のガウス積分を参考にせよ。
  (1) 規格化条件から N を求めよ。ただし、N は正の実数とする。
  (2) 位置 x の期待値 $\langle x \rangle$ を計算せよ。
  (3) 位置の2乗 x^2 の期待値 $\langle x^2 \rangle$ を計算せよ。

4.2 固有関数 $u(x) = e^{ikx}$ に対する微分演算子 $\dfrac{d}{dx}$ の固有値を求めよ。また、この微分演算子に対して $u(x) = \sin kx$ は固有関数ではないことを示せ。

4.3 $|x| \leq \dfrac{1}{2}$ に対して、関数 $\psi_n = e^{i2\pi nx}$ ($n = 0, \pm 1, \pm 2, \cdots$) について、以下の設問に答えよ。
  (1) ψ_n は完全正規直交系の関数であることを示せ。
  (2) $f(x) = x$ を ψ_n で展開したとき $f(x) = \sum_{n=-\infty}^{\infty} c_n \psi_n$ と書ける。展開係数 c_n を求めよ。

4.4 運動量演算子 $\hat{p}_x = -i\hbar \dfrac{\partial}{\partial x}$ がエルミート演算子であることを示せ。

4.5 交換子についての等式
$$[A+B, C] = [A, C] + [B, C]$$
$$[AB, C] = A[B, C] + [A, C]B$$
を示せ。

4.6 $[\hat{x}, \hat{p}_x] = i\hbar$ のとき、$[\hat{x}, \hat{p}_x^2]$ を計算せよ。

略解は P.251

第5章
無限に深い井戸型ポテンシャル
シュレディンガー方程式を解くI

　量子力学を習得する近道は、まず、シュレディンガー方程式に慣れ親しむことです。ポテンシャルエネルギーを与えて、シュレディンガー方程式を解いて波動関数とエネルギー固有値を導出する手順を学びましょう。

　最初は、簡単な形の井戸型ポテンシャルエネルギーの定常状態でのシュレディンガー方程式を解き、波動関数とエネルギー固有値を導く計算を自らの手で行うことです。そこから物理的意味を理解すると、よりいっそう量子力学の奥深さを実感できると思います。

　本章では、無限に深い井戸型ポテンシャルエネルギーを持つ系のシュレディンガー方程式を解きます。

5-1　1次元井戸型ポテンシャル

● 無限に深い井戸型ポテンシャル

図5-1のようなポテンシャル内を1次元運動する粒子を考えます。深い井戸のような形をしているので、井戸型ポテンシャルといいます。

図5-1　無限に深い井戸型ポテンシャル

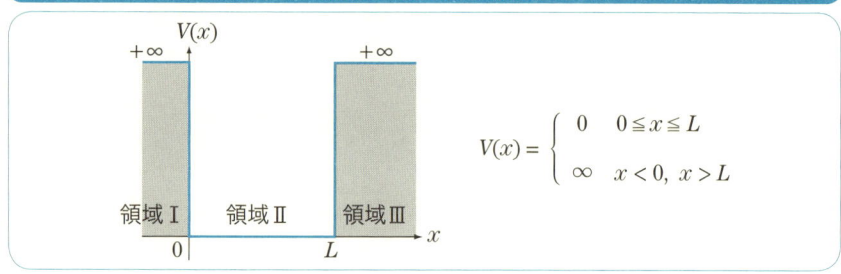

$$V(x) = \begin{cases} 0 & 0 \leq x \leq L \\ \infty & x < 0, \ x > L \end{cases}$$

ポテンシャル内の粒子の運動状態を考えてみましょう。図5-1のように領域を3つに分けると、領域ⅠとⅢでは $V = +\infty$ で、粒子がこの領域に存在するには無限大の運動エネルギーが必要なので、粒子は存在できません。領域Ⅱは $V = 0$ より、粒子は力を受けない自由粒子として運動します。つまり、粒子は $0 \leq x \leq L$ 内に閉じ込められます。このように粒子が束縛された状態を**束縛状態**といいます。

以上から、粒子が存在できない領域ⅠとⅢの波動関数は明らかにゼロなので、領域Ⅱにおける粒子のシュレディンガー方程式を立てればよいのです。以下の手順で解いていきましょう。

手順1）シュレディンガー方程式を立てる

粒子（質量 m）のエネルギー固有値を E とすると、$0 \leq x \leq L$ における定常状態のシュレディンガー方程式は

$$-\frac{\hbar^2}{2m}\frac{d^2}{dx^2}\psi(x) = E\psi(x) \tag{5.1}$$

となります。ここで、$E > 0$ とします。正の実数

$$k = \sqrt{\frac{2m}{\hbar^2}E} \tag{5.2}$$

とすると(5.1)は

$$\frac{d^2}{dx^2}\psi(x) = -k^2\psi(x) \tag{5.3}$$

となります。

手順2） シュレディンガー方程式を解く

(5.3)の微分方程式が意味することは、ψの2階微分がψのマイナス定数倍したものになるようなψを見つけなさいということです。微分しても自分自身に戻る候補として自然対数の底eの指数関数があるので、(5.3)の解として

$$\psi(x) = ce^{\lambda x} \tag{5.4}$$

とおいてみます。(5.4)を(5.3)に代入すると

$$\lambda = \pm ik \tag{5.5}$$

を得ます。つまり、e^{ikx} と e^{-ikx} の2つが解となり、その線形結合(定数倍して和をとったもの)も解となるので、(5.4)の一般解はこうなります。

$$\psi(x) = Ae^{ikx} + Be^{-ikx} \quad \text{（AとBは複素数の定数）} \tag{5.6}$$

手順3） 境界条件から波動関数とエネルギー固有値を決める

領域ⅠとⅢでは$\psi(x) = 0$ なので、波動関数は次の条件を満たさなければなりません。

$$\psi(0) = \psi(L) = 0 \tag{5.7}$$

これを波動関数の**境界条件**といいます。(5.7)の境界条件を(5.6)に課すと

$$\begin{aligned}\psi(0) = 0 &\rightarrow A + B = 0 \\ \psi(L) = 0 &\rightarrow Ae^{ikL} + Be^{-ikL} = 0\end{aligned} \tag{5.8}$$

となります。(5.8)から

$$B = -A \tag{5.9}$$

となるので、オイラーの式 $e^{i\theta} = \cos\theta + i\sin\theta$（A1.39 参照）から

$$2Ai \sin kL = 0 \tag{5.10}$$

となります。(5.10)を満たす k は

$$k = \frac{\pi}{L}n \quad , \quad n = 1, 2, 3, \cdots \tag{5.11}$$

> (5.2)から k は正の値なので $n > 0$

となります。このように、k は不連続値（とびとびの値）をとります。よって波動関数(5.6)は(5.9)と(5.11)から、$iA = C$（定数）とおいて

$$\psi_n(x) = C \sin \frac{\pi n}{L} x \tag{5.12}$$

> n を指定すると決まるので、添え字 n を付ける

となります。エネルギー固有値は(5.2)と(5.11)から

$$E_n = \frac{\hbar^2 \pi^2}{2mL^2} n^2 \tag{5.13}$$

となります。これで、波動関数とエネルギー固有値が決まりました。

手順4） 波動関数に対する規格化条件

波動関数が粒子の存在確率として意味を持つためには、規格化条件を課して定数 C を決める必要があります。

> どうして規格化が必要なの？
>
> 起こり得るすべての事象を足して1になるのが確率だからです。

$$1 = \int_0^L \psi_n^*(x)\psi_n(x)\,dx = |C|^2 \int_0^L \sin^2 \frac{\pi n}{L}x\,dx = |C|^2 \frac{L}{2} \tag{5.14}$$

となるので

$$C = \sqrt{\frac{2}{L}} \tag{5.15}$$

となります。ここで、C は一般には複素数ですが、正の実数を選んでも一般性を失いません。以上から、波動関数(5.12)は

$$\psi_n(x) = \sqrt{\frac{2}{L}} \sin\frac{\pi n}{L} x \tag{5.16}$$

となります。量子力学では、粒子の運動状態は波動関数とエネルギー固有値で記述され、その量子状態を指定する数 n を**量子数**といいます。

波動関数とエネルギー固有値

図5-2左は $n=1,2,3,4$ における波動関数 ψ_n と粒子の存在確率 $|\psi_n|^2$ を示し、図5-2右は量子数 n に対するエネルギー固有値 E_n の変化の様子を示したものです。

図5-2 波動関数とエネルギー固有値

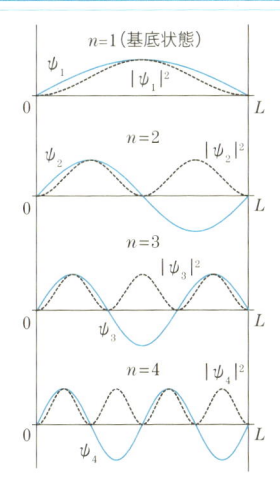

波動関数(実線)と存在確率(点線)　　エネルギー固有値

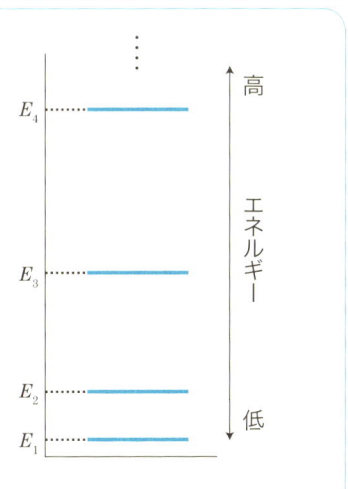

5-1 1次元井戸型ポテンシャル

量子数 $n=1$ のときを考えてみましょう。このとき粒子のエネルギー固有値は (5.13) から

$$E_1 = \frac{\hbar^2 \pi^2}{2mL^2} \quad (5.17)$$

となり、エネルギー固有値の最小値です。このエネルギー状態を**基底状態**といい、量子力学ではエネルギー最低状態においてもゼロではありません。古典力学で考えてみると、粒子のエネルギーの最小値は粒子が静止しているとき、つまりゼロです。これが、量子力学と古典力学での決定的な違いです。また、図 5-2 の $n=1$ の状態を見ると、$x = \frac{L}{2}$ の位置で粒子の存在確率が最大になることがわかります。

量子数を $n \geq 2$ にしていくとエネルギー固有値が上がります。この状態を**励起状態**といいます。また、粒子の存在確率の最大値の個数も n に応じて増えていきます。

無限に深いポテンシャルに閉じ込められた粒子を、量子力学的な観点から改めて考察してみましょう。区間 $0 \leq x \leq L$ 内は $V=0$ なので、粒子は力を受けない自由粒子で、波動としては平面波となります。右向きを正にとると、運動量 $\hbar k$ を持つ右向きの波 e^{ikx} と運動量 $-\hbar k$ を持つ左向きの波 e^{-ikx} が存在します。2 つの平面波は無限に高いポテンシャルの壁にぶつかり全反射します (図 5-3 参照)。右向きと左向きの波は重なり合い見かけ上進まない波 (定在波) になり、$x=0$ と $x=L$ で節 (振幅がゼロ) となります。この状況は、弦の両端が固定されたギターの弦振動と似ています。弦をはじくと固定端で反射を繰り返して定在波ができます。

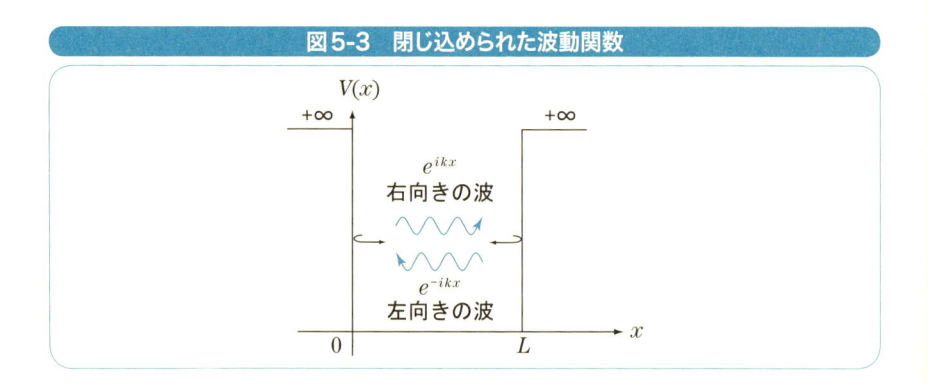

図 5-3　閉じ込められた波動関数

さらに、2つの波動関数 $\psi_m, \psi_n (m \neq n)$ について以下の積分を計算してみると

$$\int_0^L \psi_m^*(x)\psi_n(x)\,dx = \frac{2}{L}\int_0^L \sin\frac{\pi m}{L}x \sin\frac{\pi n}{L}x\,dx = 0 \quad (5.18)$$

となります。$m = n$ のときは、規格化条件の式になるので、まとめて表記すると

$$\int_0^L \psi_m^*(x)\psi_n(x)\,dx = \delta_{m,n} \quad (5.19)$$

と書けます。第4章(4.35)で扱った規格直交性で、このような波動関数 ψ_n の集まりを**完全正規直交系**といいます。(5.19)は、異なる量子状態の波動関数は直交する（独立である）ことを意味しています。以下、P.62 での完全正規直交系の波動関数の議論を確認してみましょう。

量子力学で考えると、閉じ込められた粒子の束縛状態は、完全正規直交系の波動関数 ψ_n を重ね合わせた

$$\Psi(x) = c_1\psi_1(x) + c_2\psi_2(x) + c_3\psi_3(x) + \cdots = \sum_{n=1}^{\infty} c_n\psi_n(x) \quad (5.20)$$

で表されます。これを**完全正規直交系の関数で展開できる**といい、$c_1, c_2, c_3, \cdots$ は展開係数と呼ばれる定数です。展開係数の意味を考えてみます。Ψ に対して規格化条件を課すと

$$\begin{aligned}
1 &= \int_0^L \Psi^*(x)\Psi(x)\,dx = \sum_{n=1}^{\infty}\sum_{m=1}^{\infty} c_n^* c_m \int_0^L \psi_n^*(x)\psi_m(x)\,dx \\
&= \sum_{n=1}^{\infty}\sum_{m=1}^{\infty} c_n^* c_m \delta_{n,m} = \sum_{n=1}^{\infty} |c_n|^2
\end{aligned} \quad (5.21)$$

となります。ここで、規格直交性を使いました。展開係数の2乗 $|c_n|^2$ のすべての総和は1になるので、状態 Ψ を測定したとき量子数 n の状態を見出す確率が $|c_n|^2$ として解釈できます。

$\psi_n(x) \to$ 量子数 n の状態を表す波動関数
$\Psi(x) \to$ 井戸内の量子状態を表す波動関数
混乱しないようにしてください。

無限に深いポテンシャルに閉じ込められた粒子のエネルギーを何らかの方法で測定できるとしましょう(図5-4参照)。測定をする前の量子状態はΨですが、測定すると量子状態ψ_nが選ばれエネルギーE_nという測定結果を得ます。その状態を見出す確率は$|c_n|^2$で与えられます。規格直交性(5.19)は、状態の異なるエネルギー固有値$E_m, E_n (m \neq n)$を同時に測定することはできないことを意味しています。

> コインの表と裏を同時に見られないのと同じだね。

図5-4　井戸型ポテンシャルに閉じ込められた粒子を測定する

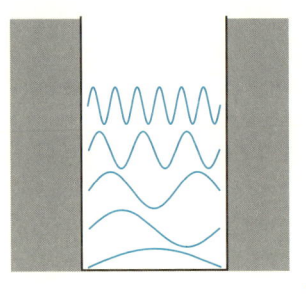

測定する

結果を得る

この重ね合わせの状態でどの量子状態が測定されるかは確率的に決まる。
ψ_nが測定される確率$=|c_n|^2$

$\Psi = c_1\psi_1 + c_2\psi_2 + c_3\psi_3 + \cdots$

以上をまとめましょう。量子数$n = 1, 2, 3, \cdots$に対して

量子数nにおける波動関数：$\psi_n(x) = \sqrt{\dfrac{2}{L}} \sin \dfrac{\pi n}{L} x$

量子数nにおけるエネルギー固有値：$E_n = \dfrac{\hbar^2 \pi^2}{2mL^2} n^2$

規格直交性：$\displaystyle\int_0^L \psi_m^*(x) \psi_n(x)\, dx = \delta_{m,n}$

波動関数：$\Psi = c_1\psi_1 + c_2\psi_2 + c_3\psi_3 + \cdots = \displaystyle\sum_{n=1}^{\infty} c_n \psi_n$

となります。

位置と運動量の期待値と不確定性関係

位置 x と運動量 p の量子状態 ψ_n における期待値を考えてみましょう。

> (4.39)から、物理量の期待値を求めるには、ψ_n^* と ψ_n で挟み込んで積分するのでした。

$$\langle x \rangle = \int_0^L \psi_n^*(x)\, x\, \psi_n(x)\, dx = \frac{2}{L}\int_0^L x \sin^2 \frac{\pi n}{L} x\, dx = \frac{L}{2}$$

$$\langle p \rangle = \int_0^L \psi_n^*(x) \left(-i\hbar \frac{\partial}{\partial x} \psi_n(x)\right) dx = -i\hbar \frac{2\pi n}{L^2} \int_0^L \sin \frac{\pi n}{L} x \cos \frac{\pi n}{L} x\, dx = 0$$

(5.22)

無限に深い井戸内に閉じ込められた粒子の位置は期待値として、井戸の真ん中に存在しています。運動量の期待値がゼロというのも図5-3で解説したように、壁で全反射した右向きと左向きの平面波が重なり合い、運動量が相殺されて定在波になっているからです。

さらに、$\langle x^2 \rangle$ と $\langle p^2 \rangle$ を計算してみましょう。

$$\langle x^2 \rangle = \int_0^L \psi_n^*(x)\, x^2\, \psi_n(x)\, dx = \frac{2}{L}\int_0^L x^2 \sin^2 \frac{\pi n}{L} x\, dx$$

$$= \left(\frac{1}{3} - \frac{1}{2\pi^2 n^2}\right) L^2$$

$$\langle p^2 \rangle = \int_0^L \psi_n^*(x) \left(-\hbar^2 \frac{\partial^2}{\partial x^2} \psi_n(x)\right) dx = \hbar^2 \frac{2}{L}\left(\frac{\pi n}{L}\right)^2 \int_0^L \sin^2 \frac{\pi n}{L} x\, dx$$

$$= \left(\frac{\hbar \pi n}{L}\right)^2$$

(5.23)

$\langle x^2 \rangle$ の計算は部分積分を使えば計算することができます。

以上から、不確定性関係を確認してみましょう。位置 x の期待値 $\langle x \rangle$ からのずれは $x - \langle x \rangle$ なので、その2乗の期待値の平方根を位置の不確定性 Δx として定義すると

$$\Delta x = \sqrt{\left\langle \left(x - \langle x \rangle\right)^2 \right\rangle} = \sqrt{\langle x^2 \rangle - \langle x \rangle^2} \tag{5.24}$$

となり、同様にして、運動量の不確定性 Δp も書くと

$$\Delta p = \sqrt{\langle p^2 \rangle - \langle p \rangle^2} \tag{5.25}$$

となります。(5.22)〜(5.25)の結果から

$$\Delta x = \frac{L}{2\sqrt{3}} \sqrt{1 - \frac{6}{n^2 \pi^2}} \quad , \quad \Delta p = \frac{\hbar \pi n}{L} \tag{5.26}$$

となるので、$\Delta x\, \Delta p$ の積は

$$\Delta x\, \Delta p = \frac{\hbar \pi n}{2\sqrt{3}} \sqrt{1 - \frac{6}{n^2 \pi^2}} \geq \frac{\hbar}{2} \tag{5.27}$$

となり、任意の n に対して不確定性関係が成り立っていることがわかります。

　無限に深い井戸型ポテンシャルという一番簡単な系でありながら、習得すべきさまざまな量子力学の特性が豊富に含まれていることがわかると思います。自らの手でシュレディンガー方程式を解いて波動関数とエネルギー固有値を導出し、期待値の計算をしてください。それが量子力学を好きになる一歩です。

5-2 立方体に閉じ込められた自由粒子

前節の1次元の無限に深い井戸型ポテンシャルを3次元に拡張して、図5-5のような3次元の立方体の箱(一辺の長さL)を考えます。箱内に閉じ込められた質量mの1個の粒子を考えましょう。シュレディンガー方程式を解いて、波動関数とエネルギー固有値を導きます。

図5-5　3次元井戸型ポテンシャル

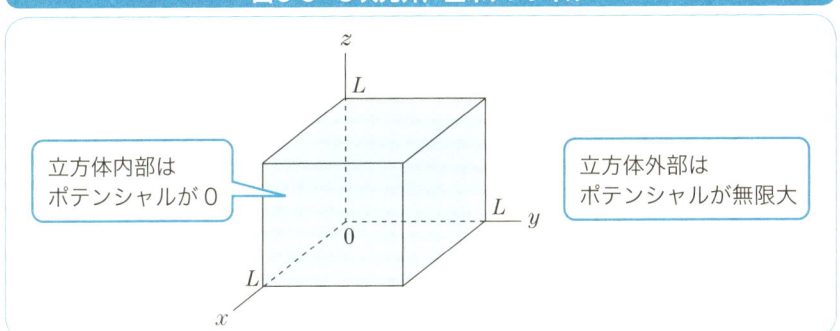

立方体内部はポテンシャルが0

立方体外部はポテンシャルが無限大

前節同様に、箱の外部では波動関数がゼロ、箱の内部では$V=0$なので、シュレディンガー方程式は

$$-\frac{\hbar^2}{2m}\left(\frac{\partial^2}{\partial x^2}+\frac{\partial^2}{\partial y^2}+\frac{\partial^2}{\partial z^2}\right)\psi(x,y,z)=E\psi(x,y,z) \quad (5.28)$$

となります。この式を解くために、以下のように変数分離を行います。

$$\psi(x,y,z)=X(x)Y(y)Z(z) \quad (5.29)$$

つまり、粒子は各方向独立に運動することを仮定していることになります。(5.29)を(5.28)に代入して、偏微分に注意して変形すると

$$-\frac{\hbar^2}{2m}\left(\frac{X''}{X}+\frac{Y''}{Y}+\frac{Z''}{Z}\right)=E \quad (5.30)$$

2つのダッシュは2階微分を表す

と書けます。(5.30)左辺の括弧内の3つの各項の和が右辺の定数Eとなることを表しているので、次のように書くことができます。

$$-\frac{\hbar^2}{2m}\frac{X''}{X} = E_x, \quad -\frac{\hbar^2}{2m}\frac{Y''}{Y} = E_y, \quad -\frac{\hbar^2}{2m}\frac{Z''}{Z} = E_z \tag{5.31}$$

$$E_x + E_y + E_z = E$$

ここで、E_x, E_y, E_zは定数です。このように、各方向における3つの1次元シュレディンガー方程式に帰着できることがわかります。5-1節の境界条件と同じなので、各方向の波動関数とエネルギー固有値は

$$X(x) = \sqrt{\frac{2}{L}} \sin \frac{\pi n_x}{L} x, \quad E_x = \frac{\hbar^2 \pi^2 n_x^2}{2mL^2} \quad n_x = 1, 2, 3, \cdots$$

$$Y(y) = \sqrt{\frac{2}{L}} \sin \frac{\pi n_y}{L} y, \quad E_y = \frac{\hbar^2 \pi^2 n_y^2}{2mL^2} \quad n_y = 1, 2, 3, \cdots \tag{5.32}$$

$$Z(z) = \sqrt{\frac{2}{L}} \sin \frac{\pi n_z}{L} z, \quad E_z = \frac{\hbar^2 \pi^2 n_z^2}{2mL^2} \quad n_z = 1, 2, 3, \cdots$$

となります。状態を指定する量子数は3つの数の組(n_x, n_y, n_z)です。量子状態(n_x, n_y, n_z)の波動関数とエネルギー固有値は

$$\psi_{n_x, n_y, n_z}(x, y, z) = \left(\frac{2}{L}\right)^{\frac{3}{2}} \sin\left(\frac{\pi n_x}{L} x\right) \sin\left(\frac{\pi n_y}{L} y\right) \sin\left(\frac{\pi n_z}{L} z\right)$$

$$E_{n_x, n_y, n_z} = \frac{\hbar^2 \pi^2}{2mL^2} \left(n_x^2 + n_y^2 + n_z^2\right) \tag{5.33}$$

となります。第1励起状態におけるエネルギー固有値を見ると

$$\text{第1励起状態：} E_{2,1,1} = E_{1,2,1} = E_{1,1,2} = \frac{3\hbar^2 \pi^2}{mL^2} \tag{5.34}$$

となります。第1励起状態では3つの異なる量子数$(2,1,1), (1,2,1), (1,1,2)$で同じエネルギー固有値をとります。このような状態を**3重縮退**といいます。同じエネルギー固有値をとる2個以上の異なる量子状態があるとき、**縮退している**といいます。

まとめ

○ 無限に深い1次元井戸型ポテンシャルの定常状態シュレディンガー方程式の解法

束縛状態のシュレディンガー方程式を立てる
⇓
シュレディンガー方程式(2階微分方程式)を解く
⇓
波動関数に境界条件を課す
⇓
波動関数の関数形とエネルギー固有値が決定
⇓
規格化条件で波動関数の定数が決定

量子数 n における波動関数:$\psi_n(x) = \sqrt{\dfrac{2}{L}} \sin \dfrac{\pi n}{L} x$

量子数 n におけるエネルギー固有値:$E_n = \dfrac{\hbar^2 \pi^2}{2mL^2} n^2$

規格直交条件:$\displaystyle\int_0^L \psi_m^*(x) \psi_n(x)\, dx = \delta_{m,n}$

波動関数:$\Psi = c_1 \psi_1 + c_2 \psi_2 + c_3 \psi_3 + \cdots = \displaystyle\sum_{n=1}^{\infty} c_n \psi_n$

○ 立方体に閉じ込められた自由粒子のシュレディンガー方程式の解法

波動関数を3方向に変数分離
⇓
1次元と同様の解法で波動関数とエネルギー固有値を決定

> [問題]
>
> 5.1 無限に深い1次元井戸型ポテンシャルの場合、束縛状態における波動関数とエネルギー固有値を自力で導出してみよ。
>
> 5.2 (5.23)の計算結果 $\langle x^2 \rangle$ と $\langle p^2 \rangle$ を確認せよ。
>
> 5.3 (5.33)において、基底状態のエネルギー固有値と量子数を求めよ。また、第2励起状態は何重に縮退しているか。

略解は P.252

第6章

有限の深さの井戸型ポテンシャル

シュレディンガー方程式を解くⅡ

　本章では、有限の深さの井戸型ポテンシャルのシュレディンガー方程式を解きます。無限に深い井戸型ポテンシャルの場合と異なり、波動関数とエネルギー固有値を導出する方法は複雑になってきます。

6-1 シュレディンガー方程式の立式

● シュレディンガー方程式を立てる

図6-1のような有限の深さ($V_0 > 0$)を持つ井戸型ポテンシャルを考えます。このポテンシャル内を1次元運動する1個の粒子(質量m)が束縛状態にあるとします。

図6-1 有限の深さの井戸型ポテンシャル

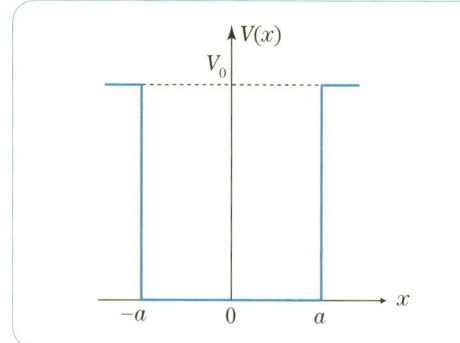

$$V(x) = \begin{cases} 0 & -a \leq x \leq a \\ V_0 & x < -a, \ x > a \end{cases}$$

粒子のエネルギー固有値をEとすると、定常状態のシュレディンガー方程式は

$$\begin{cases} x < -a, \ x > a \text{ のとき} \quad -\dfrac{\hbar^2}{2m}\dfrac{d^2}{dx^2}\psi(x) + V_0 \psi(x) = E\,\psi(x) \\ \qquad\qquad\qquad\qquad \Rightarrow \dfrac{d^2}{dx^2}\psi(x) = -\dfrac{2m}{\hbar^2}\left(E - V_0\right)\psi(x) \\ -a \leq x \leq a \text{ のとき} \quad -\dfrac{\hbar^2}{2m}\dfrac{d^2}{dx^2}\psi(x) = E\,\psi(x) \\ \qquad\qquad\qquad\qquad \Rightarrow \dfrac{d^2}{dx^2}\psi(x) = -\dfrac{2m}{\hbar^2}E\psi(x) \end{cases} \quad (6.1)$$

となります。束縛状態を考えるとき、E の範囲はどうなるでしょう。

ここで、波動関数が満たすべき束縛状態の条件を改めて定義します。
- 無限遠方（$x \to \pm\infty$）において、波動関数がゼロに近づく
- エネルギー固有値が不連続な値をとる

前章の無限に深いポテンシャルの場合は、$E > 0$ であれば上の 2 つの条件を満たしているので、束縛状態です。

図 6-1 のポテンシャルに対して、

$$0 < E < V_0 \tag{6.2}$$

とすると束縛状態の波動関数を得ることができます。その理由は、シュレディンガー方程式を解きながら述べていきましょう。

シュレディンガー方程式を解く

(6.1)を使って領域ごとに分けて、シュレディンガー方程式を立てて一般解を考えてみましょう。

> (5.6)と同様に考えます。ここで、(5.2)にならって定数部分を文字 k', k と置いて見やすくしています。

$$k' = \sqrt{\frac{2m}{\hbar^2}(V_0 - E)} \quad , \quad k = \sqrt{\frac{2m}{\hbar^2}E} \tag{6.3}$$

$$\begin{cases} x > a \text{ のとき} \quad \dfrac{d^2}{dx^2}\psi_1(x) = k'^2 \psi_1(x) \Rightarrow \psi_1(x) = Ae^{-k'x} + Be^{k'x} & (6.4) \\ -a \leq x \leq a \text{ のとき} \dfrac{d^2}{dx^2}\psi_2(x) = -k^2 \psi_2(x) \Rightarrow \psi_2(x) = C\cos kx + D\sin kx & (6.5) \\ x < -a \text{ のとき} \quad \dfrac{d^2}{dx^2}\psi_3(x) = k'^2 \psi_3(x) \Rightarrow \psi_3(x) = Fe^{-k'x} + Ge^{k'x} & (6.6) \end{cases}$$

ここで、ψ_2 については第 5 章の(5.6)と同様に平面波の重ね合わせで書けますが、次ページのようにオイラーの式 $e^{i\theta} = \cos\theta + i\sin\theta$ を用いて定在波の式にしています。

$$\psi_2(x) = C'e^{ikx} + D'e^{-ikx} = (C' + D')\cos kx + i(C' - D')\sin kx = C\cos kx + D\sin kx$$

各領域の波動関数は以下のような特徴を持っています。

$x<-a, x>a$ のとき：ψ ＝ 指数関数（減少関数＋増加関数）

$-a \leq x \leq a$ のとき：ψ ＝ 三角関数（コサイン関数＋サイン関数）

ここで、面白いことが起きていることに気づいているでしょうか。$x<-a, x>a$ の領域では粒子のエネルギー E がポテンシャルエネルギー V_0 よりも小さいので、古典力学で考えてみると、粒子の運動エネルギー（＝$E-V_0<0$）が負になるので存在することはできません。しかし、量子力学では存在することが可能です。波動関数が浸み込んで、粒子が存在できるのです（図6-2参照）。それは、量子力学特有の波動性の性質によるものなのです。

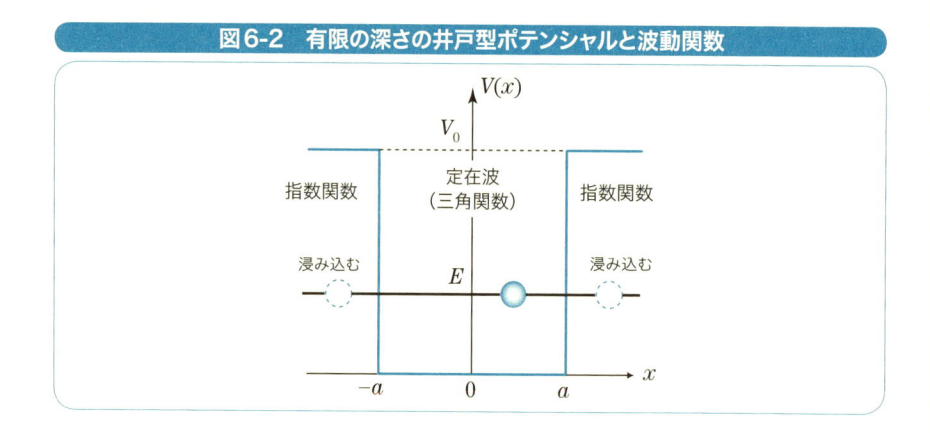

図6-2　有限の深さの井戸型ポテンシャルと波動関数

接続・境界条件から波動関数を決める

3つの領域での波動関数 ψ_1, ψ_2, ψ_3 は滑らかにつながっている必要があります。波動関数を滑らかにつなげるためには、ポテンシャルの値が変わる位置において2つの波動関数の値が同じであること、2つの波動関数の微分係数の値が同じであることが同時に要求されます。これを**接続条件**といいます。

波動関数が物理的に要求される条件は次のようにまとめられます。

束縛状態は境界条件で決まる

滑らかにつながる波動関数は接続条件で決まる

これらの条件から波動関数の形を決めましょう。

- $x \to \pm\infty$ **における境界条件**(無限遠方で波動関数はゼロになる)

(6.4)から $x \to \infty$ における波動関数は $\psi_1(x)$ なので、$\psi_1(+\infty) = 0$ になるためには $B = 0$ です。よって、

$$\psi_1(x) = Ae^{-k'x} \tag{6.7}$$

となります。

また、(6.6)から $x \to -\infty$ における波動関数は $\psi_3(x)$ なので、$\psi_3(-\infty) = 0$ になるためには $F = 0$ です。よって、

$$\psi_3(x) = Ge^{k'x} \tag{6.8}$$

となります。これで、$\psi_1(x)$ と $\psi_3(x)$ の形を決めることができました。

- $x = \pm a$ **における接続条件**(波動関数が滑らかにつながる)

$x = a$ における接続条件は次のように与えられます。

$$\begin{aligned}
\psi_2(a) = \psi_1(a) &\Rightarrow C\cos ka + D\sin ka = Ae^{-k'a} \\
\psi_2'(a) = \psi_1'(a) &\Rightarrow -Ck\sin ka + Dk\cos ka = -Ak'e^{-k'a}
\end{aligned} \tag{6.9}$$

> $\psi_1'(a)$ の意味は、$\psi_1(x)$ を x で微分した後に $x = a$ を代入するということだね。

$x = -a$ における接続条件は次のように与えられます。

$$\begin{aligned}
\psi_2(-a) = \psi_3(-a) &\Rightarrow C\cos ka - D\sin ka = Ge^{-k'a} \\
\psi_2'(-a) = \psi_3'(-a) &\Rightarrow Ck\sin ka + Dk\cos ka = Gk'e^{-k'a}
\end{aligned} \tag{6.10}$$

(6.9)から A を消去した式、(6.10)から G を消去した式は

$$\begin{aligned}
(6.9) &\Rightarrow C(k'\cos ka - k\sin ka) + D(k'\sin ka + k\cos ka) = 0 \\
(6.10) &\Rightarrow C(k'\cos ka - k\sin ka) - D(k'\sin ka + k\cos ka) = 0
\end{aligned} \tag{6.11}$$

となります。接続条件は(6.11)の2式に書き直されたことになります。

さて、この2式を同時に満たす条件は何でしょうか。実は、物理的に適した波動関数が存在するのは次の2通りしかありません。

① $C \neq 0$ かつ $D = 0$ のとき

(6.11)から

$$k' \cos ka - k \sin ka = 0 \tag{6.12}$$

が条件となります。(6.9)と(6.10)から

$$G = A \tag{6.13}$$

となります。波動関数は次のように書けます。

$$\begin{cases} x > a & \psi_1(x) = Ae^{-k'x} \\ -a \leq x \leq a & \psi_2(x) = C \cos kx \\ x < -a & \psi_3(x) = Ae^{k'x} \end{cases} \tag{6.14}$$

波動関数全体は**偶関数**になります。

② $C = 0$ かつ $D \neq 0$ のとき

(6.11)から

$$k' \sin ka + k \cos ka = 0 \tag{6.15}$$

が条件となります。(6.9)と(6.10)から

$$G = -A \tag{6.16}$$

となります。波動関数は次のように書けます。

$$\begin{cases} x > a & \psi_1(x) = Ae^{-k'x} \\ -a \leq x \leq a & \psi_2(x) = D \sin kx \\ x < -a & \psi_3(x) = -Ae^{k'x} \end{cases} \tag{6.17}$$

波動関数全体は**奇関数**になります。

ここで重要なのは、偶関数と奇関数の波動関数が存在することです。これを**偶奇性**(**パリティ**)と呼び、ポテンシャルが偶関数のとき、必ず波動関数はこの性質を持ちます。

6-2 エネルギー固有値の導出方法

　ようやく波動関数の形が決まりました。なお、規格化条件の議論はしていません。それでは、次にエネルギー固有値を決めます。

　エネルギー固有値 E はどのように決めたらよいでしょう。立ち戻ってみると、E を含んでいる k', k の関係から決められそうです。その関係式は、波動関数が偶関数のとき (6.12) で、奇関数のとき (6.15) です。波動関数の偶奇性を反映させて、(6.12) と (6.15) を偶と奇の条件式と名付けて変形すると

$$\text{偶の条件式：} \quad k \tan ka = k' \tag{6.18}$$

$$\text{奇の条件式：} -k \cot ka = k' \tag{6.19}$$

$$\cot \theta = \frac{1}{\tan \theta}$$

と書くことができます。

　さらに、(6.3) から

$$k^2 + k'^2 = \frac{2mV_0}{\hbar^2} \tag{6.20}$$

という偶奇性によらない関係式を得ます。以上から、(6.18) と (6.20) または (6.19) と (6.20) を満たす k を見つければ、(6.3) から E を求めることができます。でも、この連立方程式を解くのは困難です。そこで、グラフ的解法によりエネルギー固有値を決めてみます。

$$ka = K \quad , \quad k'a = K' \tag{6.21}$$

とすると、(6.18)(6.19)(6.20) は

$$\text{偶の条件式：} \quad K \tan K = K' \tag{6.22}$$

$$\text{奇の条件式：} -K \cot K = K' \tag{6.23}$$

$$\text{円の方程式：} K^2 + K'^2 = \frac{2mV_0 a^2}{\hbar^2} \tag{6.24}$$

となります。平面 K–K' 上に 3 式のグラフを示します（図 6-3 参照）。

(6.24)は半径 $\sqrt{2mV_0a^2/\hbar^2}$ の円の方程式なので、V_0a^2 の大きさによって偶奇の条件式(6.22)と(6.23)との交点の数とエネルギー固有値が異なります。図6-3で示した円の場合、波動関数が偶関数となる偶状態が2個、奇関数となる奇状態が1個存在することがわかります。あわせて3個の量子状態が存在します。

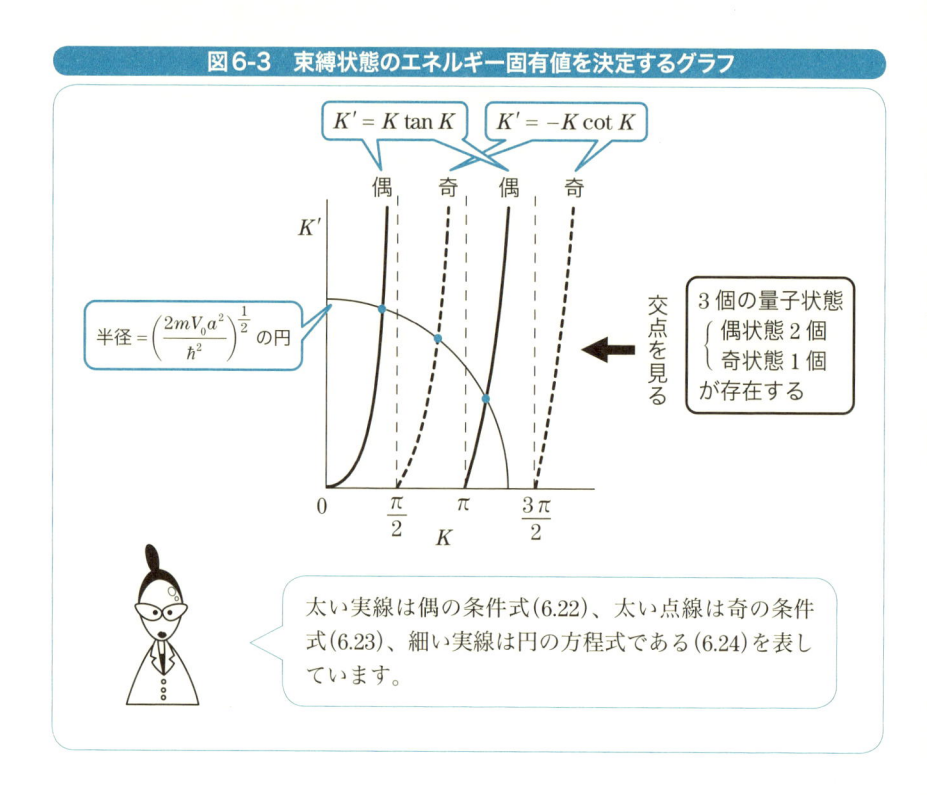

図6-3 束縛状態のエネルギー固有値を決定するグラフ

- $K' = K \tan K$
- $K' = -K \cot K$
- 半径 $= \left(\dfrac{2mV_0a^2}{\hbar^2}\right)^{\frac{1}{2}}$ の円
- 3個の量子状態 $\begin{cases} 偶状態2個 \\ 奇状態1個 \end{cases}$ が存在する
- 太い実線は偶の条件式(6.22)、太い点線は奇の条件式(6.23)、細い実線は円の方程式である(6.24)を表しています。

また、交点から K を求めれば(6.3)と(6.21)からエネルギー固有値

$$E = \frac{\hbar^2}{2ma^2}K^2 \tag{6.25}$$

を求めることができます。交点の値は、手計算で求めるは無理なので、後はコンピュータなどで数値計算するほかありません。交点はとびとびの値にあるので、エネルギー固有値 E の離散性が見て取れます。基底状態は必ず偶状態であることがグラフからわかります。図6-3の交点に対応するエネルギー固有値の様子を図6-4に示します。

図6-4 グラフの交点とエネルギー固有値

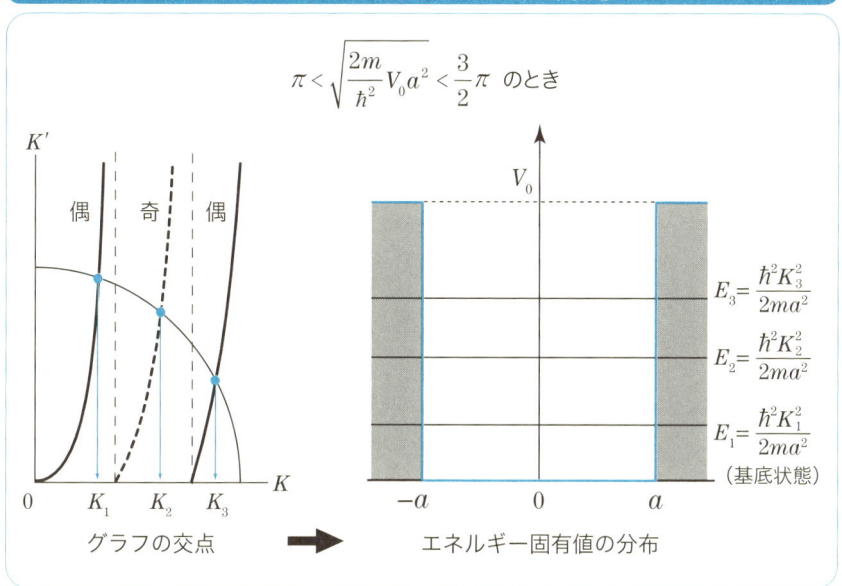

$$\pi < \sqrt{\frac{2m}{\hbar^2}V_0 a^2} < \frac{3}{2}\pi \text{ のとき}$$

グラフの交点 → エネルギー固有値の分布

$E_3 = \dfrac{\hbar^2 K_3^2}{2ma^2}$

$E_2 = \dfrac{\hbar^2 K_2^2}{2ma^2}$

$E_1 = \dfrac{\hbar^2 K_1^2}{2ma^2}$ (基底状態)

ここで、円の方程式(6.24)の半径に対してどのように束縛状態の量子状態の個数が変化するか見てみましょう。

	偶状態	奇状態
$0 < \sqrt{\dfrac{2mV_0 a^2}{\hbar^2}} < \dfrac{\pi}{2}$	1個	0個
$\dfrac{\pi}{2} < \sqrt{\dfrac{2mV_0 a^2}{\hbar^2}} < \pi$	1個	1個
$\pi < \sqrt{\dfrac{2mV_0 a^2}{\hbar^2}} < \dfrac{3\pi}{2}$	2個	1個
$\dfrac{3\pi}{2} < \sqrt{\dfrac{2mV_0 a^2}{\hbar^2}} < 2\pi$	2個	2個

V_0 はポテンシャルの井戸の深さ、a は井戸の幅に対応します。例えば、a を固定して V_0 を大きくしていく（井戸をどんどん深くしていく）と量子状態の個数が増えていくことがわかります。

基底状態における波動関数の様子を図6-5に示します。$x>a$, $x<-a$ の領域で、波動関数が浸透していることがわかります。

6-2 エネルギー固有値の導出方法

図6-5　基底状態における波動関数の様子

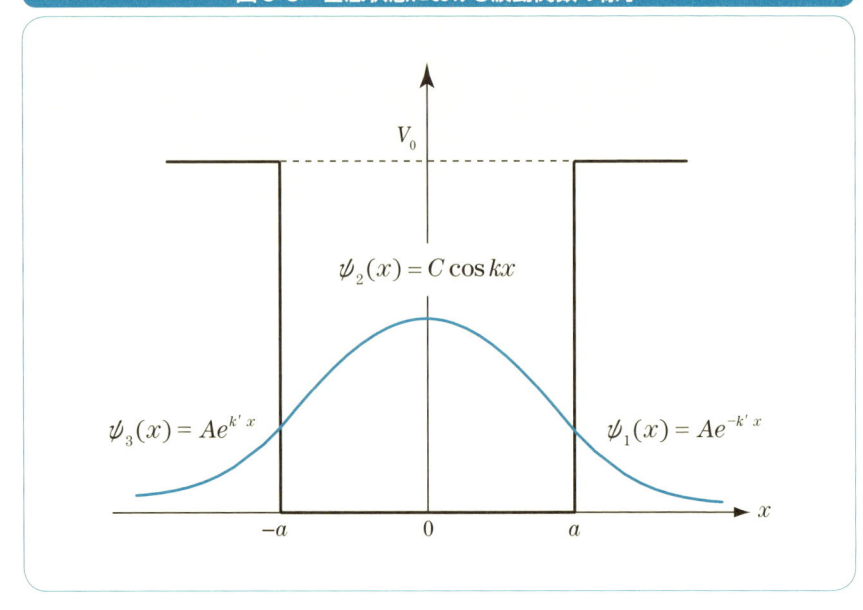

$\psi_2(x) = C\cos kx$

$\psi_3(x) = Ae^{k'x}$

$\psi_1(x) = Ae^{-k'x}$

　有限の深さの井戸型ポテンシャルは、電子デバイスに応用され、量子井戸と呼ばれています。量子井戸のデバイスは、種類の異なる半導体をサンドイッチして実現可能になります。

　ここで扱った基本的な計算結果がデバイス技術に応用されていることを知ると、量子力学をもっと勉強したくなりますよね。

> **まとめ**

- 有限の深さの井戸型ポテンシャルのシュレディンガー方程式の解法

各領域のシュレディンガー方程式を立てる
⇩
微分方程式を解き波動関数の一般形を導く
⇩
波動関数に境界条件・接続条件を課す
⇩
エネルギー固有値の離散値を得る
必要ならば波動関数の規格化を行う

- 偶関数のポテンシャルの場合、波動関数は偶奇性(パリティ)を持つ

[問題]

6.1 図6-1のポテンシャルにおいて、$V_0 \to \infty$ にすると無限に深いポテンシャルになります。図6-3を見て、エネルギー固有値を求めよ。

6.2 1次元ポテンシャルが

$$V(x) = \begin{cases} +\infty & (x<0) \\ -V_0 & (0<x<a\,,\,V_0>0) \\ 0 & (x>a) \end{cases}$$

のとき、束縛状態におけるエネルギー固有値を求める方法を述べよ。また、束縛状態が存在する V_0 の条件を求めよ。

略解は P.252

第7章
1次元散乱問題とトンネル効果
シュレディンガー方程式を解く Ⅲ

　第5・6章では井戸型ポテンシャルを持つシュレディンガー方程式を解き、束縛状態における波動関数とエネルギー固有値を導きました。
　本章では、入射する粒子がポテンシャルに衝突するときの反射と透過について議論します。これを散乱問題といい、その量子力学的な扱いについて学びます。また、量子力学特有な現象として最も有名なトンネル効果についても解説します。

7-1 確率の流れ

粒子の散乱問題を扱う上で、どうしても必要な概念があります。それが**確率の流れ**というものです。第4章で学んだように、時間を含む波動関数 $\Psi(x,t)$ があるとき、粒子の存在確率密度 $P(x,t)$ は

$$P(x,t) = \Psi^*(x,t)\Psi(x,t) = |\Psi(x,t)|^2 \tag{7.1}$$

です。少し復習すると、$P(x,t)$ は時刻 t で $x \sim x+dx$ 内の微小距離 dx に粒子が存在する確率密度を与えています。この時間変化を考えます。

> ここからシュレディンガー方程式を複雑に変形させていきますが、目標はただ1つ、確率密度を時間微分した形を出すことです。

まず、ポテンシャルエネルギー $V(x)$ 中を運動する質量 m の粒子に対する、時間を含むシュレディンガー方程式

$$-\frac{\hbar^2}{2m}\frac{\partial^2}{\partial x^2}\Psi + V(x)\Psi = i\hbar\frac{\partial}{\partial t}\Psi \tag{7.2}$$

を用意します。そして、ポテンシャルエネルギー V を実数として(7.2)全体の複素共役をとると、以下のようになります。

$$-\frac{\hbar^2}{2m}\frac{\partial^2}{\partial x^2}\Psi^* + V(x)\Psi^* = -i\hbar\frac{\partial}{\partial t}\Psi^* \tag{7.3}$$

> i の複素共役は $-i$

(7.2)の左から Ψ^* をかけた式と(7.3)の左から Ψ をかけた式の差は

$$-\frac{\hbar^2}{2m}\left(\Psi^*\frac{\partial^2}{\partial x^2}\Psi - \Psi\frac{\partial^2}{\partial x^2}\Psi^*\right) = i\hbar\left(\Psi^*\frac{\partial}{\partial t}\Psi + \Psi\frac{\partial}{\partial t}\Psi^*\right)$$

となります。ここで、2つの関数の積の微分計算を適用すると

$$-\frac{\hbar^2}{2m}\frac{\partial}{\partial x}\left(\Psi^*\frac{\partial}{\partial x}\Psi - \Psi\frac{\partial}{\partial x}\Psi^*\right) = i\hbar\frac{\partial}{\partial t}(\Psi^*\Psi) \tag{7.4}$$

と書き直すことができます。さらに、

$$S(x,t) = \frac{\hbar}{2im}\left(\Psi^* \frac{\partial}{\partial x}\Psi - \Psi \frac{\partial}{\partial x}\Psi^*\right) \quad (7.5)$$

という量を定義すると、(7.4)は

$$\frac{\partial}{\partial t}P(x,t) + \frac{\partial}{\partial x}S(x,t) = 0 \quad (7.6)$$

となります。(7.6)は一般に**連続方程式**と呼ばれているものです。この式は何を意味しているのか考えてみましょう。

今、図7-1にあるようなx軸方向に水が流れている水道管があるとして、水道管の微小区間部分$x \sim x + \Delta x (\Delta x \ll 1)$について考えます。この区間内(灰色部分)の水量を$P(x,t)\Delta x \,[\text{m}^3]$とします。また、位置$x$において1秒間当たりに流れる水流の体積を$S(x,t)\,[\text{m}^3/\text{s}]$とします。

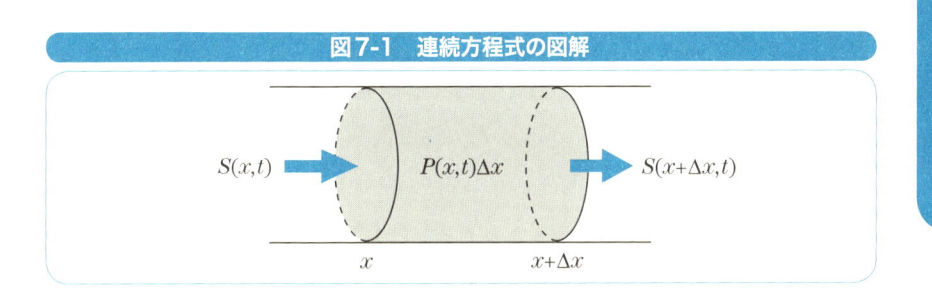

図7-1 連続方程式の図解

$S(x,t)$ → $P(x,t)\Delta x$ → $S(x+\Delta x,t)$
x $\qquad\qquad x+\Delta x$

時刻$t \to t + \Delta t$秒間のΔx部分(灰色部分)の水量の変化量は

$$\left[P(x, t+\Delta t) - P(x,t)\right]\Delta x \cong \frac{\partial P}{\partial t}\Delta t\, \Delta x \quad (7.7)$$

であり、Δt秒間の位置xでの流入量と$x + \Delta x$の流出量の差は

$$\left[S(x+\Delta x, t) - S(x, t)\right]\Delta t \cong \frac{\partial S}{\partial x}\Delta t\, \Delta x \quad (7.8)$$

となります。(7.7)と(7.8)の関係を考えてみましょう。灰色部分の水の

流出量−流入量＝正(水が湧き出ているとき、$\frac{\partial S}{\partial x} = 0$)とすると、灰色部分の水の量は減っている($\frac{\partial P}{\partial t} < 0$)ことになります。つまり、"水が湧き出ていればその分減っている"ということです。ということは、

$$\underbrace{\frac{\partial}{\partial x} S(x,t)}_{\text{水の流出量の差}} = -\underbrace{\frac{\partial}{\partial t} P(x,t)}_{\text{灰色部分の水の変化量}}$$

となり、(7.6)を得ます。これは、水量が保存していることを意味します。

さて、量子力学に話を戻すと、(7.6)は「**粒子の存在確率 $P(x,t)$ の時間変化は、確率の流れ $S(x,t)$ という変化量になる**」ことを意味しています。つまり、確率は保存するのです。$S(x,t)$ を **確率の流れの密度** といいます。

例えば、平面波 $\Psi = Ae^{ikx}$ ($k>0$) の確率の流れの密度は

$$\begin{aligned}
S(x,t) &= \frac{\hbar}{2im}\left(\Psi^* \frac{\partial}{\partial x}\Psi - \Psi \frac{\partial}{\partial x}\Psi^*\right) \quad \text{(7.5) より} \\
&= \frac{\hbar}{2im}\left(A^* e^{-ikx} \, ik \, Ae^{ikx} - Ae^{ikx}(-ik)A^* e^{-ikx}\right) \\
&= \frac{\hbar k}{m}|A|^2
\end{aligned} \quad (7.9)$$

となります。平面波については付録2を参照してください。(7.9)は何を意味しているでしょうか。

運動量 $\hbar k$ を質量 m で割ったものは速度 $\frac{\hbar k}{m}$ なので、全体の粒子が1秒間に距離 $\frac{\hbar k}{m}$ 進みます(図7-2参照)。確率密度は $\Psi^* \Psi = |A|^2$ なので、確率の流れの密度 S は「$\frac{\hbar k}{m}|A|^2 = 1$ 秒間に単位断面積を通過する確率の流れ」とみることができます。平面波は、確率の流れという水流のようなものが速度 $\frac{\hbar k}{m}$ で進んでいるのです。このイメージが散乱問題で重要です。

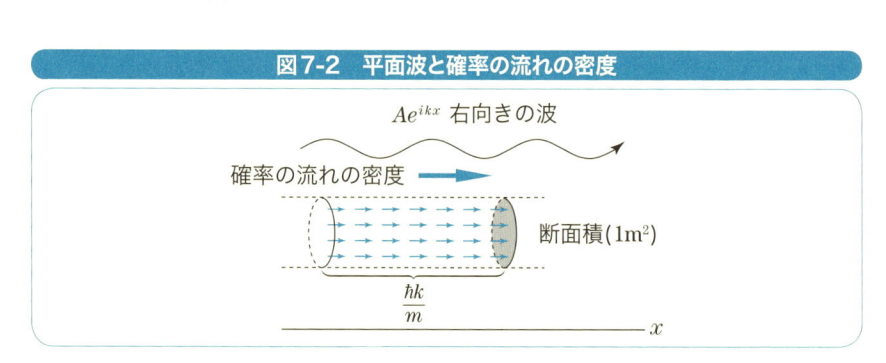

図7-2　平面波と確率の流れの密度

7-2 散乱現象

散乱

散乱という現象は身近にあります。例えば、天気の良い空が青く見えたり、夕日が赤く見えるのは、大気中の分子と光との散乱によるものです。人間は物体に散乱した光を色として認識しているのです。

図7-3にあるようなガラスに光を当てるという散乱現象を考えてみましょう。入射波の光がガラスに当たると、空気とガラスの境界面で反射する反射波とガラス中を透過する透過波に分かれます。

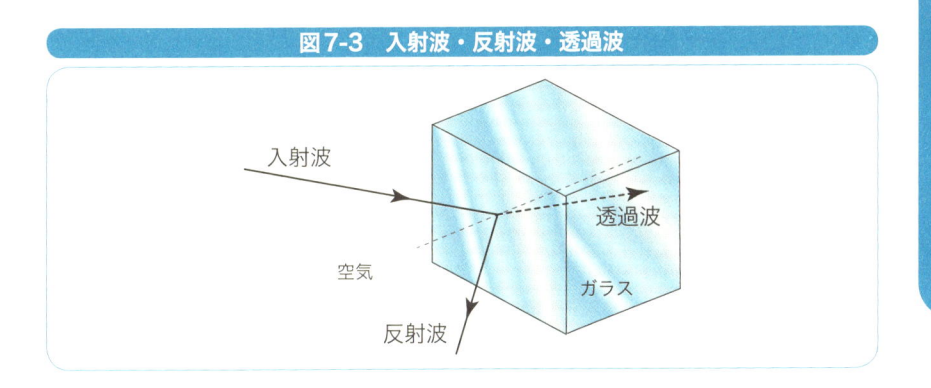

図7-3　入射波・反射波・透過波

散乱現象において重要な物理量が、反射率と透過率です。例えば、100個の光子がガラスにぶつかったとき、反射する光子と透過する光子がそれぞれ70個と30個とすると、反射率＝70％、透過率＝30％です。これを量子力学で考えるとき、前節で定義した確率の流れの密度Sが登場します。なぜなら、散乱現象においても確率は保存しているからです。図7-4にあるような形のポテンシャルに左から右に向かって入射波をぶつけたとき、反射率と透過率を確率の流れの密度比で定義すると

$$反射率 = \frac{S_{反射}(反射波のS)}{S_{入射}(入射波のS)} \quad , \quad 透過率 = \frac{S_{透過}(透過波のS)}{S_{入射}(入射波のS)}$$

となります。当然のことながら、反射率＋透過率＝1となり、確率が保存していることを意味しています。

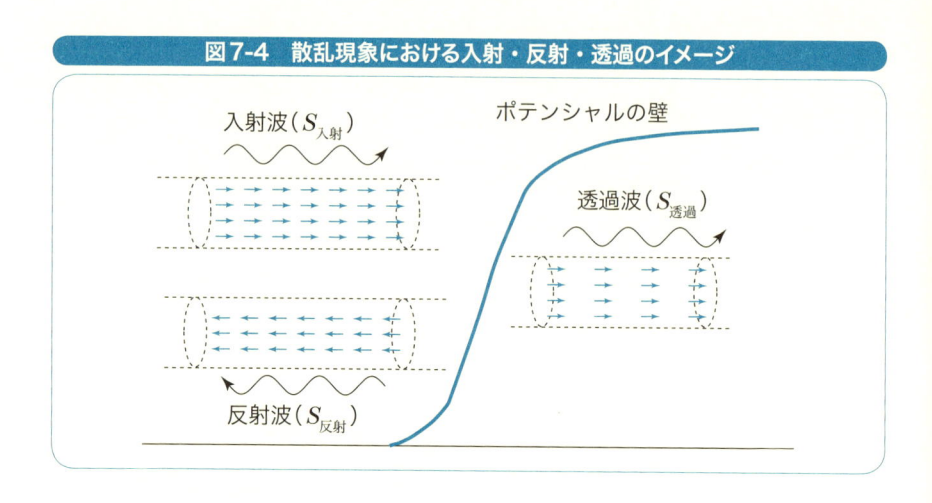

図7-4　散乱現象における入射・反射・透過のイメージ

入射波($S_{入射}$)
ポテンシャルの壁
透過波($S_{透過}$)
反射波($S_{反射}$)

1次元散乱問題

エネルギー $E(E>0)$ を持つ粒子(質量 m)を金属表面に垂直に入射するとき、反射率と透過率を計算してみます。金属内のポテンシャルを $-V_0(V_0>0)$ として、図7-5のような1次元ポテンシャルを設定します。$x<0$ が金属外部、$x>0$ が金属内部を表し、$-x$ 方向から $+x$ 方向に向かって粒子が入射します。

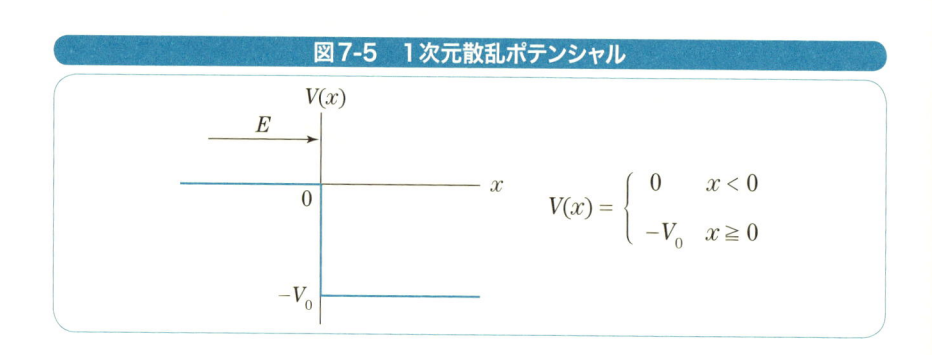

図7-5　1次元散乱ポテンシャル

$$V(x) = \begin{cases} 0 & x < 0 \\ -V_0 & x \geq 0 \end{cases}$$

各領域のシュレディンガー方程式を立てます。

$x < 0$ のとき　　$-\dfrac{\hbar^2}{2m}\dfrac{d^2}{dx^2}\psi_1(x) = E\psi_1(x)$

$0 \leq x$ のとき　　$-\dfrac{\hbar^2}{2m}\dfrac{d^2}{dx^2}\psi_2(x) - V_0\psi_2(x) = E\psi_2(x)$

(7.10)

ここで、

$$k = \sqrt{\dfrac{2m}{\hbar^2}E}\ ,\quad k' = \sqrt{\dfrac{2m}{\hbar^2}\left(V_0 + E\right)} \tag{7.11}$$

とすると

$x < 0$ のとき　　$\dfrac{d^2}{dx^2}\psi_1(x) = -k^2\psi_1(x)$

$0 \leq x$ のとき　　$\dfrac{d^2}{dx^2}\psi_2(x) = -k'^2\psi_2(x)$

(7.12)

となるので、各領域の波動関数は

$x < 0$ のとき　　$\psi_1(x) = Ae^{ikx} + Be^{-ikx}$

$0 \leq x$ のとき　　$\psi_2(x) = Ce^{ik'x}$

(7.13)

となります。右向き（運動量 $\hbar k$）の入射波の振幅を A、左向き（運動量 $-\hbar k$）の反射波の振幅を B としています。また、金属内を透過する平面波は右向き平面波だけなので、その振幅を C とします（図7-6参照）。

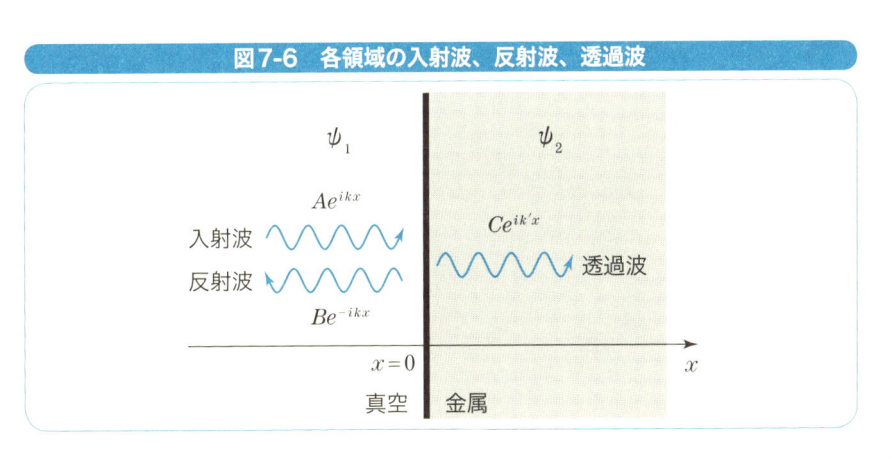

図7-6　各領域の入射波、反射波、透過波

接続条件を課すために、波動関数の微分を計算すると

$$x < 0 のとき \quad \psi_1'(x) = ikAe^{ikx} - ikBe^{-ikx}$$
$$0 \leq x のとき \quad \psi_2'(x) = ik'Ce^{ik'x} \tag{7.14}$$

となります。(7.13)と(7.14)から、$x=0$で波動関数を接続します。

$x = 0$ の接続条件
- 値が同じ： $\psi_1(0) = \psi_2(0) \Rightarrow A + B = C$
- 傾きが同じ： $\psi_1'(0) = \psi_2'(0) \Rightarrow ikA - ikB = ik'C$ \quad (7.15)

(7.15)の連立方程式を解くと

$$\frac{B}{A} = \frac{k - k'}{k + k'} \quad , \quad \frac{C}{A} = \frac{2k}{k + k'} \tag{7.16}$$

となります。

入射波、反射波、透過波それぞれの確率の流れの密度は(7.9)から

$$S_{入射} = \frac{\hbar k}{m}|A|^2, \quad S_{反射} = \frac{\hbar k}{m}|B|^2, \quad S_{透過} = \frac{\hbar k'}{m}|C|^2 \tag{7.17}$$

となります。(7.16)と(7.17)から

$$反射率 \, R = \frac{S_{反射}}{S_{入射}} = \frac{|B|^2}{|A|^2} = \left(\frac{k-k'}{k+k'}\right)^2$$
$$透過率 \, T = \frac{S_{透過}}{S_{入射}} = \frac{k'|C|^2}{k|A|^2} = \frac{4kk'}{(k+k')^2} \tag{7.18}$$

となります。当然ながら、確率が保存することを意味する等式 $R + T = 1$ が上式から確認できます。注意すべき点として、透過率は振幅比の2乗である $\frac{|C|^2}{|A|^2}$ ではありません。これで計算すると、$R + T \neq 1$ となり確率が保存しません。

R と T を E と V_0 で書くと、(7.11)から

$$R = \left(\frac{\sqrt{V_0 + E} - \sqrt{E}}{\sqrt{V_0 + E} + \sqrt{E}}\right)^2 \quad , \quad T = \frac{4\sqrt{E(V_0 + E)}}{\left(\sqrt{V_0 + E} + \sqrt{E}\right)^2} \tag{7.19}$$

となります。図7-7は横軸$\frac{E}{V_0}$としたRとTのグラフです。粒子のエネルギーEが少しでもゼロから大きくなると急激に透過率は大きくなり、反射率も小さくなります。EとV_0の大きさがほぼ同程度になると、透過率はほぼ1になります。

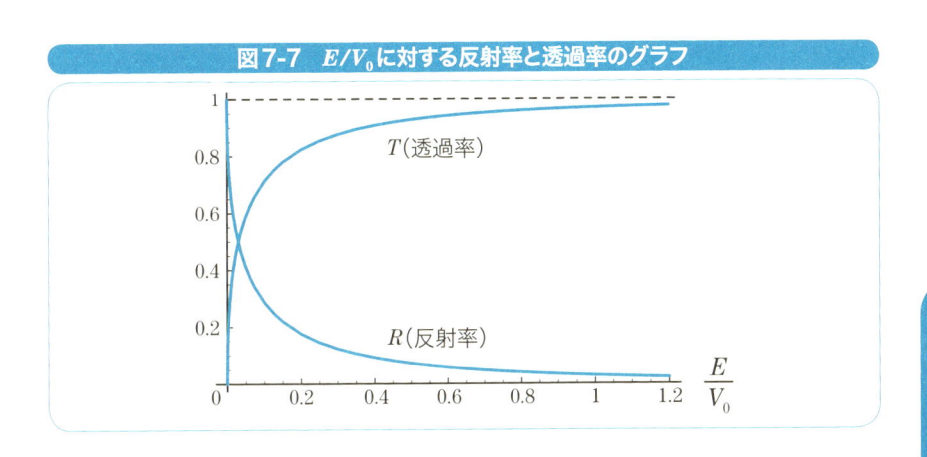

図7-7 E/V_0に対する反射率と透過率のグラフ

● トンネル効果

人が壁を飛び越えようとするとき、当然、壁より高くジャンプします。また、壁の向こう側にボールを投げるとき、壁より高くボールを投げ上げます。ところが、量子力学では壁より低くても壁を通り抜けることができるのです(図7-8参照)。この量子力学特有の現象を**トンネル効果**といいます。

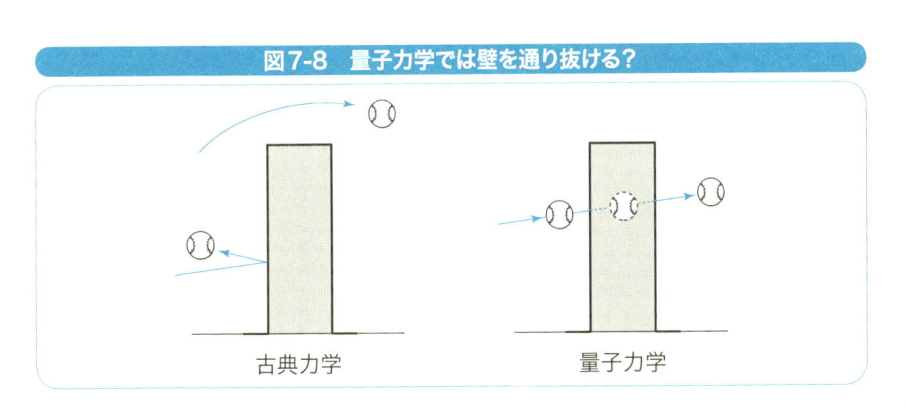

図7-8 量子力学では壁を通り抜ける?

古典力学　　　　　　　量子力学

図7-9のようなポテンシャル障壁に対して、左から右に向かって粒子(質量m)を入射します。粒子のエネルギーEが

$$0 < E < V_0 \tag{7.20}$$

のとき、反射率と透過率を求めてみましょう。

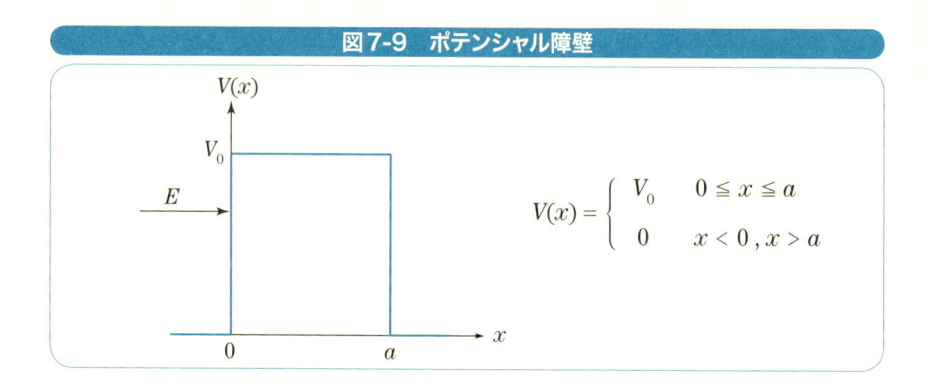

図7-9　ポテンシャル障壁

$$V(x) = \begin{cases} V_0 & 0 \leq x \leq a \\ 0 & x < 0, x > a \end{cases}$$

まず、古典力学で考えてみましょう。粒子の力学的エネルギー保存則は

$$\underbrace{\frac{p^2}{2m}}_{\text{運動エネルギー}} + \underbrace{V_0}_{\text{ポテンシャルエネルギー}} = \underbrace{E}_{\text{力学的エネルギー(一定値)}} \tag{7.21}$$

なので、(7.20)から運動エネルギーが負になります。つまり、粒子はポテンシャル内に存在できないので、ポテンシャル障壁を越えることはできません。しかし、量子力学ではそうならないことを計算で示します。

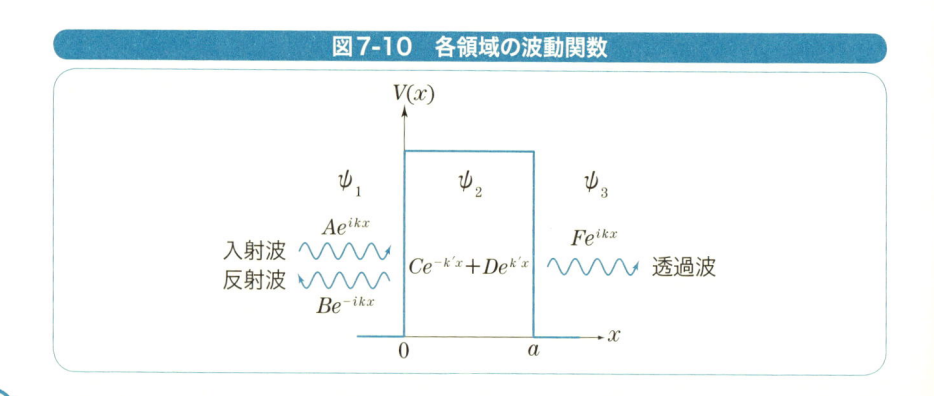

図7-10　各領域の波動関数

ψ_1: 入射波 Ae^{ikx}、反射波 Be^{-ikx}
ψ_2: $Ce^{-k'x} + De^{k'x}$
ψ_3: 透過波 Fe^{ikx}

ここで、

$$k = \sqrt{\frac{2m}{\hbar^2}E} \quad , \quad k' = \sqrt{\frac{2m}{\hbar^2}(V_0 - E)} \tag{7.22}$$

として、各領域のシュレディンガー方程式を立てます。

$x < 0, x > a$ のとき $\quad -\frac{\hbar^2}{2m}\frac{d^2}{dx^2}\psi(x) = E\psi(x) \Rightarrow \frac{d^2}{dx^2}\psi(x) = -k^2\psi(x)$

$0 \leq x \leq a$ のとき $\quad -\frac{\hbar^2}{2m}\frac{d^2}{dx^2}\psi(x) + V_0\psi(x) = E\psi(x) \Rightarrow \frac{d^2}{dx^2}\psi(x) = k'^2\psi(x)$

$$\tag{7.23}$$

(7.23)を解いて、各領域の波動関数を図7-10のように書くと、

$$\begin{cases} \psi_1(x) = Ae^{ikx} + Be^{-ikx} & x < 0 \\ \psi_2(x) = Ce^{-k'x} + De^{k'x} & 0 \leq x \leq a \\ \psi_3(x) = Fe^{ikx} & x > a \end{cases} \tag{7.24}$$

(右方向のみ)

となります。波動関数の接続条件を課すために、その微分を計算すると

$$\begin{cases} \psi_1'(x) = ikAe^{ikx} - ikBe^{-ikx} & x < 0 \\ \psi_2'(x) = -k'Ce^{-k'x} + k'De^{k'x} & 0 \leq x \leq a \\ \psi_3'(x) = ikFe^{ikx} & x > a \end{cases} \tag{7.25}$$

です。(7.24)と(7.25)を使って $x = 0$ と $x = a$ で波動関数を接続します。

$x = 0$ の接続条件

（値が同じ）$\psi_1(0) = \psi_2(0) \Rightarrow A + B = C + D$

（傾きが同じ）$\psi_1'(0) = \psi_2'(0) \Rightarrow ikA - ikB = -k'C + k'D$

$$\tag{7.26}$$

$x = a$ の接続条件

（値が同じ）$\psi_2(a) = \psi_3(a) \Rightarrow Ce^{-k'a} + De^{k'a} = Fe^{ika}$

（傾きが同じ）$\psi_2'(a) = \psi_3'(a) \Rightarrow -k'Ce^{-k'a} + k'De^{k'a} = ikFe^{ika}$

$$\tag{7.27}$$

接続条件を行列で表すと、(7.26)と(7.27)はそれぞれ

$$\begin{pmatrix} 1 & 1 \\ ik & -ik \end{pmatrix} \begin{pmatrix} A \\ B \end{pmatrix} = \begin{pmatrix} 1 & 1 \\ -k' & k' \end{pmatrix} \begin{pmatrix} C \\ D \end{pmatrix} \tag{7.28}$$

$$\begin{pmatrix} e^{-k'a} & e^{k'a} \\ -k'e^{-k'a} & k'e^{k'a} \end{pmatrix} \begin{pmatrix} C \\ D \end{pmatrix} = F \begin{pmatrix} e^{ika} \\ ike^{ika} \end{pmatrix} \tag{7.29}$$

と書くことができます。少々面倒な計算ですが、(7.28)と(7.29)から行列$\begin{pmatrix} C \\ D \end{pmatrix}$を消去すると

$$\begin{pmatrix} A \\ B \end{pmatrix} = \begin{pmatrix} 1 & 1 \\ ik & -ik \end{pmatrix}^{-1} \begin{pmatrix} 1 & 1 \\ -k' & k' \end{pmatrix} \begin{pmatrix} e^{-k'a} & e^{k'a} \\ -k'e^{-k'a} & k'e^{k'a} \end{pmatrix}^{-1} F \begin{pmatrix} e^{ika} \\ ike^{ika} \end{pmatrix} = MF$$

となり、2行1列の行列Mは

$$M = \begin{pmatrix} \left(\cosh k'a + i\dfrac{k'^2 - k^2}{2kk'} \sinh k'a \right) e^{ika} \\ -i\dfrac{k'^2 + k^2}{2kk'} e^{ika} \sinh k'a \end{pmatrix} \tag{7.30}$$

となります。ここで、

$$\cosh x = \frac{e^x + e^{-x}}{2} \quad \text{(双曲線コサイン関数)}$$

$$\sinh x = \frac{e^x - e^{-x}}{2} \quad \text{(双曲線サイン関数)}$$

を使いました。つまり、Mは入射波と反射波の振幅$\begin{pmatrix} A \\ B \end{pmatrix}$と透過波の振幅$F$を結びつける行列なのです。

以上から、入射波と透過波の振幅比は

$$\frac{F}{A} = \left(\cosh k'a + i\frac{k'^2 - k^2}{2kk'} \sinh k'a \right)^{-1} e^{-ika} \tag{7.31}$$

となります。透過率は入射波と透過波の確率の流れの密度の比をとると

$$T = \frac{S_{透過}}{S_{入射}} = \frac{|F|^2}{|A|^2} \quad \text{双曲線関数の関係式 } \cosh^2 x - \sinh^2 x = 1 \quad (7.32)$$

$$= \left(\cosh^2 k'a + \left(\frac{k'^2 - k^2}{2kk'} \right)^2 \sinh^2 k'a \right)^{-1} = \left(1 + \left(\frac{k'^2 + k^2}{2kk'} \right)^2 \sinh^2 k'a \right)^{-1}$$

です。

> ゼロでないということは、通り抜けることもあるんだ！

透過率 T を E と V_0 を用いて書くと

$$T = \left(1 + \frac{\sinh^2 a \sqrt{\frac{2mV_0}{\hbar^2}\left(1 - \frac{E}{V_0}\right)}}{4\frac{E}{V_0}\left(1 - \frac{E}{V_0}\right)} \right)^{-1} \quad (7.33)$$

となります。$\frac{E}{V_0}$ に対する T のグラフを図 7-11 に示します。$0 < \frac{E}{V_0} < 1$ の範囲がトンネル効果による部分です。(7.33) の透過率の式は、$0 < \frac{E}{V_0} < 1$ の条件の下で導出されたものですが、図に示すように $\frac{E}{V_0} > 1$ の場合でも適用できます。そのときは (7.33) 式の平方根の中身が負になり sinh 関数の中身が虚数になりますが、$\sinh ix = i \sin x$ の関係を使えば

$$T = \left(1 + \frac{\sin^2 a \sqrt{\frac{2mV_0}{\hbar^2}\left(\frac{E}{V_0} - 1\right)}}{4\frac{E}{V_0}\left(\frac{E}{V_0} - 1\right)} \right)^{-1} \quad (7.34)$$

と書くことができます。

図7-11　トンネル効果による透過率 T のグラフ

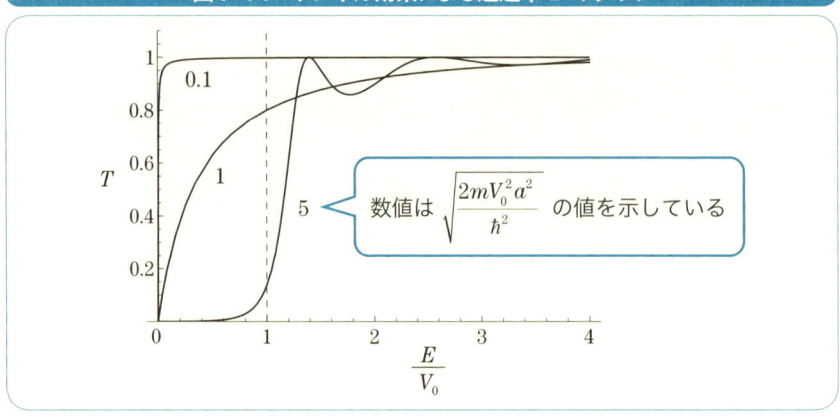

数値は $\sqrt{\dfrac{2mV_0^2 a^2}{\hbar^2}}$ の値を示している

　ここで、$k'a \gg 1$ のとき、つまり、ポテンシャル障壁の高さが十分高い（$V_0 \gg E$）あるいは幅が十分大きい（$a \gg 1$）場合を考えてみましょう。$x \gg 1$ のとき $\sinh x \cong \dfrac{e^x}{2}$ なので、(7.33)は次のように近似できます。

$$T \cong 16 \frac{E(V_0 - E)}{V_0^2} \exp\left(-2a\sqrt{\frac{2m}{\hbar^2}(V_0 - E)}\right) \tag{7.35}$$

　このように、ポテンシャル障壁に比べて十分低いエネルギーを持った粒子でも確率的に通り抜けることができるのです。

　量子力学特有のトンネル効果を応用したデバイスや説明できる主な現象を以下に示しておきます。各自調べてみましょう。

- 走査型トンネル顕微鏡（STM）
- ジョゼフソン素子
- エサキダイオード
- 核反応における α 崩壊

> まとめ

○ 確率の流れの密度

$$S(x,t) = \frac{\hbar}{2im}\left(\Psi^* \frac{\partial}{\partial x}\Psi - \Psi \frac{\partial}{\partial x}\Psi^*\right)$$

○ 連続方程式(確率の保存を表す式)

$$\frac{\partial}{\partial t}P(x,t) + \frac{\partial}{\partial x}S(x,t) = 0$$

ここで、$P(x,t) = |\Psi(x,t)|^2$

○ 1次元散乱問題の反射率・透過率の計算は、波動関数の接続条件と、確率の流れの比を使う

○ トンネル効果
障壁ポテンシャルよりも低エネルギーで粒子が透過する量子力学的現象

[問題]

7.1 図7-5では金属表面+xに方向に向かって粒子が入射したときの問題であったが、逆に金属内部の粒子が$-x$方向に向かって金属外部に飛び出す場合を考える。そのときの透過率を求めよ。

7.2 (7.30)を導け。

7.3 (7.35)を導け。

略解はP.253

第8章

調和振動子

シュレディンガー方程式を解く Ⅳ

　量子力学では、ばねの単振動を調和振動子といいます。高校の物理では、ばねの位置エネルギーつまりポテンシャルエネルギーは、ばねの伸び（縮み）の2乗に比例することを学びました。本章では、このポテンシャルエネルギーを持つシュレディンガー方程式を解きます。第5・6・7章をはるかに上回る量の数学的技法が数多く登場するので、このあたりから挫折する人が出てくると思います。

　しかし、ここが正念場です。今までの簡単な形のポテンシャルエネルギーとは違うので、厳密に波動関数とエネルギー固有値を導いたときの爽快感があります。実は、シュレディンガー方程式が厳密に解ける例はそう多くはありません。調和振動子は、今後のシュレディンガー方程式の解法に役立ちます。

8-1 単振動

● ばねの単振動の復習(古典力学)

ばねは伸びれば縮もうとするし、縮めば伸びようとします。つまり、元の形に戻ろうとする力(復元力)があるのです。筋肉を鍛えるエキスパンダーを思い出すとよいでしょう。

ばねに質量 m の質点を付けて、自然の状態から x だけ伸ばすと、ばねは伸ばした方向と逆向きに復元力 kx を質点に及ぼします(図8-1 参照)。定数 k〔N/m〕はばねの強さを表し、ばね定数といいます。ばねによって質点が振動しますが、これを**ばねの単振動**といいます。最初に、古典力学におけるばねの単振動について復習をしておきましょう。

図8-1 ばねの単振動

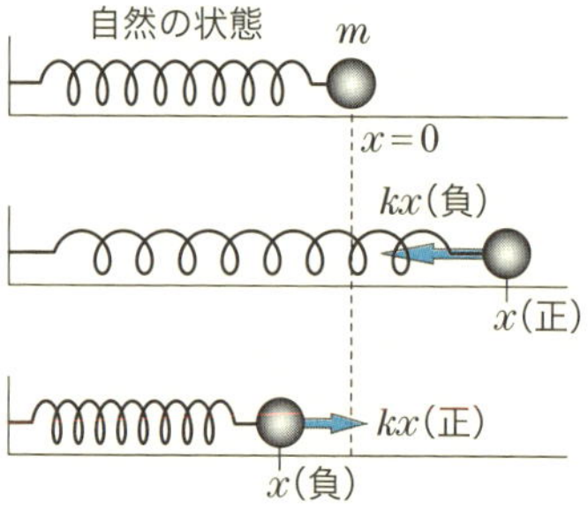

質点の運動方程式は

$$m\frac{d^2x}{dt^2} = -kx \tag{8.1}$$

となります。ここで、

$$\omega = \sqrt{\frac{k}{m}} \tag{8.2}$$

とすると、(8.1)は

$$\frac{d^2x}{dt^2} = -\omega^2 x \tag{8.3}$$

と書くことができます。もう見慣れた微分方程式ですね。解は三角関数を使って

$$x = A\sin(\omega t + \delta) \tag{8.4}$$

（振幅）（初期位相）

と書けます。質点の周期 T（同じ位置に戻ってくる時間）は(8.4)から

$$T = \frac{2\pi}{\omega} = 2\pi\sqrt{\frac{m}{k}} \tag{8.5}$$

となります。(8.2)で定義したω〔rad/s〕を**角振動数**といいます。

ばねの位置エネルギー（ポテンシャルエネルギー）は

$$V(x) = \frac{1}{2}kx^2 = \frac{1}{2}m\omega^2 x^2 \tag{8.6}$$

(8.2)より

なので、エネルギーを E とすると力学的エネルギー保存則は

$$\frac{1}{2}m\left(\frac{dx}{dt}\right)^2 + \frac{1}{2}m\omega^2 x^2 = E \tag{8.7}$$

（運動エネルギー）（ばねの位置エネルギー）（力学的エネルギー）

となります。(8.4)を(8.7)に代入すると

$$E = \frac{1}{2}m\omega^2 A^2 \tag{8.8}$$

となり、ばねの単振動のエネルギーは振幅 A の2乗に比例する式を得ます。

ここまでが、古典力学の範囲内です。この単純なばねの単振動を量子力学に適用するとどうなるのでしょうか。

調和振動子の波動関数とエネルギー固有値

ばねの単振動を量子力学では**調和振動子**といいます。質量 m の粒子が(8.6)のポテンシャル内を運動するときのシュレディンガー方程式を解きます。角振動数 ω の調和振動子ポテンシャルは

$$V(x) = \frac{1}{2}m\omega^2 x^2 \tag{8.9}$$

と書けます。よって、定常状態のシュレディンガー方程式は

$$-\frac{\hbar^2}{2m}\frac{d^2}{dx^2}\psi(x) + \frac{1}{2}m\omega^2 x^2 \psi(x) = E\psi(x) \tag{8.10}$$

となります。第5〜7章で解いてきたシュレディンガー方程式とは違い、V は一定ではありません。つまり、今までの微分方程式の解き方が通用しないことを覚悟しなければなりません。手順を踏んで丁寧に解説していきましょう。

手順1) シュレディンガー方程式に無次元変数を導入する

シュレディンガー方程式にはたくさんの単位を持つ物理量が含まれているため、方程式が煩雑で式を変形していく場合に扱いにくいときがあります。そこで、単位を持たない量(無次元量)を導入してシュレディンガー方程式を書き直します。

> どうやって無次元量を作るの？

> 例えば、長さの単位 m と、その逆数の単位 1/m をかけあわせば無次元になります。

(8.10)に登場する物理量 $\hbar$〔J・s〕=〔kg・m^2/s〕、m〔kg〕、ω〔rad/s〕から長さの逆数の単位〔1/m〕を作ると

> rad は無次元量

$$\alpha = \sqrt{\frac{m\omega}{\hbar}} \tag{8.11}$$

となるので、これを使って無次元量の変数

$$z = \sqrt{\frac{m\omega}{\hbar}}x = \alpha x \tag{8.12}$$

を導入します。(8.10)が長さの単位を持つ変数 x を含まない式にすることが目標です。x についての微分は

$$\frac{d}{dx} = \frac{dz}{dx}\frac{d}{dz} = \sqrt{\frac{m\omega}{\hbar}}\frac{d}{dz} \tag{8.13}$$

となり、z についての微分に変換できるので(8.10)は

$$\frac{d^2}{dz^2}\psi(z) - z^2\psi(z) + \frac{2E}{\hbar\omega}\psi(z) = 0 \tag{8.14}$$

となります。$\frac{E}{\hbar\omega}$ は無次元量です。

手順2) 漸近解を探す

(8.14)は非常にすっきりした形になったので、さあ解こうと思いたいのですが、左辺の z^2 項があるために、今までのやり方で解くことは難しくなっています。そこで、z について極端な範囲を考えて解の形をある程度決めることにします。このような解を**漸近解**ということにしましょう。

$|z|\gg1$(つまり $|x|\gg1$)のとき、(8.14)は

$$\frac{d^2}{dz^2}\psi(z) = z^2\psi(z) \tag{8.15}$$

と書くことができます。これが、原点から十分遠方に離れたシュレディンガー方程式になります。

(8.15)を満たす解はどんな形でしょうか。左辺で ψ を2階微分すると、右辺で ψ が出てくるので、ψ は e の指数関数で表されると考えられます。十分大きい z に対して

$$\psi(z) = \exp\left(\pm \frac{z^2}{2}\right) \quad (z \gg 1) \tag{8.16}$$

> $\exp(x)$ は e^x と同じ意味です。指数のべきの数が複雑になるときには、こちらの記号を使うと式が見やすくなります。

を(8.15)に代入すれば満たすことがわかります。(8.16)をちゃんと導出したい人は $\psi = e^{f(z)}$ として、(8.15)に代入してください。関数 $f(z)$ についての微分方程式が出てきて $f(z) = \pm\frac{z^2}{2}$ を導出することができます。

(8.16)は数学的な解で、物理的には不適の解を含んでいます。波動関数は確率密度を与えるので有限の値でなければなりません。(8.16)の符号で＋を採用した場合、$\lim_{z \to \pm\infty} e^{\frac{z^2}{2}} = \infty$ となり不適になります。よって、物理的に適した漸近解は

$$\psi(z) = \exp\left(-\frac{z^2}{2}\right) \quad (z \gg 1) \tag{8.17}$$

となります。この場合は、$\lim_{z \to \pm\infty} e^{-\frac{z^2}{2}} = 0$ となり無限遠方では粒子の存在確率はゼロになるということです。

手順3） 漸近解から厳密解へ

無限遠方における漸近解(8.17)を足がかりに、任意の z に対する(8.14)の厳密解を見つけてみましょう。そこで、

$$\psi(z) = u(z)\exp\left(-\frac{z^2}{2}\right) \tag{8.18}$$

として未知の関数 $u(z)$ を求めます。(8.18)を(8.14)に代入すると、$u(z)$ に対する微分方程式を以下のように得ます。

$$\frac{d^2}{dz^2}u(z) - 2z\frac{d}{dz}u(z) + 2\lambda\, u(z) = 0 \tag{8.19}$$

ここで

$$\lambda = \frac{E}{\hbar\omega} - \frac{1}{2} \qquad (8.20)$$

としました。

　物理的に許される波動関数であるためには、$u(z)$は多項式でなければなりません。その詳細は付録 4 を見てください。(8.19)を満たす多項式はすでに知られていて、**エルミート多項式** $H_n(z)$ といいます(付録 3 参照)。以下にエルミート多項式の諸性質を示します。

微分方程式：$\dfrac{d^2}{dz^2}H_n(z) - 2z\dfrac{d}{dz}H_n(z) + 2nH_n(z) = 0,\ n = 0, 1, 2, \cdots$ (8.21)

漸化式：
$$\begin{cases} H_{n+2}(z) - 2zH_{n+1}(z) + 2nH_n(z) = 0 \\ \dfrac{d}{dz}H_n(z) = 2nH_{n-1}(z) \end{cases} \qquad (8.22)$$

直交性：$\displaystyle\int_{-\infty}^{\infty} H_n(z)H_m(z)\,e^{-z^2}\,dz = 2^n\,n!\,\sqrt{\pi}\,\delta_{n,m}$ (8.23)

表示：$H_n(z) = (-1)^n e^{z^2}\dfrac{d^n}{dz^n}e^{-z^2}$ (8.24)

　非負の整数 $n = 0, 1, 2, 3, \cdots$ を与えるとエルミート多項式 $H_n(z)$ が決まります。例えば、(8.24)から

$$\begin{aligned} H_0(z) &= 1 \\ H_1(z) &= 2z \\ H_2(z) &= 4z^2 - 1 \\ H_3(z) &= 8z^3 - 12z \\ &\vdots \qquad \vdots \end{aligned} \qquad (8.25)$$

となります。

　以上から、微分方程式(8.19)を満たす $u(z)$ はエルミート多項式 $H_n(z)$ であり、波動関数(8.18)は $z = \alpha x$ だったので

$$\psi_n(x) = A_n H_n(\alpha x)\exp\left(-\frac{\alpha^2}{2}x^2\right) \qquad (8.26)$$

（A_n：規格化定数）

となります。これが、波動関数の厳密解になります。

また、(8.19)において $\lambda = n$(付録4参照)である必要があるので、(8.20)よりエネルギー固有値は

$$E_n = \hbar\omega\left(n + \frac{1}{2}\right) \ , \quad n = 0, 1, 2, \cdots \tag{8.27}$$

となります。

手順4) 規格化された波動関数の決定

規格化条件から、波動関数の規格定数 A_n を決めます。

$$\begin{aligned}1 &= \int_{-\infty}^{\infty} \psi_n^*(x)\,\psi_n(x)\,dx = |A_n|^2 \int_{-\infty}^{\infty} H_n^2(\alpha x)\,e^{-\alpha^2 x^2}\,dx \\ &= |A_n|^2 \frac{1}{\alpha}\int_{-\infty}^{\infty} H_n^2(z)\,e^{-z^2}\,dz = |A_n|^2 \frac{1}{\alpha} 2^n\,n!\,\sqrt{\pi}\end{aligned} \tag{8.28}$$

(x から z に変換) (8.23)から

となるので、実数の A_n を選ぶと

$$A_n = \left(\frac{\alpha}{2^n\,n!\,\sqrt{\pi}}\right)^{\frac{1}{2}} \tag{8.29}$$

となります。

以上をまとめると、調和振動子の波動関数とエネルギー固有値は量子数 n によって指定され

$$\begin{aligned}\psi_n(x) &= \left(\frac{\alpha}{2^n\,n!\,\sqrt{\pi}}\right)^{\frac{1}{2}} H_n(\alpha x)\,e^{-\frac{\alpha^2 x^2}{2}} \ , \quad n = 0, 1, 2, \cdots \\ E_n &= \hbar\omega\left(n + \frac{1}{2}\right) \\ \alpha &= \sqrt{\frac{m\omega}{\hbar}}\end{aligned} \tag{8.30}$$

となります。

$0! = 1$ だよ。

8-2 調和振動子の量子力学的特徴

調和振動子の量子力学的特徴をいくつか見ていきましょう。

基底状態のエネルギー固有値と波動関数は、(8.30) の $n=0$ のときで、

$$\psi_0(x) = \left(\frac{m\omega}{\pi\hbar}\right)^{\frac{1}{4}} \exp\left(-\frac{m\omega}{2\hbar}x^2\right) \tag{8.31}$$

$$E_0 = \frac{1}{2}\hbar\omega \tag{8.32}$$

となります。基底状態において、調和振動子のエネルギーはゼロではないのです。$\frac{\hbar\omega}{2}$ を**零点エネルギー**といいます。古典力学で考えると調和振動子の最低エネルギーはゼロつまり、粒子が静止しているときですが、量子力学ではゼロではないので振動しているのです。これを**零点振動**といいます。つまり、調和振動子はじっとしていられないのです。

図8-2 基底状態の古典的イメージと量子論的イメージ

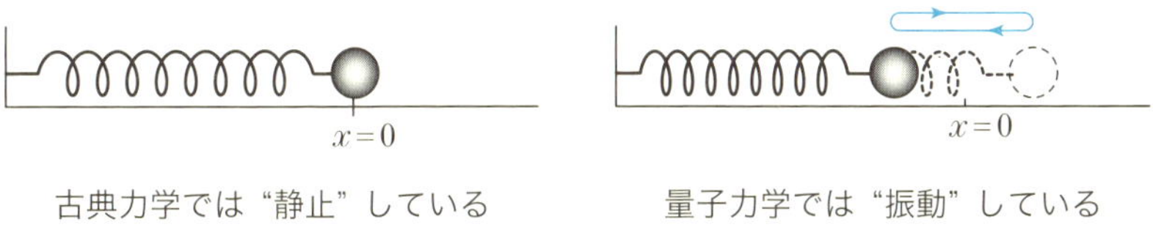

古典力学では"静止"している　　　量子力学では"振動"している

基底状態の粒子の存在確率は (8.31) から

$$|\psi_0(x)|^2 = \left(\frac{m\omega}{\pi\hbar}\right)^{\frac{1}{2}} \exp\left(-\frac{m\omega}{\hbar}x^2\right) \tag{8.33}$$

となります (図8-3左参照)。

ここで、基底状態における x、p、x^2、p^2 の期待値を計算しましょう。

> ここでの計算には、ガウス積分を使っています。詳しくは付録1を参照してください。

$$\langle x \rangle = \int_{-\infty}^{\infty} \psi_0^*(x) x \psi_0(x) dx = \frac{\alpha}{\sqrt{\pi}} \int_{-\infty}^{\infty} x e^{-\alpha^2 x^2} dx = 0$$

$$\langle p \rangle = \int_{-\infty}^{\infty} \psi_0^*(x) \left(-i\hbar \frac{\partial}{\partial x} \psi_0(x)\right) dx = i\hbar \frac{\alpha^3}{\sqrt{\pi}} \int_{-\infty}^{\infty} x e^{-\alpha^2 x^2} dx = 0$$

$$\langle x^2 \rangle = \int_{-\infty}^{\infty} \psi_0^*(x) x^2 \psi_0(x) dx = \frac{\alpha}{\sqrt{\pi}} \int_{-\infty}^{\infty} x^2 e^{-\alpha^2 x^2} dx = \frac{1}{2\alpha^2}$$

$$\langle p^2 \rangle = \int_{-\infty}^{\infty} \psi_0^*(x) \left(-\hbar^2 \frac{\partial^2}{\partial x^2} \psi_0(x)\right) dx = \hbar^2 \frac{\alpha^3}{\sqrt{\pi}} \int_{-\infty}^{\infty} \left(1 - \alpha^2 x^2\right) e^{-\alpha^2 x^2} dx = \frac{\alpha^2}{2} \hbar^2$$

(8.34)

第5章の(5.24)(5.25)から、位置と運動量の不確定性は

$$\Delta x = \sqrt{\langle x^2 \rangle - \langle x \rangle^2} = \frac{1}{\sqrt{2}\alpha} \quad (8.35)$$

$$\Delta p = \sqrt{\langle p^2 \rangle - \langle p \rangle^2} = \frac{\alpha \hbar}{\sqrt{2}} \quad (8.36)$$

となるので、不確定性関係は

$$\Delta x \, \Delta p = \frac{\hbar}{2} \quad (8.37)$$

となります。当然ながら、基底状態においても不確定性関係が成立し常に位置と運動量が揺らいでおり、それがまさに零点振動を意味していることがわかります。また、(8.35)から原点を中心に粒子の存在は$\frac{1}{\sqrt{2}\alpha}$程度の範囲内に広がっていることがわかります。

調和振動子のエネルギー固有値は、図8-3右に示すように等間隔のエネルギー$\hbar\omega$で並んでいるのがわかります。

図8-3 基底状態での存在確率、各状態のエネルギー固有値

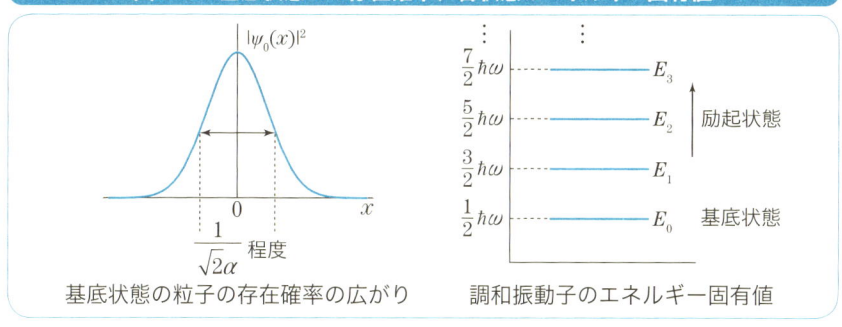

基底状態の粒子の存在確率の広がり

調和振動子のエネルギー固有値

(8.30)から、励起状態 $n = 1, 2, 3$ における波動関数と粒子の確率密度を見てみましょう。

$$\psi_1(x) = \frac{\sqrt{2}\alpha^{\frac{3}{2}}}{\pi^{\frac{1}{4}}} x \exp\left(-\frac{\alpha^2}{2}x^2\right)$$

$$\psi_2(x) = \frac{\alpha^{\frac{1}{2}}}{2\sqrt{2}\pi^{\frac{1}{4}}} \left(4\alpha^2 x^2 - 1\right) \exp\left(-\frac{\alpha^2}{2}x^2\right)$$

$$\psi_3(x) = \frac{\alpha^{\frac{3}{2}}}{\sqrt{3}\pi^{\frac{1}{4}}} x \left(2\alpha^2 x^2 - 3\right) \exp\left(-\frac{\alpha^2}{2}x^2\right)$$

図8-4 $n = 1, 2, 3$ の波動関数と確率密度

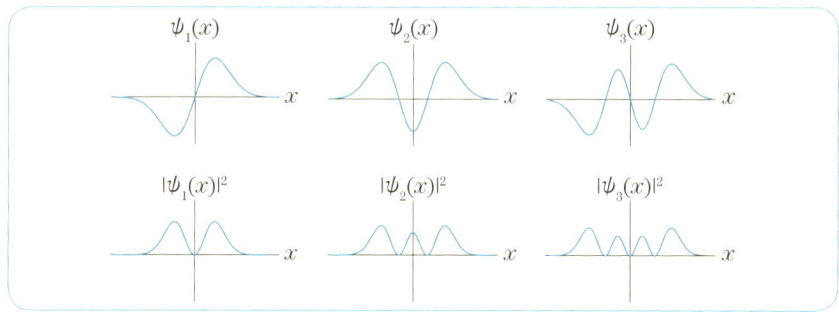

調和振動子のエネルギーは、古典力学の(8.8)と量子力学の(8.27)では全く異なることがわかりました。量子化されたエネルギー $E_n = \hbar\omega\left(n + \frac{1}{2}\right)$ において、$E_{n+1} - E_n = \hbar\omega$ なので、エネルギー $\hbar\omega$ を与えることで量子数を1つ上げることができます。つまり、$\hbar\omega$ というエネルギー量子(エ

ネルギーの塊)が存在すると考えることができます(図8-5参照)。これは、第2章2-2のエネルギー量子仮説と全く同じ考え方です。よって、E_n はエネルギー量子 $\hbar\omega$ が n 個存在していると理解できます。そこに、$\hbar\omega$ の1個のエネルギー量子が加えられると E_{n+1} になるわけです。

以上から、量子数 n は $\hbar\omega$ の粒子数とみなすこともできます。零点エネルギー $\frac{\hbar\omega}{2}$ はエネルギー量子が0個(空っぽの状態なので**真空状態**という)において存在するエネルギーなので、**真空エネルギー**と呼んだりもします。

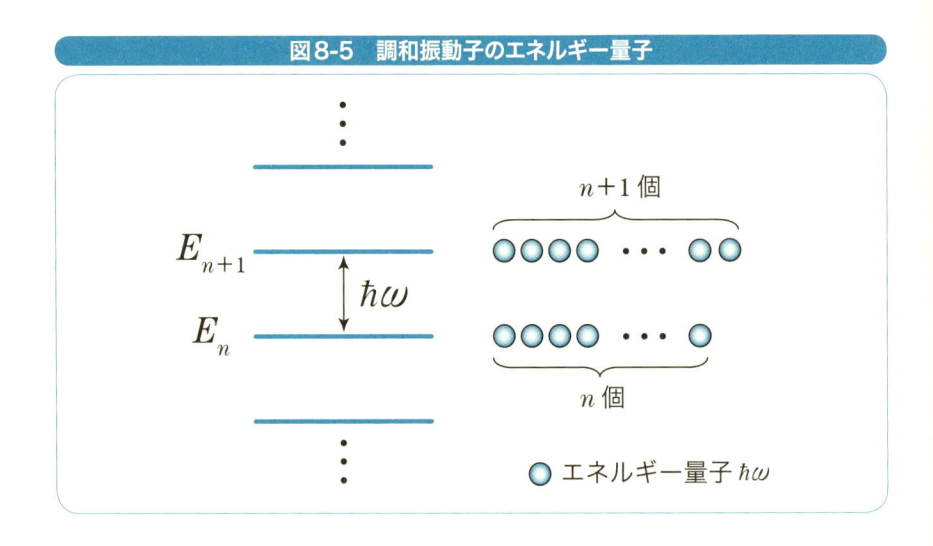

図8-5　調和振動子のエネルギー量子

調和振動子は物質の量子力学的性質を理解する上で重要です。例えば、固体を構成する原子は互いに振動していて、その間の相互作用は調和振動子のポテンシャルでモデル化できます。図8-6にあるように、原子間はまるでばねでつながって振動しているものと理解できます。これを**格子振動**といいます。

格子振動を量子化したエネルギー量子を**フォノン**と呼び、そのエネルギーは本章でも導出したように $E_n = \hbar\omega\left(n + \frac{1}{2}\right)$ となります。このモデル化により、実際に固体の比熱などが計算できます。極低温においては、固体の比熱に零点振動が大きくかかわることが知られています。

図8-6 結晶内の格子振動のモデル化

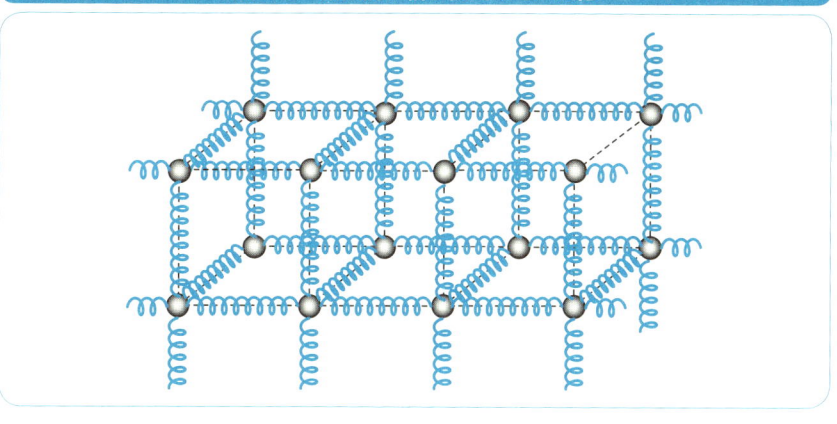

> まとめ

○ 1次元調和振動子のシュレディンガー方程式

$$-\frac{\hbar^2}{2m}\frac{d^2}{dx^2}\psi(x) + \frac{1}{2}m\omega^2 x^2 \psi(x) = E\psi(x)$$

○ 1次元調和振動子のシュレディンガー方程式の解法
1）シュレディンガー方程式の無次元化
2）漸近解を見つける
3）漸近解を手がかりに、既知の特殊関数から厳密解を求める

○ 1次元調和振動子の波動関数とエネルギー固有値

$$\psi_n(x) = \left(\frac{\alpha}{2^n \, n! \sqrt{\pi}}\right)^{\frac{1}{2}} H_n(\alpha x) e^{-\frac{\alpha^2 x^2}{2}}, \quad n = 0, 1, 2, \cdots \quad \alpha = \sqrt{\frac{m\omega}{\hbar}}$$

$$E_n = \hbar\omega\left(n + \frac{1}{2}\right)$$

○ エルミート多項式　$H_n(z)$

微分方程式：$\dfrac{d^2}{dz^2}H_n(z) - 2z\dfrac{d}{dz}H_n(z) + 2n\,H_n(x) = 0$

漸化式：
$$H_{n+2}(z) - 2zH_{n+1}(z) + 2nH_n(z) = 0,$$
$$\frac{d}{dz}H_n(z) = 2nH_{n-1}(z)$$

直交性：
$$\int_{-\infty}^{\infty} H_n(z)H_m(z)\,e^{-z^2}\,dz = 2^n\,n!\,\sqrt{\pi}\,\delta_{n,m}$$

表示：
$$H_n(z) = (-1)^n e^{z^2} \frac{d^n}{dz^n} e^{-z^2}$$

[問題]

8.1 下図にあるように、ばね定数 k の 3 つのばねにつながれた 2 つの粒子 (質量 m) が水平方向に運動している。

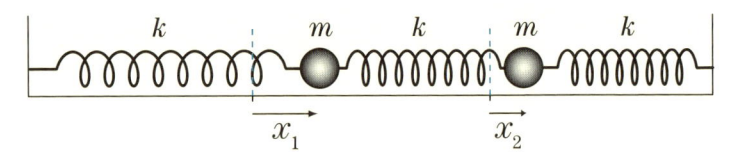

この系のハミルトニアンは

$$\hat{H} = -\frac{\hbar^2}{2m}\left(\frac{\partial^2}{\partial x_1^2} + \frac{\partial^2}{\partial x_2^2}\right) + \frac{1}{2}k\left(x_1^2 + x_2^2\right) + \frac{1}{2}k\left(x_1 - x_2\right)^2$$

となる。粒子の重心座標 $X = \frac{1}{2}(x_1 + x_2)$、相対座標 $x = x_1 - x_2$ を使ってハミルトニアンを書き直し、エネルギー固有値を求めよ。

略解は P. 253

第 9 章

中心力場ポテンシャルのシュレディンガー方程式
シュレディンガー方程式を解く V

　本章では、中心力場ポテンシャル内を運動する粒子の定常状態のシュレディンガー方程式を扱います。これは水素原子のシュレディンガー方程式を解くための一歩手前の段階です。極座標系の3次元シュレディンガー方程式を角度方向と動径方向に分離して解きます。角度方向のシュレディンガー方程式の厳密解が球面調和関数であることを示し、その分布の様子を調べます。
　少々の煩雑な数学的技法は飛ばしていきますので、ゆっくりと腰を落ち着けてノートに書きながら進めてください。本章以降の流れを次ページに示します。

> ここから少し難しい話が続きますが、目標を見失わないようにしてください。この章からの流れを整理してまとめておきます。

> 一歩一歩だね。とりあえず、この章での目標は、球面調和関数と軌道の分布の理解！

３次元極座標系ラプラシアンの導出
(xyz-直交座標系 $\Rightarrow r\theta\varphi$-極座標系)

$\Downarrow$

中心力場ポテンシャルを導入しシュレディンガー方程式を立てる

$\Downarrow$

波動関数 $\psi(r,\theta,\varphi)$ を角度部分 θ,φ と動径部分 r に分離する

$\Downarrow$

シュレディンガー方程式を角度部分と動径部分に分離する

$\Downarrow$

角度部分の波動関数が球面調和関数 $Y_l^m(\theta,\varphi)$ になる

$\Downarrow$

$l=0,1,2$ に対する Y_l^m の分布と軌道を調べる

$\Downarrow$

球面調和関数の量子数 m、l と角運動量の量子化(第10章)

$\Downarrow$

水素原子の動径部分の波動関数(第11章)

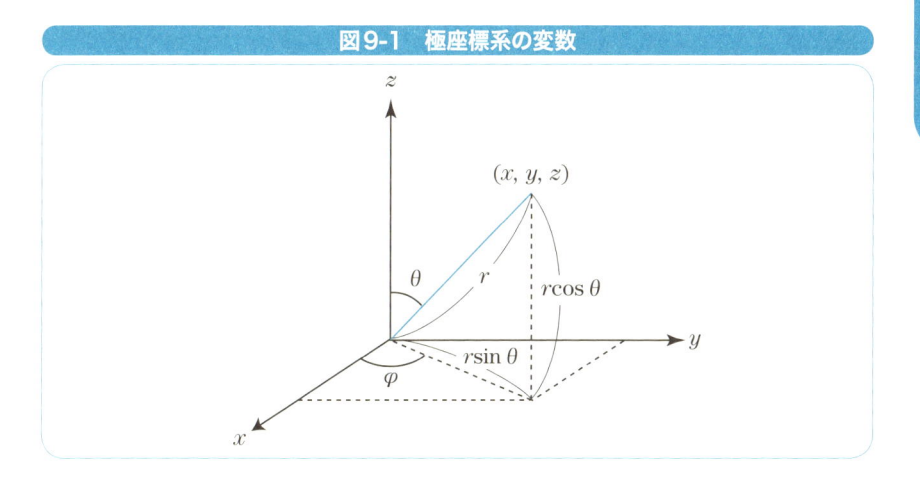

9-1 3次元極座標系のシュレディンガー方程式

　3次元空間のシュレディンガー方程式を扱います。3次元 xyz 直交座標系の定常状態のシュレディンガー方程式は

$$-\frac{\hbar^2}{2m}\left(\frac{\partial^2}{\partial x^2}+\frac{\partial^2}{\partial y^2}+\frac{\partial^2}{\partial z^2}\right)\psi(x,y,z)+V(x,y,z)\,\psi(x,y,z)=E\psi(x,y,z) \quad (9.1)$$

です。ポテンシャル V が距離 $r=\sqrt{x^2+y^2+z^2}$ のみの関数、つまり中心力場ポテンシャルのとき、(9.1)のように立てた式は扱いづらくなってしまいます。このように中心力が存在する現象を考えるとき、変数 x,y,z ではなく図9-1にあるような**極座標系**の変数 r,θ,φ でシュレディンガー方程式を書き直すと非常に見通しがよくなります。

　(9.1)のラプラシアン $\dfrac{\partial^2}{\partial x^2}+\dfrac{\partial^2}{\partial y^2}+\dfrac{\partial^2}{\partial z^2}$ を変数 r,θ,φ で書き表しましょう。図9-1から xyz と $r\theta\varphi$ の関係は次のように書くことができます。

$$\begin{aligned}x &= r\sin\theta\cos\varphi\\ y &= r\sin\theta\sin\varphi\\ z &= r\cos\theta\end{aligned} \quad (9.2)$$

図9-1　極座標系の変数

付録1からx, y, zに関する偏微分をr, θ, φで書き表すと

$$\begin{aligned}\frac{\partial}{\partial x} &= \sin\theta\cos\varphi\frac{\partial}{\partial r} + \frac{\cos\theta\cos\varphi}{r}\frac{\partial}{\partial \theta} - \frac{\sin\varphi}{r\sin\theta}\frac{\partial}{\partial \varphi} \\ \frac{\partial}{\partial y} &= \sin\theta\sin\varphi\frac{\partial}{\partial r} + \frac{\cos\theta\sin\varphi}{r}\frac{\partial}{\partial \theta} + \frac{\cos\varphi}{r\sin\theta}\frac{\partial}{\partial \varphi} \\ \frac{\partial}{\partial z} &= \cos\theta\frac{\partial}{\partial r} - \frac{\sin\theta}{r}\frac{\partial}{\partial \theta}\end{aligned} \tag{9.3}$$

となります。よって、ラプラシアンは

$$\frac{\partial^2}{\partial x^2} + \frac{\partial^2}{\partial y^2} + \frac{\partial^2}{\partial z^2} = \frac{1}{r^2}\frac{\partial}{\partial r}\left(r^2\frac{\partial}{\partial r}\right) + \frac{1}{r^2}\left[\frac{1}{\sin\theta}\frac{\partial}{\partial \theta}\left(\sin\theta\frac{\partial}{\partial \theta}\right) + \frac{1}{\sin^2\theta}\frac{\partial^2}{\partial \varphi^2}\right] \tag{9.4}$$

という結果を得ます。

> この計算の過程は、非常に面倒になります。まずは、この結果だけを使って先へ進んでかまいません。計算の詳細は付録1を参照してください。

以上から、極座標系でのシュレディンガー方程式(9.1)は次のように書くことができます。

$$-\frac{\hbar^2}{2m}\underbrace{\left\{\frac{1}{r^2}\frac{\partial}{\partial r}\left(r^2\frac{\partial}{\partial r}\right) + \frac{1}{r^2}\left[\frac{1}{\sin\theta}\frac{\partial}{\partial \theta}\left(\sin\theta\frac{\partial}{\partial \theta}\right) + \frac{1}{\sin^2\theta}\frac{\partial^2}{\partial \varphi^2}\right]\right\}}_{(9.4)から}\psi + V\psi = E\psi \tag{9.5}$$

中心力場ポテンシャルのシュレディンガー方程式を考えるには、(9.5)の式が出発点となります。

9-2 中心力場ポテンシャルのシュレディンガー方程式

　粒子間に働く力が距離にのみ依存する力を**中心力**といいます。例として、質点間に働く万有引力や電荷間に働くクーロン力(電気的力)は距離 r の2乗に反比例します(図9-2参照)。それぞれの**中心力場ポテンシャル** V は距離 r に反比例します。

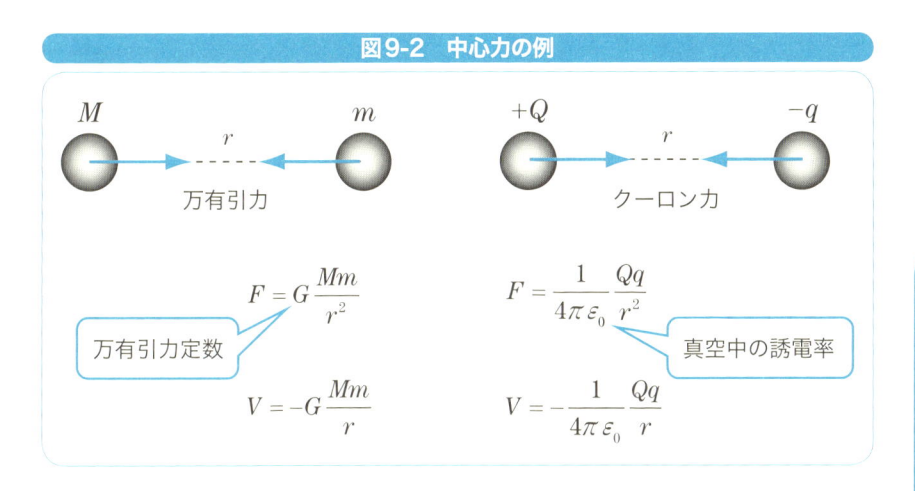

図9-2　中心力の例

万有引力　　　　　　　　　クーロン力

万有引力定数
$$F = G\frac{Mm}{r^2}$$
$$V = -G\frac{Mm}{r}$$

真空中の誘電率
$$F = \frac{1}{4\pi\varepsilon_0}\frac{Qq}{r^2}$$
$$V = -\frac{1}{4\pi\varepsilon_0}\frac{Qq}{r}$$

中心力場ポテンシャルは

$$V(x,y,z) = V(r) \tag{9.6}$$

と書き、波動関数を次のように変数分離します。

$$\psi(r,\theta,\varphi) = R(r)\,Y(\theta,\varphi) \tag{9.7}$$

（動径部分）（角度部分）

ここで、R は r、Y は θ と φ の関数です。(9.6)と(9.7)を(9.5)に代入すると、

$$Y\frac{1}{r^2}\frac{d}{dr}\left(r^2\frac{dR}{dr}\right) + R\frac{1}{r^2}\left[\frac{1}{\sin\theta}\frac{\partial}{\partial\theta}\left(\sin\theta\frac{\partial Y}{\partial\theta}\right) + \frac{1}{\sin^2\theta}\frac{\partial^2 Y}{\partial\varphi^2}\right] \tag{9.8}$$
$$-\frac{2m}{\hbar^2}\bigl(V(r)-E\bigr)RY = 0$$

となります。(9.8)の両辺に $\dfrac{r^2}{RY}$ をかけると

$$\underbrace{\frac{1}{R}\frac{d}{dr}\left(r^2\frac{dR}{dr}\right)-\frac{2m}{\hbar^2}\bigl(V(r)-E\bigr)r^2}_{\theta,\varphi\text{を含まない}}+\underbrace{\frac{1}{Y}\left[\frac{1}{\sin\theta}\frac{\partial}{\partial\theta}\left(\sin\theta\frac{\partial Y}{\partial\theta}\right)+\frac{1}{\sin^2\theta}\frac{\partial^2 Y}{\partial\varphi^2}\right]}_{r\text{を含まない}}=0 \tag{9.9}$$

となります。(9.9)は分離定数 λ を導入して、次のように Y と R に対する微分方程式に分離することができます。

$$\frac{1}{Y}\left[\frac{1}{\sin\theta}\frac{\partial}{\partial\theta}\left(\sin\theta\frac{\partial Y}{\partial\theta}\right)+\frac{1}{\sin^2\theta}\frac{\partial^2 Y}{\partial\varphi^2}\right]=-\lambda \tag{9.10}$$

$$\frac{1}{R}\frac{d}{dr}\left(r^2\frac{dR}{dr}\right)-\frac{2m}{\hbar^2}\bigl(V(r)-E\bigr)r^2=\lambda \tag{9.11}$$

角度部分を表す(9.10)と動径部分を表す(9.11)をそれぞれ解いていきます。

● 角度部分のシュレディンガー方程式

角度変数のみを含む(9.10)は

$$\frac{1}{\sin\theta}\frac{\partial}{\partial\theta}\left(\sin\theta\frac{\partial Y}{\partial\theta}\right)+\frac{1}{\sin^2\theta}\frac{\partial^2 Y}{\partial\varphi^2}+\lambda Y=0 \tag{9.12}$$

となり、角度部分のシュレディンガー方程式に対応します。Y を導出しましょう。2変数を含む Y を次のように変数分離します。

$$Y(\theta,\varphi)=\Theta(\theta)\Phi(\varphi) \tag{9.13}$$

(9.13)を(9.12)に代入すると

$$\underbrace{\frac{\sin\theta}{\Theta}\frac{d}{d\theta}\left(\sin\theta\frac{d\Theta}{d\theta}\right)+\lambda\sin^2\theta}_{\varphi\text{を含まない}}+\underbrace{\frac{1}{\Phi}\frac{d^2\Phi}{d\varphi^2}}_{\theta\text{を含まない}}=0 \tag{9.14}$$

と変形することができ、さらに Φ と Θ に対する2つの微分方程式に分離することができます。

$$\frac{1}{\Phi}\frac{d^2\Phi}{d\varphi^2} = -m^2 \tag{9.15}$$

$$\frac{\sin\theta}{\Theta}\frac{d}{d\theta}\left(\sin\theta\frac{d\Theta}{d\theta}\right) + \lambda\sin^2\theta = m^2 \tag{9.16}$$

> 分離定数を m^2 として2つに分離しています。分離定数を2乗の形にした理由は、以下で示すように微分方程式の解を簡単にするためです。

Φ と Θ をそれぞれ解いていきましょう。

● ── $\Phi(\phi)$ の決定

(9.15)の微分方程式は

$$\frac{d^2\Phi}{d\varphi^2} = -m^2\Phi \tag{9.17}$$

となり、解は $e^{im\varphi}$ と $e^{-im\varphi}$ ですが、物理的に意味のある解として

$$\Phi(\varphi) = Ce^{im\varphi} \tag{9.18}$$

を採用します。これについては後述します。

ここで、m は制限された値しかとり得ないことを示しましょう。3次元空間のある点を z 軸周りで 2π 回転しても同じ点に戻ります(図9-3参照)。

図9-3　z 軸周りの回転対称性

> 角度を $\varphi \to \varphi + 2\pi$ へ回転させると同じ点に戻る

$\Phi(\varphi)$ も $\varphi \to \varphi + 2\pi$ の変換に対して $\Phi(\varphi)$ の値が変わらない、

$$\Phi(\varphi) = \Phi(\varphi + 2\pi) \tag{9.19}$$

という条件を課します。これを**周期的境界条件**といいます。(9.18) を (9.19) に代入すると

$$Ce^{i2\pi m}e^{im\varphi} = Ce^{im\varphi} \quad \Rightarrow \quad e^{i2\pi m} = 1 \tag{9.20}$$

を得ます。(9.20) はオイラーの式 (P.236 参照) から $e^{i2\pi m} = \cos 2\pi m + i\sin 2\pi m = 1$ なので、m は

$$m = 0, \pm 1, \pm 2, \pm 3, \cdots \tag{9.21}$$

です。m は整数のみ許されるのです。つまり、m は量子化されました。

さらに、$\Phi(\varphi)$ に規格化条件を課して定数 C を決めましょう。

$$1 = \int_0^{2\pi} \Phi_m^*(\varphi) \Phi_m(\varphi)\, d\varphi = |C|^2 \int_0^{2\pi} e^{-im\varphi} e^{im\varphi} d\varphi = 2\pi |C|^2 \tag{9.22}$$

から、正の実数となる C を決めると

$$C = \frac{1}{\sqrt{2\pi}} \tag{9.23}$$

を得ます。以上から、(9.18) は

$$\Phi_m(\varphi) = \frac{1}{\sqrt{2\pi}} e^{im\varphi}, \quad m = 0, \pm 1, \pm 2, \cdots \tag{9.24}$$

となります。角度 φ 部分のシュレディンガー方程式が解けました。

ここで、(9.24) の解をイメージしてみましょう。$\Phi_m(\varphi)$ は角度 φ をぐるぐる伝播する波動です。つまり、z 軸周りを時計回りあるいは反時計回りに進行する波に対応します。以下のように、m の符号で波が伝播する向きを定義してみましょう。

$$\Phi_m(\varphi) = \frac{1}{\sqrt{2\pi}} e^{im\varphi} \begin{cases} m = 1, 2, 3, \cdots & \text{反時計回りの波} \\ m = 0 & \text{伝播しない波} \\ m = -1, -2, -3, \cdots & \text{時計回りの波} \end{cases} \tag{9.25}$$

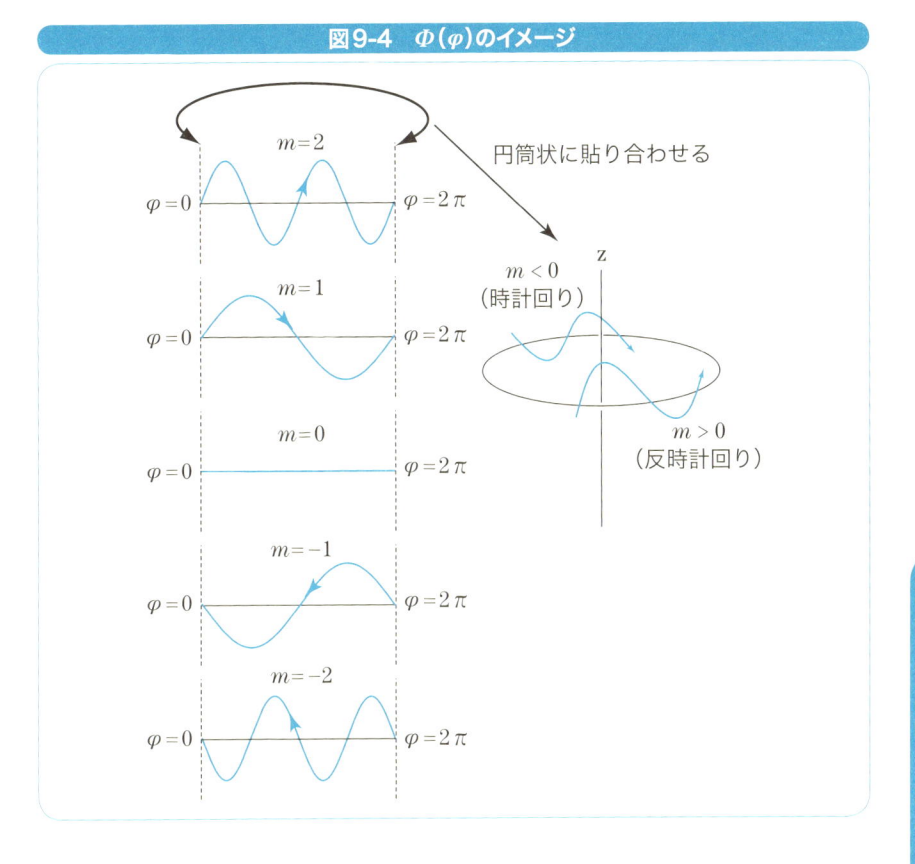

(9.25)の波動的イメージを図9-4に示します。

図9-4　$\Phi(\varphi)$のイメージ

$m=0, \pm 1, \pm 2$に対する$\Phi_m(\varphi)$の波を縦軸、角度φ $(0 \leq \varphi \leq 2\pi)$を横軸にして、波の周期は$\frac{2\pi}{m}(m \neq 0)$になります。そして、$\varphi=0$と$\varphi=2\pi$の縦軸を張り合わせると、周期的境界条件を満たす$\Phi_m(\varphi)$の波動ができ上がります。これは、輪状の紐が振動しているイメージです。

$e^{im\varphi}$は、反時計回りあるいは時計回りのどちらかに伝わる波動を表していて、向きはmの符号で決まります。(9.17)の解として$Ae^{im\varphi}+Be^{-im\varphi}$を採用してしまうと、1つの$m$を与えると時計回りと反時計回りの波が混在することになります。また、整数mは角運動量ベクトルのz成分の量子化と深く関連していますが、それは次節に譲りたいと思います。

● $\Theta(\theta)$ の決定

(9.16)は

$$\frac{1}{\sin\theta}\frac{d}{d\theta}\left(\sin\theta\frac{d\Theta}{d\theta}\right)+\left(\lambda-\frac{m^2}{\sin^2\theta}\right)\Theta=0 \tag{9.26}$$

と書くことができます。変数変換

$$x=\cos\theta \tag{9.27}$$

をすると、さらに見やすくなります。θ についての微分を x についての微分に書き直すと

$$\frac{d}{d\theta}=\frac{dx}{d\theta}\frac{d}{dx}=-\sin\theta\frac{d}{dx} \tag{9.28}$$

となるので、(9.26)は

$$\frac{d}{dx}\left((1-x^2)\frac{d\Theta}{dx}\right)+\left(\lambda-\frac{m^2}{1-x^2}\right)\Theta=0 \tag{9.29}$$

となります。微分方程式(9.29)が物理的意味のある解を持つためには、Θ は多項式でなければなりません。その条件は

$$\lambda=l(l+1) \quad , \quad l=0,1,2,\cdots \tag{9.30}$$

であることが知られています。以上から、(9.29)は

$$\frac{d}{dx}\left((1-x^2)\frac{d\Theta}{dx}\right)+\left(l(l+1)-\frac{m^2}{1-x^2}\right)\Theta=0 \tag{9.31}$$

となります。付録3を見る通り、(9.31)の解はすでに知られています。

$$\Theta_l^m=\sqrt{\frac{2l+1}{2}\frac{(l-|m|)!}{(l+|m|)!}}\,P_l^{|m|}(x) \quad , \quad m=-l,-l+1,\cdots,l-1,l$$
$$P_l^{|m|}(x)=\left(1-x^2\right)^{\frac{|m|}{2}}\frac{d^{|m|}}{dx^{|m|}}P_l(x) \tag{9.32}$$

$P_l^{|m|}(x)$ を**ルジャンドルの陪関数**といいます。

> $P_l^{|m|}(x)$ の右上につく数字は、P を累乗や微分するという意味ではなく、量子数を表す添え字です。

また、(9.32)にある

$$P_l(x) = \frac{1}{2^l \, l!} \frac{d^l}{dx^l} \left(x^2 - 1 \right)^l \tag{9.33}$$

を**ルジャンドル多項式**と呼びます。

　特徴的なのは、Θ が多項式になるためには、整数 m は非負整数 $l = 0, 1, 2, \cdots$ によって制限されることです。例えば、$l = 2$ とすると $m = -2, -1, 0, 1, 2$ の5個の値をとることになります。

　結局、(9.27)と(9.32)から

$$\Theta_l^m(\theta) = \sqrt{\frac{2l+1}{2} \frac{(l-|m|)!}{(l+|m|)!}} \, P_l^{|m|}(\cos\theta) \tag{9.34}$$

となります。

● $Y(\theta, \phi)$ の決定

　ここでの目標は、角度部分のシュレディンガー方程式(9.12)を解くことでした。(9.24)と(9.34)から(9.13)は

$$Y_l^m(\theta, \varphi) = \Theta_l^m(\theta) \Phi_m(\varphi) = (-1)^{\frac{m+|m|}{2}} \sqrt{\frac{2l+1}{4\pi} \frac{(l-|m|)!}{(l+|m|)!}} \, P_l^{|m|}(\cos\theta) \, e^{im\varphi}$$

$$m = -l, -l+1, \cdots, l-1, l \tag{9.35}$$

となります。これが角度部分のシュレディンガー方程式の解で、$Y_l^m(\theta, \varphi)$ を**球面調和関数**といいます。ここで、係数 $(-1)^{\frac{m+|m|}{2}}$ は慣例上付けられているもので、

$$(-1)^{\frac{m+|m|}{2}} = \begin{cases} (-1)^m & m > 0 \text{ のとき} \\ 1 & m \leq 0 \text{ のとき} \end{cases} \tag{9.36}$$

となります。因子$(-1)^{\frac{m+|m|}{2}}$は±1の値しかとらないので、粒子の存在確率には全く影響を与えませんのでご安心を。

$l = 0, 1, 2$ のとき (9.35) から

$l = 0$ のとき　$m = 0$
$l = 1$ のとき　$m = -1, 0, 1$
$l = 2$ のとき　$m = -2, -1, 0, 1, 2$

の $Y_l^m(\theta, \varphi)$ があります。表9-5に関数形を示します。

表9-5　$l = 0, 1, 2$ の $Y_l^m(\theta, \varphi)$ 球面調和関数

	$l = 0$	$l = 1$	$l = 2$
$m = 2$			$Y_2^2 = \frac{1}{4}\sqrt{\frac{15}{2\pi}} \sin^2\theta \, e^{2i\varphi}$
$m = 1$		$Y_1^1 = -\frac{1}{2}\sqrt{\frac{3}{2\pi}} \sin\theta \, e^{i\varphi}$	$Y_2^1 = -\frac{1}{2}\sqrt{\frac{15}{2\pi}} \sin\theta \cos\theta \, e^{i\varphi}$
$m = 0$	$Y_0^0 = \frac{1}{2\sqrt{\pi}}$	$Y_1^0 = \frac{1}{2}\sqrt{\frac{3}{\pi}} \cos\theta$	$Y_2^0 = \frac{1}{4}\sqrt{\frac{5}{\pi}} (3\cos^2\theta - 1)$
$m = -1$		$Y_1^{-1} = \frac{1}{2}\sqrt{\frac{3}{2\pi}} \sin\theta \, e^{-i\varphi}$	$Y_2^{-1} = \frac{1}{2}\sqrt{\frac{15}{2\pi}} \sin\theta \cos\theta \, e^{-i\varphi}$
$m = -2$			$Y_2^{-2} = \frac{1}{4}\sqrt{\frac{15}{2\pi}} \sin^2\theta \, e^{-2i\varphi}$

　球面調和関数の式を見てもまだピンと来ないと思います。中心力場ポテンシャルにおける角度部分のシュレディンガー方程式の解が球面調和関数なので、$|Y_l^m(\theta, \varphi)|^2$ は粒子の存在確率の角度依存を間接的に表しています。そこで、原点からの距離が $|Y_l^m(\theta, \varphi)|$ となる点 $\left(|Y_l^m|\sin\theta\cos\varphi, |Y_l^m|\sin\theta\sin\varphi, |Y_l^m|\cos\theta\right)$ が作る曲面を観察することで、球面調和関数を理解してみましょう。図9-6には、その曲面と z 軸を含む平面で曲面を切った断面図を示しています。

図9-6 ($|Y_l^m|\sin\theta\cos\varphi, |Y_l^m|\sin\theta\sin\varphi, |Y_l^m|\cos\theta$)の曲面とその断面

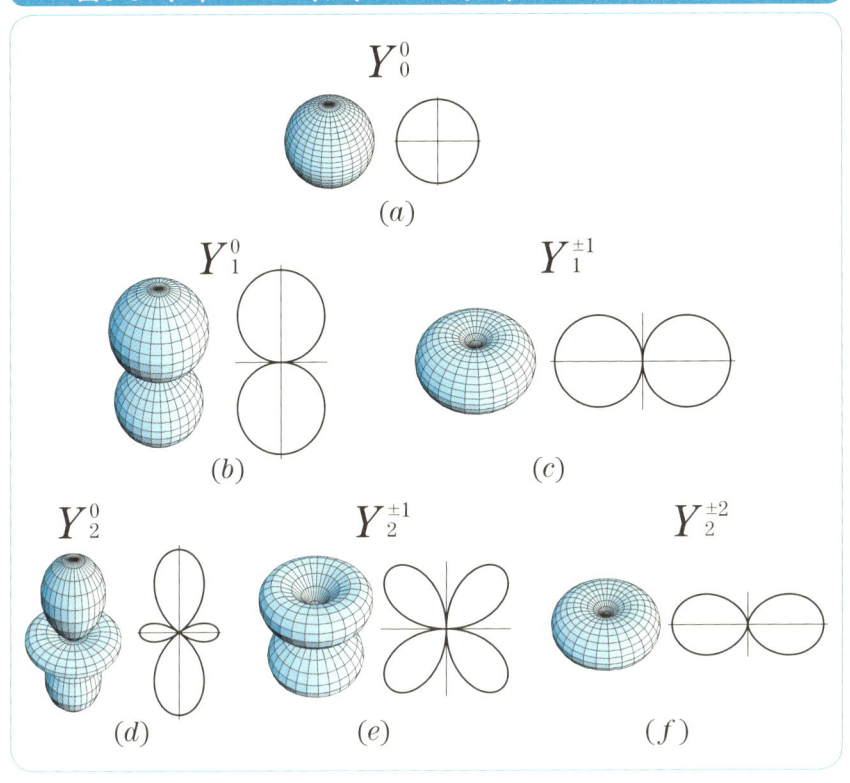

Y_0^0
(a)

Y_1^0
(b)

$Y_1^{\pm 1}$
(c)

Y_2^0
(d)

$Y_2^{\pm 1}$
(e)

$Y_2^{\pm 2}$
(f)

球面調和関数と軌道

　角度依存部分の波動関数は、球面調和関数 $Y_l^m(\theta,\varphi)$ であることがわかりました。$Y_l^m(\theta,\varphi)$ の形を決める m と l は量子数に対応し

　　m は角度 φ 方向の量子数（m を**磁気量子数**と呼ぶ）
　　l は角度 θ 方向の量子数（l を**方位量子数**と呼ぶ）

と読み取ることができます。特に、l の値によって状態に名前が付けられています。

　　　　$l=0$ のとき　　**s 状態**
　　　　$l=1$ のとき　　**p 状態**
　　　　$l=2$ のとき　　**d 状態**
　　　　$l=3$ のとき　　**f 状態**

図9-6は$|Y_l^m(\theta,\varphi)|$の曲面なので、φの依存が消えてθのみの依存になり、すべての曲面はz軸対称になります。

ここで、$l = 0, 1, 2$の各状態に対して、θとφに対する角度依存の波動関数の分布を見てみましょう。

● $l = 0$(s 状態)のとき

$Y_0^0 = \dfrac{1}{2\sqrt{\pi}}$ は一定なので、図9-6(a)で示すように角度依存はありません。

● $l = 1$(p 状態)のとき

表9-5からわかるように、$m = -1, 0, 1$に対してY_1^{-1}, Y_1^0, Y_1^1は角度依存があります。

> 図9-6(b)を見ると、Y_1^0がz軸に突き刺さった串団子みたいだね。

> 次の式の通り$Y_1^0 \propto \dfrac{z}{r}$なので、$z$軸方向に偏りを持つ分布になっています。

$$Y_1^0 = \frac{1}{2}\sqrt{\frac{3}{\pi}}\cos\theta = \frac{1}{2}\sqrt{\frac{3}{\pi}}\frac{z}{r} \tag{9.37}$$

> 図9-6(c)はドーナツみたい。

> 3次元の対称性を考えると、x軸とy軸方向の「串団子」もあるはずです。それがドーナツになっているのはどうしてなのか、以下で考えてみます。

図9-6(c)を見てわかるように、x軸とy軸に沿った串団子は見ることができません。これは、$|Y_1^{-1}|=|Y_1^1|$なので、この曲面からはY_1^{-1}, Y_1^1の違いを読み取ることができないからなのです。そこで、Y_1^{-1}, Y_1^1を組み合わせて、x軸とy軸に沿った串団子を作ってみることにします。極座標系の表示から直交座標系の表示に変換して考えます。

$$Y_1^1 = -\frac{1}{2}\sqrt{\frac{3}{2\pi}}\sin\theta\, e^{i\varphi} = -\frac{1}{2}\sqrt{\frac{3}{2\pi}}\sin\theta\left(\cos\varphi + i\sin\varphi\right) = -\frac{1}{2}\sqrt{\frac{3}{2\pi}}\left(\frac{x}{r} + i\frac{y}{r}\right)$$

$$Y_1^{-1} = \frac{1}{2}\sqrt{\frac{3}{2\pi}}\sin\theta\, e^{-i\varphi} = \frac{1}{2}\sqrt{\frac{3}{2\pi}}\sin\theta\left(\cos\varphi - i\sin\varphi\right) = \frac{1}{2}\sqrt{\frac{3}{2\pi}}\left(\frac{x}{r} - i\frac{y}{r}\right)$$

となり、Y_1^{-1}, Y_1^1の和と差をとると

$$\begin{aligned}Y_1^1 + Y_1^{-1} &= -i\sqrt{\frac{3}{2\pi}}\frac{y}{r} \quad \text{◁ } y\text{軸に沿った形}\\ Y_1^1 - Y_1^{-1} &= -\sqrt{\frac{3}{2\pi}}\frac{x}{r} \quad \text{◁ } x\text{軸に沿った形}\end{aligned} \tag{9.38}$$

となります。さらに(9.37)の係数と同じにするために定数倍すると

$$\begin{aligned}\frac{i}{\sqrt{2}}\left(Y_1^1 + Y_1^{-1}\right) &= \frac{1}{2}\sqrt{\frac{3}{\pi}}\frac{y}{r}\\ \frac{1}{\sqrt{2}}\left(-Y_1^1 + Y_1^{-1}\right) &= \frac{1}{2}\sqrt{\frac{3}{\pi}}\frac{x}{r}\end{aligned} \tag{9.39}$$

となります。こうして、Y_1^{-1}とY_1^1の適切な線形結合から、x軸とy軸に突き刺さった串団子を作ることができます(図9-7参照)。

　このように、p状態($l=1$)では各軸方向に沿った分布が見られ、それぞれに軌道として名前が付けられています。

$$\begin{aligned}p_x\text{軌道} &\quad \frac{1}{\sqrt{2}}\left(-Y_1^1 + Y_1^{-1}\right)\\ p_y\text{軌道} &\quad \frac{i}{\sqrt{2}}\left(Y_1^1 + Y_1^{-1}\right)\\ p_z\text{軌道} &\quad Y_1^0\end{aligned} \tag{9.40}$$

図9-7　$l=1$におけるp_x, p_y, p_z軌道

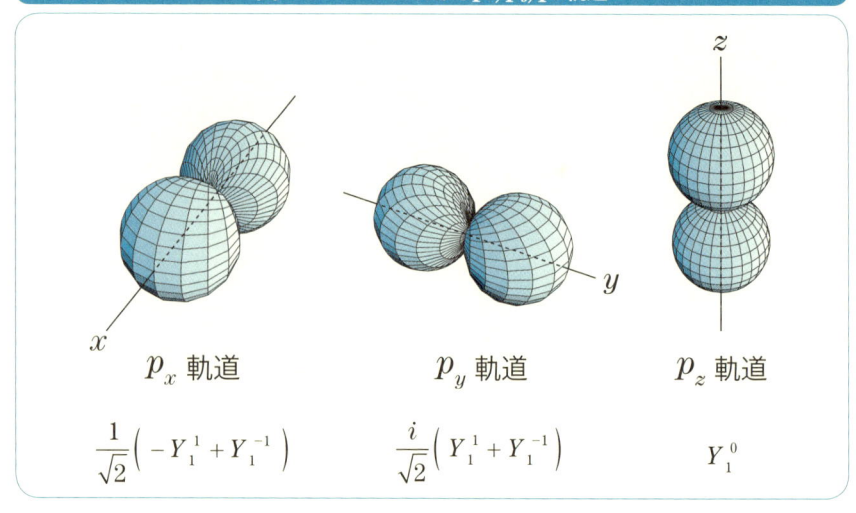

p_x軌道	p_y軌道	p_z軌道
$\dfrac{1}{\sqrt{2}}\left(-Y_1^1 + Y_1^{-1}\right)$	$\dfrac{i}{\sqrt{2}}\left(Y_1^1 + Y_1^{-1}\right)$	Y_1^0

このように、$m=0$のY_1^0はz軸対称で、$m=\pm1$のY_1^{-1}とY_1^1からはx, y軸対称の関数が作られます。結局、$l=1$のp状態では、角度依存の波動関数はp_x, p_y, p_z軌道の3つをとることが可能になります。

── $l=2$（d状態）のとき

5つの$Y_2^{-2}, Y_2^{-1}, Y_2^0, Y_2^1, Y_2^2$から、3次元対称性を考慮した角度依存の波動関数を作ってみましょう。$m=0$のとき、図9-6(d)から

$$Y_2^0 = \frac{1}{4}\sqrt{\frac{5}{\pi}}\left(3\cos^2\theta - 1\right) \propto \frac{3z^2 - r^2}{r^2} \quad \left(d_{3z^2-r^2}軌道\right) \tag{9.41}$$

z軸に沿った分布になります。これを$d_{3z^2-r^2}$軌道と呼びます。前述同様に、$m=\pm2$と$m=\pm1$の線形結合を作ると

$m=\pm2$の線形結合

$$\begin{aligned}\frac{1}{\sqrt{2}}\left(Y_2^2 + Y_2^{-2}\right) &= \frac{1}{4}\sqrt{\frac{15}{\pi}}\sin^2\theta\cos 2\varphi \propto \frac{x^2 - y^2}{r^2} \quad \left(d_{x^2-y^2}軌道\right)\\ \frac{i}{\sqrt{2}}\left(-Y_2^2 + Y_2^{-2}\right) &= \frac{1}{4}\sqrt{\frac{15}{\pi}}\sin^2\theta\sin 2\varphi \propto \frac{xy}{r^2} \quad \left(d_{xy}軌道\right)\end{aligned} \tag{9.42}$$

$m = \pm 1$ の線形結合

$$\frac{i}{\sqrt{2}}\left(Y_2^1 + Y_2^{-1}\right) = \frac{1}{2}\sqrt{\frac{15}{\pi}}\sin\theta\sin\varphi\cos\theta \propto \frac{yz}{r^2} \quad (d_{yz}\text{軌道})$$
$$\frac{1}{\sqrt{2}}\left(-Y_2^1 + Y_2^{-1}\right) = \frac{1}{2}\sqrt{\frac{15}{\pi}}\sin\theta\cos\varphi\cos\theta \propto \frac{zx}{r^2} \quad (d_{zx}\text{軌道})$$
(9.43)

となります。このように、$Y_2^{-2}, Y_2^{-1}, Y_2^1, Y_2^2$ から $d_{xy}, d_{zx}, d_{yz}, d_{x^2-y^2}$ 軌道と呼ばれる軌道を作ることができました（図9-8参照）。

結局、$l=2$ の d 状態では、角度依存の波動関数は $d_{xy}, d_{zx}, d_{yz}, d_{x^2-y^2}, d_{3z^2-r^2}$ 軌道の5つをとることが可能になります。

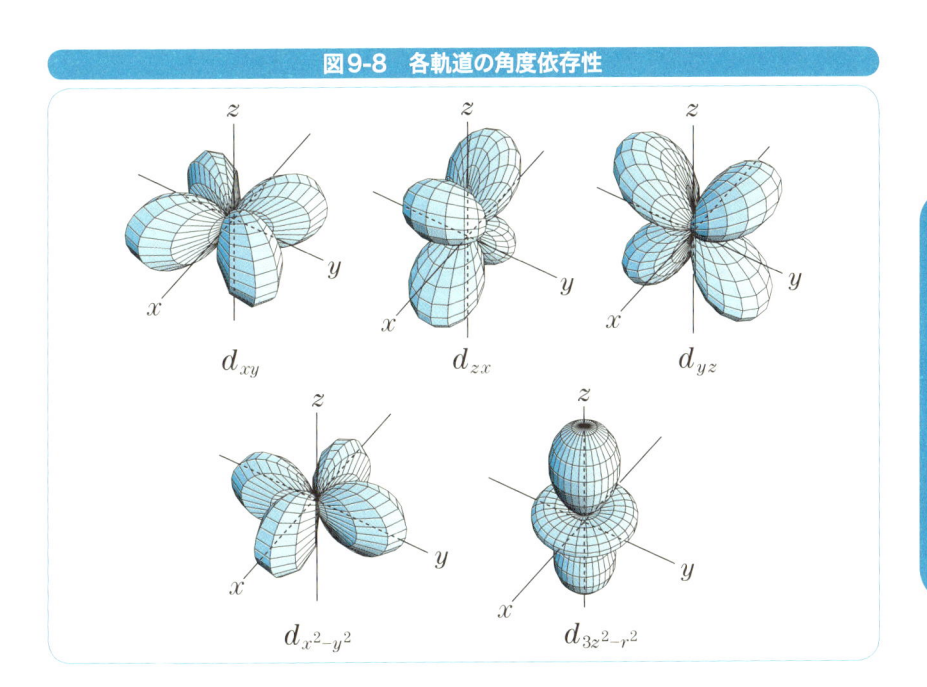

図9-8　各軌道の角度依存性

d_{xy}　　d_{zx}　　d_{yz}

$d_{x^2-y^2}$　　$d_{3z^2-r^2}$

もう1つ重要な点として、角度部分のラプラシアンの固有値が量子化されることがあります。(9.12)と(9.30)から

$$\frac{1}{\sin\theta}\frac{\partial}{\partial\theta}\left(\sin\theta\frac{\partial Y_l^m}{\partial\theta}\right) + \frac{1}{\sin^2\theta}\frac{\partial^2 Y_l^m}{\partial\varphi^2} = -l(l+1)Y_l^m \quad (9.44)$$

なので

$$（角度部分のラプラシアン）Y_l^m = -l(l+1)Y_l^m \qquad (9.45)$$

から

$$角度部分のラプラシアンの固有値 = -l(l+1), \quad l = 0, 1, 2, \cdots \qquad (9.46)$$

と読み取ることができます。

● 動径部分のシュレディンガー方程式

次は、動径部分のシュレディンガー方程式(9.11)を考えましょう。(9.30)で与えた $\lambda = l(l+1)$ を代入し、次のように変形します。

$$-\frac{\hbar^2}{2m}\frac{1}{r^2}\frac{d}{dr}\left(r^2\frac{dR}{dr}\right) + \left(\frac{\hbar^2}{2m}\frac{l(l+1)}{r^2} + V(r)\right)R = ER \qquad (9.47)$$

上式の左辺において、第1項は運動エネルギーに対応し、第2項は本来のポテンシャル $V(r)$ に $\dfrac{\hbar^2}{2m}\dfrac{l(l+1)}{r^2}$ 項が加えられています。この項の物理的意味を考えてみましょう。

図9-9に示すように、中心力場ポテンシャル $V(r)$ を受けて2次元平面上で運動する質点を古典力学で考えます。

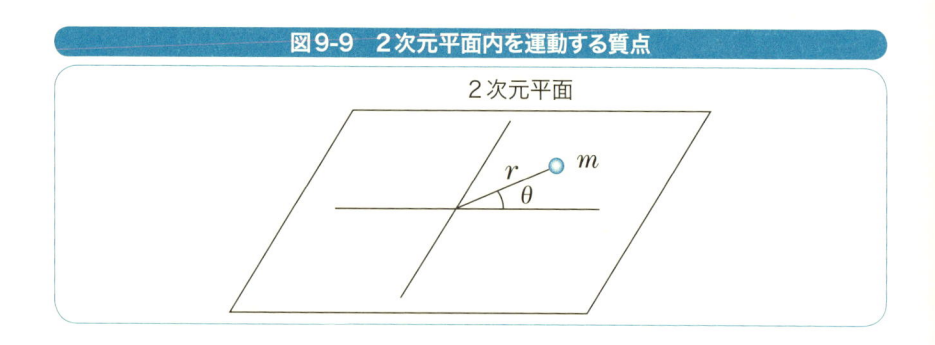

図9-9　2次元平面内を運動する質点

2次元極座標における質量 m の質点の力学的エネルギー保存則と角運動量保存則は次のようになります。

力学的エネルギー保存則　$\dfrac{1}{2}m\left\{\left(\dfrac{dr}{dt}\right)^2 + r^2\left(\dfrac{d\theta}{dt}\right)^2\right\} + V(r) = E$　(9.48)

- $\left(\dfrac{dr}{dt}\right)^2$：動径方向の運動エネルギー
- $r^2\left(\dfrac{d\theta}{dt}\right)^2$：円周方向の運動エネルギー

角運動量保存則　$mr^2\dfrac{d\theta}{dt} = L$　(9.49)

(9.48)と(9.49)から

$$\dfrac{1}{2}m\left(\dfrac{dr}{dt}\right)^2 + \dfrac{L^2}{2mr^2} + V(r) = E \quad (9.50)$$

となり、動径方向(1次元)の力学的エネルギー保存則に帰着させることができます。このとき、ポテンシャルは $V(r)$ に角運動量による項 $\dfrac{L^2}{2mr^2}$ が加わります。つまり、動径方向では、質点は実質的に $\dfrac{L^2}{2mr^2} + V(r)$ のポテンシャルを受けて運動していることになるのです。これと同様なものが、(9.47)式でも見られます。

つまり、(9.47)の $\dfrac{\hbar^2}{2m}\dfrac{l(l+1)}{r^2}$ は角運動量に起因する項であり、しかも対応する角運動量は離散的な値をとることがわかります。

動径部分のシュレディンガー方程式(9.47)は、具体的な $V(r)$ を代入しないと解くことができません。第11章において、クーロン・ポテンシャルを代入して水素原子の動径部分の波動関数を導出します。

この章で、中心力場ポテンシャルの波動関数は球面調和関数になることを学びました。第10章では、その量子数は角運動量の量子化と関連していることを説明します。

> **まとめ**

> **3次元極座標系のシュレディンガー方程式**
> $$-\frac{\hbar^2}{2m}\left\{\frac{1}{r^2}\frac{\partial}{\partial r}\left(r^2\frac{\partial}{\partial r}\right)+\frac{1}{r^2}\left[\frac{1}{\sin\theta}\frac{\partial}{\partial\theta}\left(\sin\theta\frac{\partial}{\partial\theta}\right)+\frac{1}{\sin^2\theta}\frac{\partial^2}{\partial\varphi^2}\right]\right\}\psi+V\psi=E\psi$$

$\psi(r,\theta,\varphi)=R(r)Y_l^m(\theta,\varphi)$

- 角度方向 $\displaystyle\frac{1}{\sin\theta}\frac{\partial}{\partial\theta}\left(\sin\theta\frac{\partial Y_l^m}{\partial\theta}\right)+\frac{1}{\sin^2\theta}\frac{\partial^2 Y_l^m}{\partial\varphi^2}=-l(l+1)Y_l^m$

- 動径方向 $\displaystyle-\frac{\hbar^2}{2m}\frac{1}{r^2}\frac{d}{dr}\left(r^2\frac{dR}{dr}\right)+\left(\frac{\hbar^2}{2m}\frac{l(l+1)}{r^2}+V(r)\right)R=ER$

球面調和関数 $Y_l^m(\theta,\varphi)=(-1)^{(m+|m|)/2}\sqrt{\dfrac{2l+1}{4\pi}\dfrac{(l-|m|)!}{(l+|m|)!}}\,P_l^{|m|}(\cos\theta)\,e^{im\varphi}$

- φ方向の量子数 $m=-l,-l+1,\cdots,l-1,l$
- θ方向の量子数 $l=0,1,2,\cdots$

$l=0$（s状態） s軌道

$l=1$（p状態） p_x軌道　p_y軌道　p_z軌道

$l=2$（d状態） d_{xy}軌道　d_{zx}軌道　d_{yz}軌道　$d_{x^2-y^2}$軌道　$d_{3z^2-r^2}$軌道

[問題]

9.1 (9.3)を導け。

9.2 (9.4)を導け。

9.3 球面調和関数(9.35)から、図9-5の式を確認せよ。

略解は P.253

第10章
角運動量の量子化

　粒子の角運動量ベクトルは、粒子の位置ベクトルと運動量ベクトルの外積で定義されます。量子力学では角運動量ベクトルの各成分は交換せず、さらに角運動量の大きさは量子化されます。第9章で登場した球面調和関数で現れる量子数 m と l は、角運動量の量子化と関連していることを学びます。

　この章で目標とすることがらは、「角運動量ベクトルの交換関係」、「角運動量ベクトルの量子化」、「角運動量の大きさの量子化」などです。

10-1 角運動量の定義

角運動量の定義

粒子の位置ベクトル r、運動量ベクトル p とすると、粒子の角運動量ベクトル l は

$$l = r \times p \tag{10.1}$$

(ベクトルの外積)

と定義されます(図10-1参照)。

図10-1 質点の角運動量ベクトルの定義

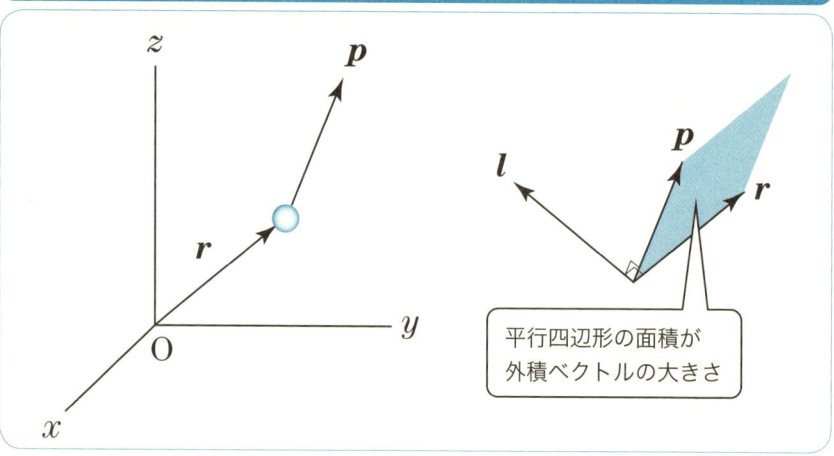

平行四辺形の面積が外積ベクトルの大きさ

ここで、ベクトルの成分を $r = (x, y, z)$、$p = (p_x, p_y, p_z)$ とすると(10.1)から

$$l = \begin{vmatrix} i & j & k \\ x & y & z \\ p_x & p_y & p_z \end{vmatrix} = i(yp_z - zp_y) + j(zp_x - xp_z) + k(xp_y - yp_z) \tag{10.2}$$

(外積計算の成分表示)

となるので、角運動量ベクトルの成分 $l = (l_x, l_y, l_z)$ は

$$l_x = yp_z - zp_y$$
$$l_y = zp_x - xp_z \quad (10.3)$$
$$l_z = xp_y - yp_x$$

となります。

P.57(4.21)から量子力学において運動量ベクトルは $\boldsymbol{p} = -i\hbar\left(\dfrac{\partial}{\partial x}, \dfrac{\partial}{\partial y}, \dfrac{\partial}{\partial z}\right)$ なので、角運動量ベクトルの各成分も微分演算子となります。

$$l_x = -i\hbar\left(y\frac{\partial}{\partial z} - z\frac{\partial}{\partial y}\right)$$
$$l_y = -i\hbar\left(z\frac{\partial}{\partial x} - x\frac{\partial}{\partial z}\right) \quad (10.4)$$
$$l_z = -i\hbar\left(x\frac{\partial}{\partial y} - y\frac{\partial}{\partial x}\right)$$

角運動量の交換関係

第4章(4.68)で学んだように、不確定性関係から位置と運動量の同成分は非可換なので

$$[x, p_x] = i\hbar \quad , \quad [y, p_y] = i\hbar \quad , \quad [z, p_z] = i\hbar \quad (10.5)$$

です。ここで、演算子を表す^の記号は省略しました。上記以外の成分は可換になります。これにより、角運動量の各成分が非可換となることを示しましょう。

(10.4)を使って、l_x と l_y の交換関係の計算を行うと

$$\begin{aligned}
[l_x, l_y] &= l_x l_y - l_y l_x \\
&= -\hbar^2\left(y\frac{\partial}{\partial z} - z\frac{\partial}{\partial y}\right)\left(z\frac{\partial}{\partial x} - x\frac{\partial}{\partial z}\right) \\
&\quad + \hbar^2\left(z\frac{\partial}{\partial x} - x\frac{\partial}{\partial z}\right)\left(y\frac{\partial}{\partial z} - z\frac{\partial}{\partial y}\right) \\
&= -\hbar^2\left(y\frac{\partial}{\partial x} - x\frac{\partial}{\partial y}\right) = i\hbar l_z
\end{aligned} \quad (10.6)$$

となります。残りの成分の交換関係について計算すると

$$[l_z, l_x] = i\hbar l_y \quad , \quad [l_y, l_z] = i\hbar l_x \tag{10.7}$$

となります。3つの交換関係をすべて覚える必要はありません。図10-2に示すように、$[l_x, l_y] = i\hbar l_z$ の各成分をサイクリックに置き換えていくと残り2つの交換関係になります。

図10-2　角運動量の交換関係

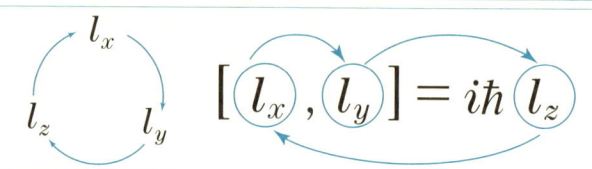

$$l_x \quad l_z \quad l_y \qquad [l_x, l_y] = i\hbar\, l_z$$

まとめると、l_x, l_y, l_z の交換関係は

$$\begin{aligned}
[l_x, l_y] &= i\hbar l_z \\
[l_z, l_x] &= i\hbar l_y \\
[l_y, l_z] &= i\hbar l_x
\end{aligned} \tag{10.8}$$

となり、それ以外の成分の交換関係は可換です。(10.8)は第4章のまとめから

　　l_x, l_y, l_z の物理量は**同時に精確に測定することはできない**

ことを意味しています。

さらに重要な交換関係があります。角運動量ベクトルの大きさの2乗 $\boldsymbol{l}^2$ は

$$\boldsymbol{l}^2 = l_x^2 + l_y^2 + l_z^2 \tag{10.9}$$

と定義します。$\boldsymbol{l}^2$ と l_x, l_y, l_z との交換関係を導きましょう。(10.8)を使うと、$\boldsymbol{l}^2$ と l_x の交換関係は

$$\begin{aligned}
[\boldsymbol{l}^2, l_x] &= [l_y^2, l_x] + [l_z^2, l_x] \\
&= l_y[l_y, l_x] + [l_y, l_x]l_y + l_z[l_z, l_x] + [l_z, l_x]l_z \\
&= 0
\end{aligned} \tag{10.10}$$

となり、l^2 と l_x は可換になります。同様に、他の成分についても計算すると

$$\left[l^2, l_y\right] = 0 \quad , \quad \left[l^2, l_z\right] = 0 \tag{10.11}$$

となります。このように、l^2 は l_x, l_y, l_z と可換です。つまり、(10.10)と(10.11)は

　　l^2 と l_x（l_y あるいは l_z）の物理量は**同時に精確に測定できる**

ことを意味しています。

　量子力学では、物理量に対応する演算子の交換関係から、同時に精確に観測可能であるかが判定できることを第4章で学びました。

10-2 角運動量の量子化

角運動量の固有値

角運動量ベクトルの固有値は量子化(とびとびの値をとる)されていることを見てみましょう。第9章で導入した極座標系座標 r, θ, φ で(10.4)を書き直すと

$$l_x = i\hbar \left(\sin\varphi \frac{\partial}{\partial \theta} + \cot\theta \cos\varphi \frac{\partial}{\partial \varphi} \right)$$

$$l_y = i\hbar \left(-\cos\varphi \frac{\partial}{\partial \theta} + \cot\theta \sin\varphi \frac{\partial}{\partial \varphi} \right) \quad (10.12)$$

$$l_z = -i\hbar \frac{\partial}{\partial \varphi}$$

(9.2)、(9.3)の式を使うんだね。

となります。また、(10.12)から角運動量の大きさの2乗は

$$\boldsymbol{l}^2 = l_x^2 + l_y^2 + l_z^2 = -\hbar^2 \left\{ \frac{1}{\sin\theta} \frac{\partial}{\partial \theta} \left(\sin\theta \frac{\partial}{\partial \theta} \right) + \frac{1}{\sin^2\theta} \frac{\partial^2}{\partial \varphi^2} \right\} \quad (10.13)$$

となります。注目すべきは、第9章(9.4)のラプラシアンの角度部分となっていることです。

l_z と $\boldsymbol{l}^2$ の固有関数が球面調和関数になることを見ましょう。第9章で扱った内容を復習します。

中心力場の波動関数

$$\psi(r,\theta,\varphi) = R(r) Y_l^m(\theta,\varphi) \quad (10.14)$$

角度部分のラプラシアンと球面調和関数

$$\frac{1}{\sin\theta}\frac{\partial}{\partial\theta}\left(\sin\theta\frac{\partial Y_l^{\,m}}{\partial\theta}\right)+\frac{1}{\sin^2\theta}\frac{\partial^2 Y_l^{\,m}}{\partial\varphi^2}=-l(l+1)Y_l^{\,m} \quad (10.15)$$

$$Y_l^{\,m}(\theta,\varphi)=\Theta_l^{\,m}(\theta)\Phi_m(\varphi)$$
$$=(-1)^{\frac{m+|m|}{2}}\sqrt{\frac{2l+1}{4\pi}\frac{(l-|m|)!}{(l+|m|)!}}\,P_l^{|m|}(\cos\theta)\,e^{im\varphi} \quad (10.16)$$
$$m=-l,-l+1,\cdots,l-1,l$$

$$\Phi_m(\varphi)=\frac{1}{\sqrt{2\pi}}e^{im\varphi} \quad (10.17)$$

$$\Theta_l^{\,m}(\theta)=(-1)^{\frac{m+|m|}{2}}\sqrt{\frac{2l+1}{4\pi}\frac{(l-|m|)!}{(l+|m|)!}}\,P_l^{|m|}(\cos\theta)\,e^{im\varphi} \quad (10.18)$$

$\left[\boldsymbol{l}^2,l_z\right]=0$ なので、l_z と $\boldsymbol{l}^2$ は同じ固有関数つまり波動関数を持つことができます。l_z と $\boldsymbol{l}^2$ に波動関数 ψ を作用させて、その固有値の量子化と物理的意味を考えてみましょう。

● 角運動量ベクトルの量子化

(10.12) から、角運動量ベクトルの z 成分 $l_z=-i\hbar\dfrac{\partial}{\partial\varphi}$ に波動関数 $\psi(r,\theta,\varphi)$ を作用させた $l_z\psi(r,\theta,\varphi)$ を計算します。変数 φ を含む関数 $\Phi_m(\varphi)$ のみに微分が作用するので

$$l_z\Phi_m(\varphi)=-i\hbar\frac{\partial}{\partial\varphi}\frac{1}{\sqrt{2\pi}}e^{im\varphi}=m\hbar\Phi_m(\varphi) \quad (10.19)$$

となります。第 4 章の固有値と固有関数の関係から、(10.19) は次のように読み取ることができます。

$$l_z\Phi_m=m\hbar\Phi_m$$
$$\Downarrow$$

固有関数 Φ_m に対して、演算子 l_z の固有値は $m\hbar$ である
⇓
角運動量ベクトルの z 成分は $m\hbar$ で量子化されている

　第 9 章において、Φ_m は角度 φ の回りを伝播する周期 $\frac{2\pi}{m}$ の波動であることを説明しました。今回、m は物理量としての意味を持ち、Φ_m の状態を決める量子数 m は角運動量の z 成分の固有値になることがわかりました。m を**磁気量子数**と呼びます。

　(10.13) から、$\boldsymbol{l}^2$ に波動関数 $\psi(r,\theta,\varphi)$ を作用させた $\boldsymbol{l}^2\psi(r,\theta,\varphi)$ を計算します。変数 φ と θ を含む $Y_l^m(\theta,\varphi)$ のみに微分が作用するので、(10.15) を使うと

$$\boldsymbol{l}^2 Y_l^m = -\hbar^2\left\{\frac{1}{\sin\theta}\frac{\partial}{\partial\theta}\left(\sin\theta\frac{\partial Y_l^m}{\partial\theta}\right) + \frac{1}{\sin^2\theta}\frac{\partial^2 Y_l^m}{\partial\varphi^2}\right\} = l(l+1)\hbar^2 Y_l^m$$
(10.20)

となります。(10.20) は次のように読み取ることができます。

$$\boldsymbol{l}^2 Y_l^m = l(l+1)\hbar^2 Y_l^m$$
⇓
固有関数 Y_l^m に対して演算子 $\boldsymbol{l}^2$ の固有値は $l(l+1)\hbar^2$ である
⇓
角運動量ベクトルの大きさの 2 乗は $l(l+1)\hbar^2$ で量子化されている

　このように、量子数 l は角運動量の大きさを決定します。さらに、第 9 章において、l の値によって角度依存の波動関数の分布に偏りがあることを説明しました。この量子数 l を**方位量子数**と呼びます。

　(10.19)(10.20) から、l_z と $\boldsymbol{l}^2$ は同じ固有関数 $Y_l^m(\theta,\varphi)$ を持つことがわかります。

$$l_z Y_l^m = m\hbar Y_l^m \tag{10.21}$$
$$\boldsymbol{l}^2 Y_l^m = l(l+1)\hbar^2 Y_l^m \tag{10.22}$$

となります。つまり、上記 2 式はそれぞれ、

$$\begin{aligned}&\text{角運動量ベクトルの} z \text{方向の固有値} = m\hbar \\ &\text{角運動ベクトルの大きさの 2 乗の固有値} = l(l+1)\hbar^2\end{aligned} \quad (10.23)$$

を意味しています。さらに、角運動量の大きさを $|\boldsymbol{l}|=\sqrt{\boldsymbol{l}^2}$ とすると

$$|\boldsymbol{l}|=\sqrt{l(l+1)}\,\hbar \quad (10.24)$$

となります。また、$m = -l, -l+1, \cdots, l-1, l$ なので、l の値を与えると

$$\begin{aligned}&\bullet\text{角運動量の大きさ}|\boldsymbol{l}|=\sqrt{l(l+1)}\,\hbar\text{が決まる} \\ &\bullet\text{角運動量の} z \text{成分}\, l_z = m\hbar\text{が決まる}\end{aligned} \quad (10.25)$$

ということになります。

(10.21)(10.22) から、1 つの値 l を決めたとき、固有関数 Y_l^m に対する $\boldsymbol{l}^2$ の固有値 $l(l+1)\hbar^2$ を与える m は

$$m = \underbrace{-l,\ -l+1, \cdots, l-1, l}_{2l+1\text{個}}$$

なので、$2l+1$ 個の m が存在しています。つまり、$\boldsymbol{l}^2$ の固有値 $l(l+1)\hbar^2$ は $2l+1$ 重に縮退しているのです。

第 9 章の P.141 から、l の状態に対する縮退度を与えておきましょう。

s 状態は 1 重縮退($l = 0, m = 0$)
p 状態は 3 重縮退($l = 1, m = -1, 0, 1$)
d 状態は 5 重縮退($l = 2, m = -2, -1, 0, 1, 2$)
f 状態は 7 重縮退($l = 3, m = -3, -2, -1, 0, 1, 2, 3$)

角運動量の量子化のイメージ

角運動量の量子化のイメージを深めましょう。(10.25) で示すように、量子数 l を 1 つ与えるとその角運動量の大きさ $|\boldsymbol{l}|$ が決まり、角運動量空間 (l_x, l_y, l_z) で考えると球になります(図 10-3 左参照)。そして、角運動量ベクトルの z 成分 l_z は不連続の値しかとれないので、角運動量ベクトル $\boldsymbol{l}$ の向きはすべての方向を向くことはできずに量子化されるのです(図 10-3 右参照)。これを**方向量子化**といいます。

図10-3　角運動量空間における方向量子化

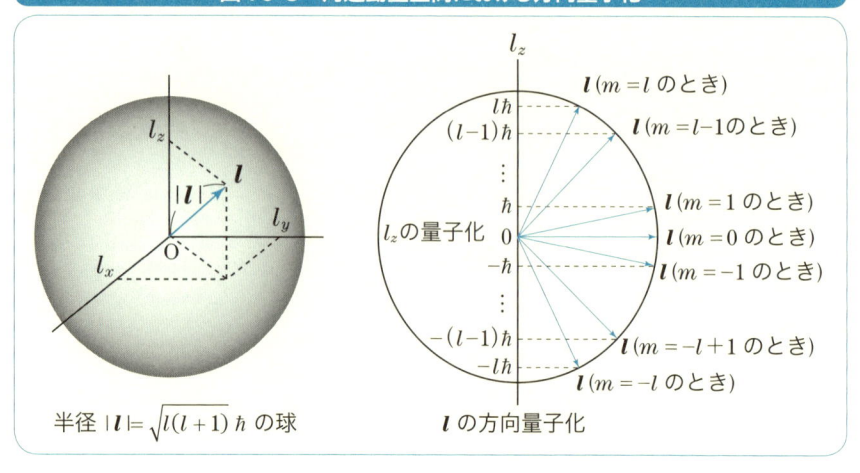

半径 $|\boldsymbol{l}| = \sqrt{l(l+1)}\,\hbar$ の球

l_z の量子化

$\boldsymbol{l}$ の方向量子化

　具体例として、$l = 3$ として方向量子化のイメージをさらに深めましょう。ここで、ディラック定数 $\hbar$ を省略して議論しましょう。このとき、角運動量の大きさは $2\sqrt{3}$ なので、原点を中心とする半径 $2\sqrt{3} ≒ 3.4$ の球を考えます（図10-4参照）。この球を整数値しかとれない z で z 軸に垂直な平面でスライスします。つまり、$-3.4 ≦ z ≦ 3.4$ の範囲内にある整数は $-3, -2, -1, 0, 1, 2, 3$ の7個です。これが角運動量の z 成分に対応します。角運動量ベクトルの矢印の向きは、原点を始点にとり、スライスした断面の円周上に矢印の終点があります。

図10-4　$l = 3$ の方向量子化

○球を l_z の整数値でスライスする

○角運動量の向きは、その断面の円周上のみ許される

半径 $2\sqrt{3}$ の球

まとめ

○ 角運動量ベクトルの定義　$\boldsymbol{l} = \boldsymbol{r} \times \boldsymbol{p}$

○ 角運動量ベクトルの成分表示

$$l_x = -i\hbar\left(y\frac{\partial}{\partial z} - z\frac{\partial}{\partial y}\right), \quad l_y = -i\hbar\left(z\frac{\partial}{\partial x} - x\frac{\partial}{\partial z}\right), \quad l_z = -i\hbar\left(x\frac{\partial}{\partial y} - y\frac{\partial}{\partial x}\right)$$

○ 角運動量ベクトルの交換関係

$$[l_x, l_y] = i\hbar l_z, \quad [l_z, l_x] = i\hbar l_y, \quad [l_y, l_z] = i\hbar l_x$$

l_x, l_y, l_z の物理量は同時に精確に測定することはできない

○ 角運動量の大きさの2乗と角運動量の成分との交換関係

$$[\boldsymbol{l}^2, l_x] = 0, \quad [\boldsymbol{l}^2, l_y] = 0, \quad [\boldsymbol{l}^2, l_z] = 0$$

$\boldsymbol{l}^2$ と l_x（l_y あるいは l_z）の物理量は同時に精確に測定できる

○ l_z と $\boldsymbol{l}^2$ の量子化

$$l_z Y_l^m = m\hbar Y_l^m, \quad m = -l, -l+1, \cdots, l-1, l$$
$$\boldsymbol{l}^2 Y_l^m = l(l+1)\hbar^2 Y_l^m$$

m：磁気量子数、l：方位量子数

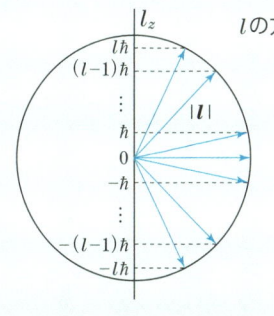

l の方向量子化

○ 状態 l に対する縮退度

s 状態は1重縮退（$l = 0, m = 0$）

p 状態は3重縮退（$l = 1, m = -1, 0, 1$）

d 状態は5重縮退（$l = 2, m = -2, -1, 0, 1, 2$）

f 状態は7重縮退（$l = 3, m = -3, -2, -1, 0, 1, 2, 3$）

第10章　角運動量の量子化

[問題]

10.1　(10.4)(10.5)を使って角運動量の交換関係(10.8)をすべて導け。

10.2　(10.13)を導け。

略解は P. 253

第11章

水素原子

シュレディンガー方程式を解く Ⅵ

　第2章でボーアの仮説から水素原子のエネルギーを導出しましたが、本章では、シュレディンガー方程式から同じ結果を導出できることを確認します。そのとき、第9章で扱った球面調和関数と動径方向のシュレディンガー方程式が重要となります。
　また、水素原子の波動関数には3つの量子数があるということ、エネルギーの縮退度についても解説します。

11-1 水素原子のシュレディンガー方程式

● 水素原子の復習（ボーアの仮説）

　水素原子については第2章2-3節で扱いましたね。ボーアは水素原子の定常状態のエネルギーを、古典力学と2つの仮説「角運動量の量子化」(2.15)と「振動数条件」(2.16)から説明しました（図11-1参照）。

$$\left.\begin{array}{l}古典力学(クーロン力=遠心力)\\角運動量の量子化\,(mrv = n\hbar)\\振動数条件\,(E_n - E_m = \hbar\omega)\end{array}\right\} \Rightarrow E_n = -\frac{me^4}{8\varepsilon_0^2 h^2}\frac{1}{n^2} \quad n = 1, 2, 3, \cdots \quad (11.1)$$

　水素原子のエネルギーは(11.1)で与えられます。このとき、エネルギーを決める量子数 n は、「角運動量の量子化」で登場する自然数です。ボーアによる n の導入はあくまでボーアの仮説に過ぎません。

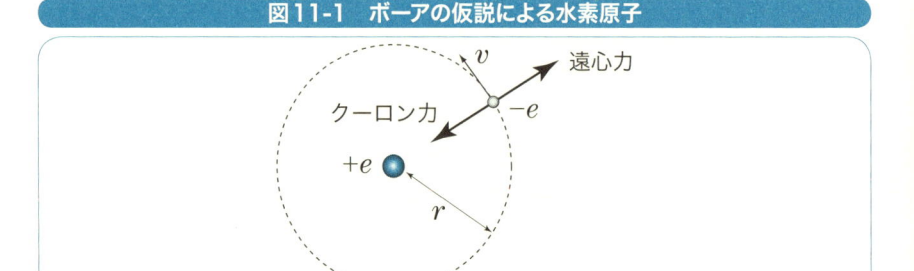

図11-1　ボーアの仮説による水素原子

　我々はここまで、シュレディンガー方程式から波動関数とエネルギー固有値を導出してきました。水素原子のシュレディンガー方程式を解いて(11.1)を導出しましょう。そして、ボーアが導入した n がシュレディンガー方程式のどの部分で登場してくるのかを確認します。

水素原子の動径方向のシュレディンガー方程式

水素原子内の電子(質量 m)が受ける中心力場ポテンシャルは

$$V(r) = -\frac{e^2}{4\pi\varepsilon_0 r} \tag{11.2}$$

です。ここで、陽子の質量は電子に比べて十分大きいので、陽子の位置を原点として距離 r を定義しています。第9章においてすでに角度部分のシュレディンガー方程式を解いているので、電子の波動関数は球面調和関数を用いて

$$\psi(r,\theta,\varphi) = R(r) Y_l^m(\theta,\varphi) \tag{11.3}$$

と書けます。(11.2)を(9.50)に代入すると、動径部分のシュレディンガー方程式は

$$-\frac{\hbar^2}{2m}\frac{1}{r^2}\frac{d}{dr}\left(r^2\frac{dR}{dr}\right) + \left(\frac{\hbar^2}{2m}\frac{l(l+1)}{r^2} - \frac{e^2}{4\pi\varepsilon_0 r}\right)R = ER \tag{11.4}$$

となります。(11.4)から実質的なポテンシャル $V_{\it{eff}}$ は角運動量によるポテンシャルとクーロンポテンシャルの和なので

$$V_{\it{eff}} = \frac{\hbar^2}{2m}\frac{l(l+1)}{r^2} - \frac{e^2}{4\pi\varepsilon_0}\frac{1}{r} \tag{11.5}$$

となります。図11-2には、$V_{\it{eff}}$ の概略図を示しています。

図11-2 実質的な水素原子の動径方向のポテンシャル

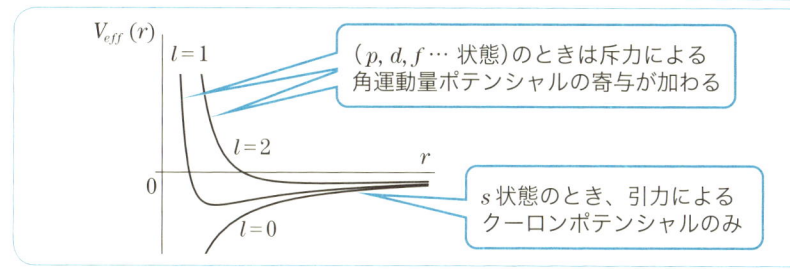

($p, d, f \cdots$ 状態)のときは斥力による角運動量ポテンシャルの寄与が加わる

s 状態のとき、引力によるクーロンポテンシャルのみ

電子が原子核に束縛されている状態を考えます。束縛状態はエネルギー E が負のときに実現することがわかっているので

$$E = -|E| \tag{11.6}$$

と書きましょう。手順を示しながら(11.4)を解いていきます。

手順1） シュレディンガー方程式の無次元化

第8章 P.118で調和振動子のシュレディンガー方程式を解いたときと同様に、(11.4)を無次元化します。そこで、以下の量

$$\alpha = \sqrt{\frac{8m|E|}{\hbar^2}} \quad , \quad a_0 = \frac{4\pi\varepsilon_0 \hbar^2}{e^2 m} \quad , \quad \mu = \frac{2}{a_0 \alpha} \tag{11.7}$$

を定義します。ここで、α は長さの逆数の単位をもち、a_0 はボーア半径(基底状態の半径)です。無次元量の変数

$$\rho = \alpha r \tag{11.8}$$

を使って、(11.4)を書き直すと

$$\frac{d^2 R}{d\rho^2} + \frac{2}{\rho}\frac{dR}{d\rho} + \left(\frac{\mu}{\rho} - \frac{l(l+1)}{\rho^2} - \frac{1}{4}\right)R = 0 \tag{11.9}$$

となります。

手順2） 漸近解から厳密解を導く

第8章 P.119の調和振動子の解法同様に、漸近解を見つけます。そして、そこから既知の特殊関数を利用して厳密解を見つけましょう。

微分方程式(11.9)を解くために、ρ が十分大きい($\rho \gg 1$)ときと ρ が十分小さい($\rho \ll 1$)ときの漸近解から厳密解を求めましょう。

○ $\rho \gg 1$ のとき

(11.9)は

$$\frac{d^2 R}{d\rho^2} = \frac{1}{4}R \tag{11.10}$$

となり解は $R \propto e^{\pm\frac{\rho}{2}}$ ですが、$\rho \to \infty$ で発散しない解は

$$R \propto e^{-\frac{\rho}{2}} \quad \text{比例するという記号} \tag{11.11}$$

となります。これが $\rho \gg 1$ における漸近解になります。以上から

$$R(\rho) = F(\rho)\, e^{-\frac{\rho}{2}} \tag{11.12}$$

として、(11.9) に代入すると、未知関数 F が満たす微分方程式は

$$\frac{d^2 F}{d\rho^2} + \left(\frac{2}{\rho} - 1\right)\frac{dF}{d\rho} + \left(\frac{\mu-1}{\rho} - \frac{l(l+1)}{\rho^2}\right)F = 0 \tag{11.13}$$

となります。

○ $\rho \ll 1$ のとき

(11.13) は

$$\frac{d^2 F}{d\rho^2} + \frac{2}{\rho}\frac{dF}{d\rho} - \frac{l(l+1)}{\rho^2}F = 0 \tag{11.14}$$

と近似でき、解は $F \propto \rho^{-(l+1)},\, \rho^l$ となりますが、$\rho \to 0$ で発散しない解は

$$F \propto \rho^l \tag{11.15}$$

です。これが $\rho \ll 1$ における漸近解になります。以上から

$$F(\rho) = L(\rho)\, \rho^l \tag{11.16}$$

として (11.13) に代入すると、L が満たすべき微分方程式は

$$\rho \frac{d^2 L}{d\rho^2} + (2l + 2 - \rho)\frac{dL}{d\rho} + (\mu - l - 1)L = 0 \tag{11.17}$$

となります。付録3から、(11.17) は**ラゲールの陪多項式**が満たす微分方程式

$$\rho \frac{d^2 L_q^p}{d\rho^2} + (p + 1 - \rho)\frac{dL_q^p}{d\rho} + (q - p)L_q^p = 0 \tag{11.18}$$

$$q \geqq p \quad,\quad q = 1, 2, 3, \cdots \quad,\quad p = 0, 1, 2, \cdots$$

そのものです。付録3を参考に、L_q^p の具体的表記例を示します。

$$L_1^1(\rho) = -1$$
$$L_2^1(\rho) = -2(2-\rho)$$
$$L_3^1(\rho) = -3(6 - 6\rho + \rho^2), \ L_3^3(\rho) = -6 \tag{11.19}$$
$$L_4^3(\rho) = -24(4-\rho)$$
$$L_5^5(\rho) = -120$$

(11.18)で $p = 2l+1$、$q = \mu + l$ とした式と(11.17)は一致します。$q = 1, 2, 3, \cdots$ かつ $l = 0, 1, 2, \cdots$ なので、$q \geq p$ に注意すると

$$\mu = q - l = 1, 2, 3, \cdots \tag{11.20}$$

となり、μ は正の整数しかとれません。そこで

$$\mu = n = 1, 2, 3, \cdots \tag{11.21}$$

と書きます。この n を**主量子数**といいます。(11.18)の条件式 $q \geq p$ から

$$l \leq n - 1 \tag{11.22}$$

となるので、方位量子数 $l = 0, 1, 2, \cdots$ と合わせると

$$l = 0, 1, 2, \cdots, n - 1 \tag{11.23}$$

となります。このように、l の上限値が n によって決まることがわかります。

(11.17)の解は(11.18)を満たすラゲールの陪多項式なので

$$L_{n+l}^{2l+1}(\rho) \tag{11.24}$$

となります。

以上から、動径方向のシュレディンガー方程式の厳密解が求まりました。(11.7)と(11.21)から

$$\alpha = \frac{2}{na_0} \tag{11.25}$$

となり、(11.8)から変数 ρ は

$$\rho = \frac{2}{na_0} r \tag{11.26}$$

となります。動径方向の波動関数 $R(r)$ の式(11.12)は、(11.16)(11.24)(11.26)から

$$R_{nl}(r) \propto \exp\left(-\frac{1}{na_0}r\right)\left(\frac{2}{na_0}r\right)^l L_{n+l}^{2l+1}\left(\frac{2}{na_0}r\right) \tag{11.27}$$
$$l = 0, 1, 2, \cdots, n-1$$

となります。ここでは、比例関係の表示にとどめておきます。

(11.19)を使って、$n = 0, 1, 2$ における(11.27)の具体的な形とその概略グラフ(図11-3参照)を見てみましょう。

○ **$n = 1$ のとき $l = 0$**

$$R_{10}(r) \propto \exp\left(-\frac{r}{a_0}\right) L_1^1\left(\frac{2}{a_0}r\right) = -\exp\left(-\frac{r}{a_0}\right) \tag{11.28}$$

○ **$n = 2$ のとき $l = 0, 1$**

$$\begin{aligned}R_{20}(r) &\propto \exp\left(-\frac{r}{2a_0}\right) L_2^1\left(\frac{r}{a_0}\right) = -2\left(2 - \frac{r}{a_0}\right)\exp\left(-\frac{r}{2a_0}\right) \\ R_{21}(r) &\propto \exp\left(-\frac{r}{2a_0}\right)\frac{r}{a_0} L_3^3\left(\frac{r}{a_0}\right) = -6\frac{r}{a_0}\exp\left(-\frac{r}{2a_0}\right)\end{aligned} \tag{11.29}$$

○ **$n = 3$ のとき $l = 0, 1, 2$**

$$\begin{aligned}R_{30}(r) &\propto \exp\left(-\frac{r}{3a_0}\right) L_3^1\left(\frac{2r}{3a_0}\right) = -3\left\{6 - 6\frac{2r}{3a_0} + \left(\frac{2r}{3a_0}\right)^2\right\}\exp\left(-\frac{r}{3a_0}\right) \\ R_{31}(r) &\propto \exp\left(-\frac{r}{3a_0}\right)\frac{2r}{3a_0} L_4^3\left(\frac{2r}{3a_0}\right) = -24\left(4 - \frac{2r}{3a_0}\right)\frac{2r}{3a_0}\exp\left(-\frac{r}{3a_0}\right) \\ R_{32}(r) &\propto \exp\left(-\frac{r}{3a_0}\right)\left(\frac{2r}{3a_0}\right)^2 L_5^5\left(\frac{2r}{3a_0}\right) = -120\left(\frac{2r}{3a_0}\right)^2 \exp\left(-\frac{r}{3a_0}\right)\end{aligned} \tag{11.30}$$

図11-3 $-R_{nl}$ の概略グラフ

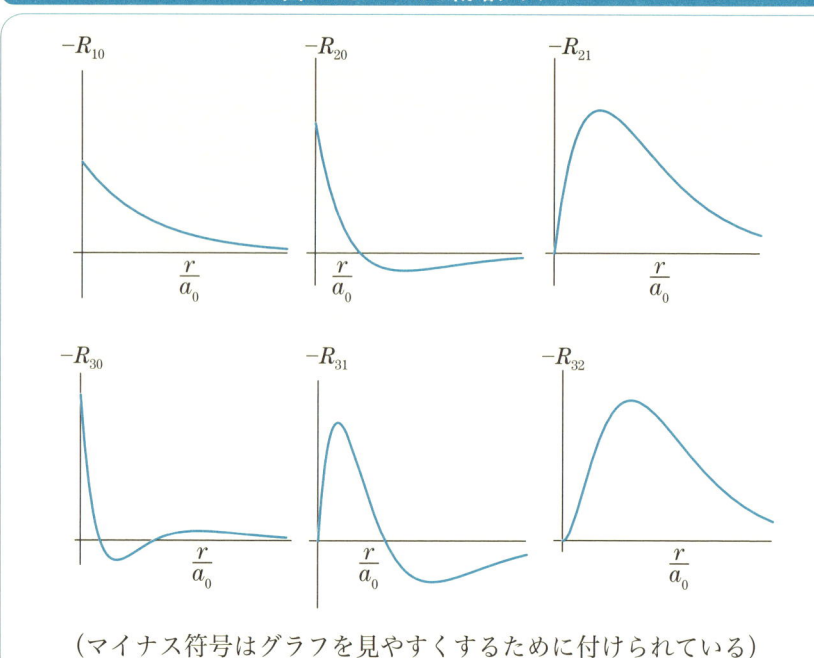

$-R_{10}$, $-R_{20}$, $-R_{21}$, $-R_{30}$, $-R_{31}$, $-R_{32}$ のグラフ(横軸 $\frac{r}{a_0}$)

(マイナス符号はグラフを見やすくするために付けられている)

R_{nl} や L_p^q など、見慣れない表記が多く出てきています。これらは、簡単に言えば、複雑な数式を簡略化したものです。略語のようなものですね。一見難しそうに見えますが、複雑な数式を見やすくしてくれるものですので、慣れさえすれば便利なものです。

簡略化して、スピードアップ！

11-2 シュレディンガー方程式を解く

● 動径方向の波動関数

前節で、動径方向のシュレディンガー方程式を解きました。この節では、動径方向の波動関数を求めてみましょう。(11.27)の $R_{nl}(r)$ の規格化定数を $A(>0)$ として、規格化します。

$$R_{nl}(r) = -A \exp\left(-\frac{1}{na_0}r\right)\left(\frac{2}{na_0}r\right)^l L_{n+l}^{2l+1}\left(\frac{2}{na_0}r\right) \quad (11.31)$$

> 慣例的に係数にマイナス符号が付けられる

A を決定しましょう。付録1から3次元極座標系における動径方向の規格化条件は

$$1 = \int_0^\infty |R_{nl}|^2 r^2 \, dr \quad (11.32)$$

です。ラゲール陪関数の直交関係

$$\int_0^\infty e^{-x} x^{m+1} L_n^m(x) L_l^m(x) \, dx = \frac{(2n-m+1)[n!]^3}{(n-m)!} \delta_{n,l} \quad (11.33)$$

> n と l が一致すれば1、しなければ0

を使うと(11.32)は

$$\begin{aligned}
1 &= |A|^2 \int_0^\infty \exp\left(-\frac{2}{na_0}r\right)\left(\frac{2}{na_0}r\right)^{2l} \left\{L_{n+l}^{2l+1}\left(\frac{2}{na_0}r\right)\right\}^2 r^2 \, dr \\
&= |A|^2 \left(\frac{na_0}{2}\right)^3 \int_0^\infty e^{-x} x^{2l+2} \left[L_{n+l}^{2l+1}(x)\right]^2 dx \quad (11.34) \\
&= |A|^2 \left(\frac{na_0}{2}\right)^3 \frac{2n[(n+l)!]^3}{(n-l-1)!}
\end{aligned}$$

> $\frac{2r}{na_0} = x$

となるので、正実数の A を選ぶと

$$A = \sqrt{\left(\frac{2}{na_0}\right)^3 \frac{(n-l-1)!}{2n\left[(n+l)!\right]^3}} \tag{11.35}$$

となります。(11.35)を(11.31)に代入すると、規格化された動径方向の波動関数を得られます。

$$R_{nl}(r) = -\sqrt{\left(\frac{2}{na_0}\right)^3 \frac{(n-l-1)!}{2n\left[(n+l)!\right]^3}} \exp\left(-\frac{1}{na_0}r\right)\left(\frac{2}{na_0}r\right)^l L_{n+l}^{2l+1}\left(\frac{2}{na_0}r\right) \tag{11.36}$$

水素原子の波動関数

動径部分の波動関数(11.36)から水素原子の波動関数(11.3)は

$$\psi_{n,l,m}(r,\theta,\varphi) = R_{nl}(r) Y_l^m(\theta,\varphi) \tag{11.37}$$

なので、

$$\psi_{n,l,m}(r,\theta,\varphi) = \underbrace{-\sqrt{\left(\frac{2}{na_0}\right)^3 \frac{(n-l-1)!}{2n\left[(n+l)!\right]^3}} \exp\left(-\frac{1}{na_0}r\right)\left(\frac{2}{na_0}r\right)^l \times L_{n+l}^{2l+1}\left(\frac{2}{na_0}r\right)}_{\text{動径部分}} \underbrace{Y_l^m(\theta,\varphi)}_{\text{角度部分}} \tag{11.38}$$

となります。

以上から、水素原子の波動関数は3つの量子数で指定されます。

$$\begin{aligned}&n：主量子数、n = 1, 2, 3, \cdots \\ &l：方位量子数、l = 0, 1, 2, \cdots, n-1 \\ &m：磁気量子数、m = -l, -l+1, \cdots, l-1, l\end{aligned} \tag{11.39}$$

nの値を与えると、(11.39)から限られた範囲のlとmによって波動関数の状態が決まります。表11-4には、$n = 1, 2, 3$における状態名とその縮退度を示してあります。

表11-4　$n=1, 2, 3$ に対する状態

主量子数	方位量子数	磁気量子数	状態の縮退度	nl 状態
$n=1$	$l=0$	$m=0$	1	$1s$ 状態
$n=2$	$l=0$	$m=0$	1	$2s$ 状態
	$l=1$	$m=0, \pm 1$	3	$2p$ 状態
$n=3$	$l=0$	$m=0$	1	$3s$ 状態
	$l=1$	$m=0, \pm 1$	3	$3p$ 状態
	$l=2$	$m=0, \pm 1, \pm 2$	5	$3d$ 状態

　$1s$、$2s$、$2p$ 状態における波動関数 $\psi_{n,l,m}(r, \theta, \varphi)$ の関数形と電子が存在する確率密度 $|\psi_{n,l,m}|^2$ の分布を調べてみましょう。

○ **$1s$ 状態（$n=1, l=0, m=0$）の波動関数**

$$\psi(1s) = \psi_{1,0,0} = -\sqrt{\frac{4}{a_0^3}} \exp\left(-\frac{r}{a_0}\right) L_1^1\left(\frac{2}{a_0}r\right) Y_0^0 = \frac{1}{\sqrt{\pi a_0^3}} \exp\left(-\frac{r}{a_0}\right) \quad (11.40)$$

　$|\psi(1s)|^2$ は動径方向のみの関数なので、球対称の分布になります（図11-5参照）。

図11-5　$1s$ と $2s$ に対する $|\psi_{n,l,m}|^2$ の電子分布

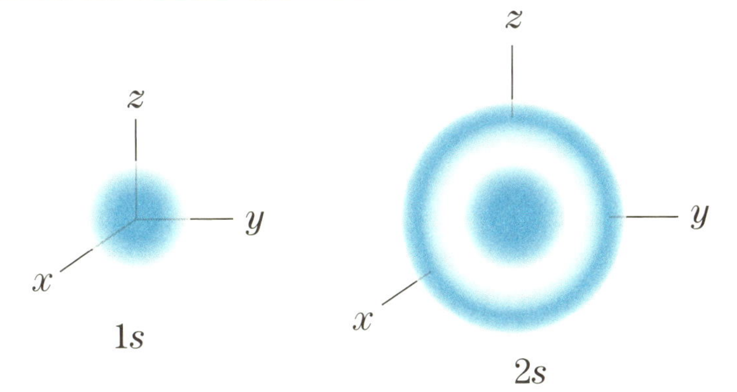

○ 2s 状態 ($n = 2, l = 0, m = 0$) の波動関数

$$\psi(2s) = \psi_{2,0,0} = -\sqrt{\frac{1}{2^3 a_0^3}} \exp\left(-\frac{r}{2a_0}\right) L_2^1\left(\frac{r}{a_0}\right) Y_0^0 = \frac{1}{4\sqrt{2\pi a_0^3}} \left(2 - \frac{r}{a_0}\right) \exp\left(-\frac{r}{2a_0}\right)$$
(11.41)

$|\psi(2s)|^2$ は動径方向のみの関数なので、球対称の分布になります(図11-5参照)。

○ 2p 状態 ($n = 2, l = 1, m = 0, \pm 1$) の波動関数

$$\psi_{2,1,0} = -\sqrt{\frac{1}{4a_0^3 [3!]^3}} \exp\left(-\frac{r}{2a_0}\right) \frac{r}{a_0} L_3^3\left(\frac{r}{a_0}\right) Y_1^0 = \frac{1}{4\sqrt{2\pi a_0^3}} \frac{r}{a_0} \exp\left(-\frac{r}{2a_0}\right) \cos\theta$$
(11.42)

$$\psi_{2,1,1} = -\sqrt{\frac{1}{4a_0^3 [3!]^3}} \exp\left(-\frac{r}{2a_0}\right) \frac{r}{a_0} L_3^3\left(\frac{r}{a_0}\right) Y_1^1 = -\frac{1}{4\sqrt{4\pi a_0^3}} \frac{r}{a_0} \exp\left(-\frac{r}{2a_0}\right) \sin\theta\, e^{i\varphi}$$
(11.43)

$$\psi_{2,1,-1} = -\sqrt{\frac{1}{4a_0^3 [3!]^3}} \exp\left(-\frac{r}{2a_0}\right) \frac{r}{a_0} L_3^3\left(\frac{r}{a_0}\right) Y_1^{-1} = \frac{1}{4\sqrt{4\pi a_0^3}} \frac{r}{a_0} \exp\left(-\frac{r}{2a_0}\right) \sin\theta\, e^{-i\varphi}$$
(11.44)

第9章のP.144で示したように、2p状態の軌道は$2p_x$軌道、$2p_y$軌道、$2p_z$軌道の3つがありました。これはY_1^0と$Y_1^{\pm 1}$の角度依存からきていることを学びました。(9.40)から$2p_x$, $2p_y$, $2p_z$の波動関数は(11.42)(11.43)(11.44)から作ることができます。

$$\psi(2p_x) = \frac{1}{\sqrt{2}}\left(-\psi_{2,1,1} + \psi_{2,1,-1}\right)$$

$$\psi(2p_y) = \frac{i}{\sqrt{2}}\left(\psi_{2,1,1} + \psi_{2,1,-1}\right) \quad (11.45)$$

$$\psi(2p_z) = \psi_{2,1,0}$$

ここで、球面調和関数の直交関係

$$\int_{\varphi=0}^{2\pi}\int_{\theta=0}^{\pi} Y_{l_1}^{m_1 *}(\theta,\varphi) Y_{l_2}^{m_2}(\theta,\varphi) \sin\theta\, d\theta\, d\varphi = \delta_{l_1,l_2}\delta_{m_1,m_2} \quad (11.46)$$

を使うと、$\psi(2p_x)$、$\psi(2p_y)$、$\psi(2p_z)$の完全正規直交性を見ることが

できます。例えば、

$$\int \psi^*(2p_x)\psi(2p_y)\,dV = \frac{i}{2}\int_{\varphi=0}^{2\pi}\int_{\theta=0}^{\pi}\left(-Y_1^{1*}+Y_1^{-1*}\right)\left(Y_1^1+Y_1^{-1}\right)\sin\theta\,d\theta\,d\varphi = 0 \tag{11.47}$$

となり、$\psi(2p_x)$と$\psi(2p_y)$は直交します。また、

$$\int |\psi(2p_x)|^2\,dV = \frac{1}{2}\int_{\varphi=0}^{2\pi}\int_{\theta=0}^{\pi}\left(-Y_1^{1*}+Y_1^{-1*}\right)\left(-Y_1^1+Y_1^{-1}\right)\sin\theta\,d\theta\,d\varphi = 1 \tag{11.48}$$

となり、1に規格化されていることがわかります。同様にして計算すると、$\psi(2p_x)$、$\psi(2p_y)$、$\psi(2p_z)$が互いに直交していることを確認することができます。図9-7を参考にして電子の分布を描いてみると、図11-6のようになります。

図11-6　$2p_x$、$2p_y$、$2p_z$に対する$|\psi_{n,l,m}|^2$の電子分布

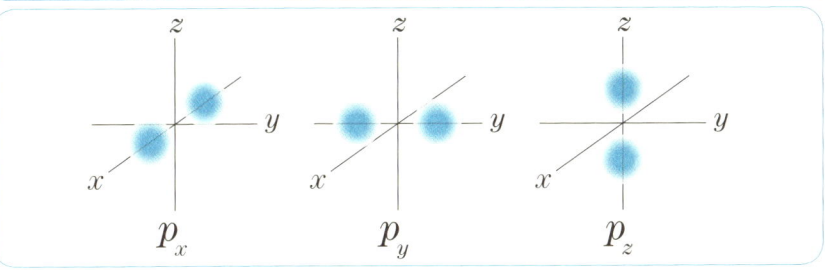

p_x　　p_y　　p_z

(11.32)から微小動径区間$r \sim r+dr$の間に電子が存在する確率密度分布

$$P_{nl}(r) = r^2 R_{nl}^2(r) \tag{11.49}$$

も与えておきましょう。1s、2s、2p状態における$P_{nl}(r)$の関数形と概略グラフを図11-7に示します。

○ **1s状態（$n=1, l=0$）のとき**

$$P_{10}(r) = \frac{1}{\pi a_0^3} r^2 \exp\left(-\frac{2}{a_0}r\right) \tag{11.50}$$

○ **$2s$ 状態($n=2, l=0$)のとき**

$$P_{20}(r) = \frac{1}{32\pi a_0^3} r^2 \left(2 - \frac{r}{a_0}\right)^2 \exp\left(-\frac{1}{a_0}r\right) \tag{11.51}$$

○ **$2p$ 状態($n=2, l=1$)のとき**

$$P_{21}(r) = \frac{1}{32\pi a_0^5} r^4 \exp\left(-\frac{1}{a_0}r\right) \tag{11.52}$$

図11-7　動径確率密度分布 $r^2 R_{nl}^2(r)$ のグラフ

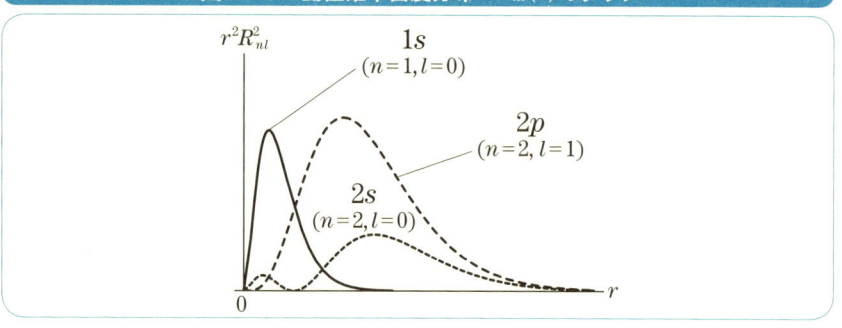

(11.50)の極大値を決める計算をすると、$1s$ 状態の動径方向の確率密度が最大となる半径は a_0、つまりボーア半径になることがわかります。

水素原子のエネルギー固有値と縮退度

水素原子の波動関数を導出したので、エネルギー固有値を求めましょう。(11.6)(11.7)(11.21)から

$$E_n = -\frac{me^4}{8\varepsilon_0^2 h^2} \frac{1}{n^2} \quad , \quad n=1, 2, 3, \cdots \tag{11.53}$$

となります。これは、ボーアの仮説による水素原子のエネルギー固有値(11.1)と見事一致します。このように、エネルギー固有値は量子数 n によって指定されます。電子の質量 $m = 9.11\times10^{-31}$ kg を代入し、電子ボ

ルトの単位に変換（$1\,\text{eV} = 1.6 \times 10^{-19}\,\text{J}$）すると

$$E_n = -\frac{13.6}{n^2} \;[\text{eV}] \tag{11.54}$$

となります。

興味深いことに、エネルギー固有値 E_n は主量子数 n のみで決まってしまうのです。

1つの主量子数 n を与えるとエネルギー固有値 E_n が1つ決まる
$\Downarrow$
1つのエネルギー固有値 E_n に対する波動関数 $\psi_{n,l,m}$ は何個あるか？
（つまり、縮退度はいくつか？）

(11.39)から1つの n を決めると、方位量子数は $l = 0, 1, 2, \cdots, n-1$ となり、それぞれの l に対して、磁気量子数は $m = -l, -l+1, \cdots, l-1, l$ の $2l+1$ 個存在します。

$$
\begin{array}{ccl}
l & & m\text{の個数} \\
\Downarrow & & \Downarrow \\
0 & \to & 1 \\
1 & \to & 3 \\
n\text{を1つ} \Rightarrow \quad 2 & \to & 5 \quad \Rightarrow m\text{の総数} = 1 + 3 + \cdots + 2(n-1) + 1 \\
\text{決める} \quad \vdots & & \vdots \qquad\qquad\qquad\qquad = \sum_{l=0}^{n-1}(2l+1) = n^2 \\
l & \to & 2l+1 \\
\vdots & & \vdots \\
n-1 & \to & 2(n-1)+1
\end{array}
$$

以上から、

1つのエネルギー固有値 E_n に対して n^2 の縮退度

があるといえます。図11-8には、水素原子のエネルギー固有値の分布の様子が描かれています。

図11-8　水素原子のエネルギー固有値の分布と縮退度

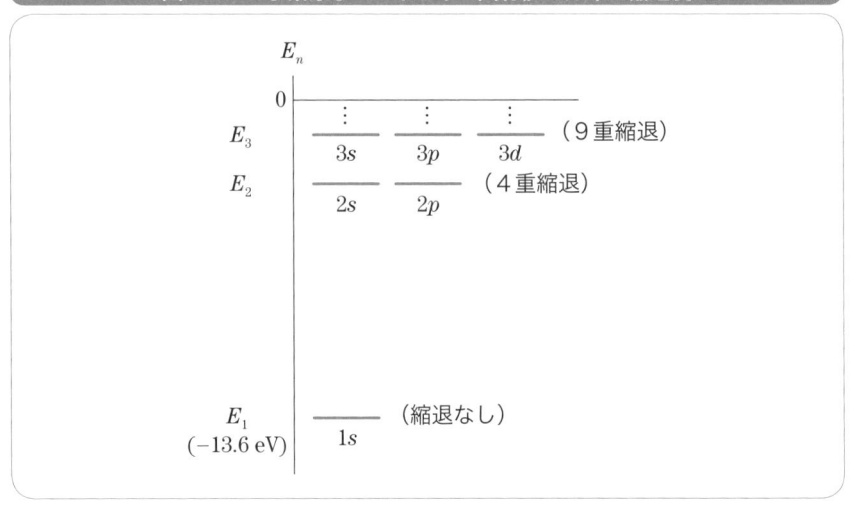

```
                        E_n
                         |
                       0 |⋯⋯⋯⋯⋯⋯⋯⋯⋯⋯⋯⋯⋯⋯⋯⋯⋯⋯⋯⋯⋯⋯
                         |  ⋮     ⋮     ⋮
             E_3         |_____  _____  _____   （9重縮退）
                         |  3s    3p    3d
             E_2         |_____  _____          （4重縮退）
                         |  2s    2p



             E_1         |_____                 （縮退なし）
           (−13.6 eV)    |  1s
```

　11-1節の話に戻しましょう。ボーアの仮説で導入された(11.1)のnは、動径方向のシュレディンガー方程式の物理的解に対する量子数であることがわかりました。1913年当時のボーアは実験事実と深い物理的洞察力により、仮説を打ち立て量子数nの存在を仮定しました。水素原子のシュレディンガー方程式の厳密解からも見事に量子数nの存在が理解できたのです。シュレディンガー方程式の導出が1926年であることを考えると、改めて、ボーアの洞察力に驚嘆します。

　1つ注意点があります。ここでは、電子のスピンという内部自由度についての議論はしていませんが、本来は考慮しなければなりません。この点は、後に譲ります。

　水素原子の動径方向のシュレディンガー方程式を厳密に解くまで、とても長い道のりでした。多くの数学的技法と計算力を必要としましたが、そこから導出された計算結果は、実験事実と一致するものでした。苦労した甲斐がありましたね。改めて、量子力学における数学の威力を感じるのではないでしょうか。

まとめ

○ 動径方向の波動関数（a_0 はボーア半径）

$$R_{nl}(r) = -\sqrt{\left(\frac{2}{na_0}\right)^3 \frac{(n-l-1)!}{2n\left[(n+l)!\right]^3}} \exp\left(-\frac{1}{na_0}r\right) \left(\frac{2}{na_0}r\right)^l L_{n+l}^{2l+1}\left(\frac{2}{na_0}r\right)$$

○ 水素原子の波動関数

$$\psi_{n,l,m}(r,\theta,\varphi) = -\sqrt{\left(\frac{2}{na_0}\right)^3 \frac{(n-l-1)!}{2n\left[(n+l)!\right]^3}} \exp\left(-\frac{1}{na_0}r\right) \left(\frac{2}{na_0}r\right)^l \\ \times L_{n+l}^{2l+1}\left(\frac{2}{na_0}r\right) Y_l^m(\theta,\varphi)$$

○ 水素原子の量子数とエネルギー固有値

主量子数	方位量子数	磁気量子数	nl 状態（縮退度）	E_n の縮退度
$n=1$	$l=0$	$m=0$	$1s$ 状態 (1)	1
$n=2$	$l=0$	$m=0$	$2s$ 状態 (1)	4
	$l=1$	$m=0,\pm1$	$2p$ 状態 (3)	
$n=3$	$l=0$	$m=0$	$3s$ 状態 (1)	9
	$l=1$	$m=0,\pm1$	$3p$ 状態 (3)	
	$l=2$	$m=0,\pm1,\pm2$	$3d$ 状態 (5)	

[問題]

11.1　(11.9) (11.13) (11.17) を導け。

11.2　主量子数 $n=4$ のとき、可能な方位量子数 l と磁気量子数 m を示し、エネルギー固有値の縮退度を求めよ。

略解は P.253

第12章
シュレディンガー方程式の近似解法

　一般にシュレディンガー方程式を厳密に解くことは難しいものです。シュレディンガー方程式は、特殊な形のポテンシャルのときのみ厳密に解けます。ここまでに扱った調和振動子や水素原子がその例です。厳密に解けないシュレディンガー方程式に対して、近似的に解く方法があります。
　本章では、厳密に解ける系にわずかな外的要因（摂動）が加わる場合、摂動によってわずかに変化するエネルギー固有値と波動関数を計算する摂動論を解説します。定常状態において縮退のない場合と縮退のある場合、非定常状態での摂動論も見ていきます。

12-1 量子力学における摂動論

シュレディンガー方程式が厳密に解くことができる系があるとします。その系を非摂動系と呼び、そのハミルトニアンを H_0、波動関数を $\psi_n^{(0)}$、エネルギー固有値を $E_n^{(0)}$ とします。非摂動系に外的要因によるポテンシャル H'（摂動）が加わり、ハミルトニアンが

$$H = H_0 + \lambda H' \tag{12.1}$$

に変化したとします（図12-1参照）。

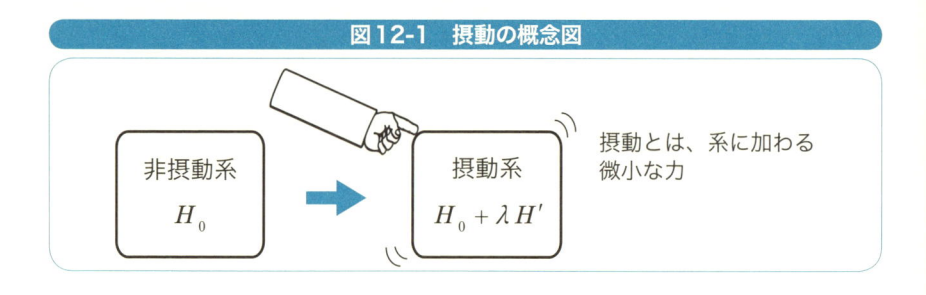

図12-1 摂動の概念図

非摂動系 H_0 → 摂動系 $H_0 + \lambda H'$

摂動とは、系に加わる微小な力

摂動を受けた系を摂動系と呼び、ハミルトニアンのわずかなずれを表すために、摂動パラメータ λ（$\lambda \ll 1$）を導入しています。

この章では、摂動系におけるシュレディンガー方程式を近似的に解くことが目標となります。定常状態における非摂動系と摂動系のシュレディンガー方程式と記号の表記をまとめておきます。

非摂動系シュレディンガー方程式
$$\boxed{H_0 \psi_n^{(0)} = E_n^{(0)} \psi_n^{(0)}}$$

H_0：非摂動系のハミルトニアン
$\psi_n^{(0)}$：非摂動系の波動関数
$E_n^{(0)}$：非摂動系のエネルギー固有値

摂動系シュレディンガー方程式
$$\boxed{(H_0 + \lambda H') \psi_n = E_n \psi_n}$$

λ：摂動パラメータ
H'：摂動系のハミルトニアン
ψ_n：摂動系の波動関数
E_n：摂動系のエネルギー固有値

非摂動系では $E_n^{(0)}$ と $\psi_n^{(0)}$ が厳密に解けるので、これらを使って摂動系のエネルギー固有値 E_n と波動関数 ψ_n を表す方法を考えます。

　摂動系の波動関数 ψ_n は、非摂動系の波動関数 $\psi_m^{(0)}$ によって展開でき、その展開係数 $c_{nm}(\lambda)$ は摂動パラメータに依存するとします。つまり、

$$\psi_n = \sum_m c_{nm}(\lambda)\psi_m^{(0)} \tag{12.2}$$

> 添え字の1つ目は摂動系、2つ目は非摂動系を表す

となります。

　摂動系のエネルギー固有値 E_n は摂動パラメータに依存するので、摂動による物理的情報は $E_n(\lambda)$ と $c_{nm}(\lambda)$ に含まれています。それらを決定する方程式を求めてみましょう。以下にその流れを示します。

(12.2)を摂動系シュレディンガー方程式に代入する

$$(H_0 + \lambda H')\sum_m c_{nm}(\lambda)\psi_m^{(0)} = E_n(\lambda)\sum_m c_{nm}(\lambda)\psi_m^{(0)}$$

⇓

$\psi_l^{(0)*}$ を左からかけて積分する

$$\sum_m E_m^{(0)} c_{nm}(\lambda)\delta_{l,m} + \lambda\sum_m c_{nm}(\lambda)\int \psi_l^{(0)*} H'\psi_m^{(0)} d^3x = E_n(\lambda)\sum_m c_{nm}(\lambda)\delta_{l,m}$$

> $H_0\psi_n^{(0)} = E_n^{(0)}\psi_n^{(0)}$（非摂動系シュレディンガー方程式）

> $\int \psi_l^{(0)*}\psi_m^{(0)} d^3x = \delta_{l,m}$（規格直交性）

⇓

$$V_{l,m} = \int \psi_l^{(0)*} H' \psi_m^{(0)} d^3x \text{ とする} \tag{12.3}$$

$$\lambda\sum_m V_{l,m} c_{nm}(\lambda) = \left(E_n(\lambda) - E_l^{(0)}\right)c_{nl}(\lambda) \tag{12.4}$$

　(12.4)から $c_{nm}(\lambda)$ と $E_n(\lambda)$ を求めれば摂動系の波動関数とエネルギー固有値を得ることができますが、簡単ではありません。(12.4)は複雑な連立方程式なのでこのままでは一般に解けません。そこで、近似解法を行います。

12-2 定常状態で縮退がない場合の摂動論

● 定常状態で縮退がない場合の摂動論

摂動論の近似解法は、十分小さい摂動パラメータ λ で $c_{nm}(\lambda)$ と $E_n(\lambda)$ をべき級数展開することです。

$$c_{nm}(\lambda) = c_{nm}^{(0)} + \lambda c_{nm}^{(1)} + \lambda^2 c_{nm}^{(2)} + \cdots \quad (12.5)$$

$$E_n(\lambda) = E_n^{(0)} + \lambda E_n^{(1)} + \lambda^2 E_n^{(2)} + \cdots \quad (12.6)$$

> 文字の右上についているカッコつきの数字はどういう意味？

> 摂動パラメータ λ のべき乗の係数を表します。0乗のときは、摂動パラメータが関係ない、つまり非摂動系の値ということですね。

$c_{nm}^{(0)}, c_{nm}^{(1)}, c_{nm}^{(2)}, \cdots$ から摂動系の波動関数、$E_n^{(0)}, E_n^{(1)}, E_n^{(2)}, \cdots$ から摂動系のエネルギー固有値を近似的に求めるのが、摂動論における近似解法です。以下、解法の流れを示します。

(12.5)(12.6)を(12.4)に代入する

$$\lambda \sum_m V_{l,m} \left(c_{nm}^{(0)} + \lambda c_{nm}^{(1)} + \lambda^2 c_{nm}^{(2)} + \cdots \right)$$
$$= \left(E_n^{(0)} - E_l^{(0)} + \lambda E_n^{(1)} + \lambda^2 E_n^{(2)} + \cdots \right) \left(c_{nl}^{(0)} + \lambda c_{nl}^{(1)} + \lambda^2 c_{nl}^{(2)} + \cdots \right)$$

⇩

λ のべきについて整理する

$$\lambda \sum_m V_{l,m} c_{nm}^{(0)} + \lambda^2 \sum_m V_{l,m} c_{nm}^{(1)} + \cdots$$
$$= \left(E_n^{(0)} - E_l^{(0)}\right) c_{nl}^{(0)} + \lambda \left(\left(E_n^{(0)} - E_l^{(0)}\right) c_{nl}^{(1)} + E_n^{(1)} c_{nl}^{(0)}\right)$$
$$+ \lambda^2 \left(\left(E_n^{(0)} - E_l^{(0)}\right) c_{nl}^{(2)} + E_n^{(1)} c_{nl}^{(1)} + E_n^{(2)} c_{nl}^{(0)}\right) + \cdots$$

⇓

λ のべきごとに計算

$$\lambda \text{の0次}: \left(E_n^{(0)} - E_l^{(0)}\right) c_{nl}^{(0)} = 0 \tag{12.7}$$

$$\lambda \text{の1次}: \sum_m V_{l,m} c_{nm}^{(0)} = \left(E_n^{(0)} - E_l^{(0)}\right) c_{nl}^{(1)} + E_n^{(1)} c_{nl}^{(0)} \tag{12.8}$$

$$\lambda \text{の2次}: \sum_m V_{l,m} c_{nm}^{(1)} = \left(E_n^{(0)} - E_l^{(0)}\right) c_{nl}^{(2)} + E_n^{(1)} c_{nl}^{(1)} + E_n^{(2)} c_{nl}^{(0)} \tag{12.9}$$

(12.7)〜(12.9)から、$c_{nm}^{(0)}, c_{nm}^{(1)}, c_{nm}^{(2)}, \cdots, E_n^{(0)}, E_n^{(1)}, E_n^{(2)}, \cdots$ を順次求めていきます。

● **λ の0次について**

λ の0次ということは、非摂動系を考えることになります。(12.7)から、$l \neq n$ のとき縮退がないので $E_l^{(0)} \neq E_n^{(0)}$ より $c_{nl}^{(0)} = 0$、$l = n$ のとき $c_{nn}^{(0)} =$ 任意 となります。よって、

$$c_{nl}^{(0)} = \delta_{n,l} \tag{12.10}$$

としても一般性を失いません。(12.2)(12.5)から非摂動系では $\psi_n = \sum_m c_{nm}^{(0)} \psi_m^{(0)} = \psi_n^{(0)}$ となり、非摂動系の波動関数になります。

● **λ の1次について**

λ の1次項まで考慮したときの変化を **1次摂動** といいます。次に、1次摂動によるエネルギー固有値と波動関数を求める手順を示します。

(12.10)を(12.8)に代入する

$$\sum_m V_{l,m} \delta_{n,m} = \left(E_n^{(0)} - E_l^{(0)}\right) c_{nl}^{(1)} + E_n^{(1)} \delta_{n,l} \quad (12.11)$$

$l = n \Downarrow \qquad\qquad\qquad \Downarrow l \neq n$

$$\sum_m V_{n,m} \delta_{n,m} = E_n^{(1)} \qquad\qquad \sum_m V_{l,m} \delta_{n,m} = \left(E_n^{(0)} - E_l^{(0)}\right) c_{nl}^{(1)}$$

$\Downarrow \qquad\qquad\qquad\qquad\qquad \Downarrow$

$$E_n^{(1)} = V_{n,n} \quad (12.12) \qquad c_{nl}^{(1)} = \frac{V_{l,n}}{E_n^{(0)} - E_l^{(0)}} \quad (l \neq n) \quad (12.13)$$

○ 1次摂動のエネルギー固有値

(12.6)と(12.12)から

$$E_n(\lambda) = E_n^{(0)} + \lambda V_{n,n} \tag{12.14}$$

となります。1次摂動では、$\lambda V_{n,n}$ だけエネルギーが変化します(図12-2参照)。

○ 1次摂動の波動関数

$l \neq n$ の $c_{nl}^{(1)}$ は(12.13)の形です。$l = n$ の $c_{nn}^{(1)}$ は(12.11)から決めることができません。(12.2)(12.5)(12.10)から、1次摂動の波動関数は $\psi_n = \psi_n^{(0)} + \lambda \sum_m c_{nm}^{(1)} \psi_m^{(1)}$ なので、規格化条件より λ^2 を無視して

$$1 = \int \psi_n^* \psi_n \, d^3x = 1 + \lambda \left(c_{nn}^{(1)} + c_{nn}^{(1)*} \right) \tag{12.15}$$

となります。よって、$c_{nn}^{(1)} + c_{nn}^{(1)*} = 0$ が条件となります。以上から、

$$c_{nn}^{(1)} = 0 \tag{12.16}$$

と選んでも一般性は失いません。(12.13)と(12.16)から、1次摂動の波動関数は

$$\psi_n = \psi_n^{(0)} + \lambda \sum_{m \neq n} \frac{V_{m,n}}{E_n^{(0)} - E_m^{(0)}} \psi_m^{(0)} \tag{12.17}$$

n を除いた m についての和

となります。

図12-2 摂動論によるエネルギー固有値の変化

$$E = E_n^{(0)} + \lambda V_{n,n} + \lambda^2 \sum_{m \neq n} \frac{|V_{m,n}|^2}{E_n^{(0)} - E_m^{(0)}}$$

$\underbrace{\phantom{\lambda V_{n,n}}}_{E_n^{(1)}}$ $\underbrace{\phantom{\lambda^2 \sum \frac{|V_{m,n}|^2}{E_n^{(0)} - E_m^{(0)}}}}_{E_n^{(2)}}$

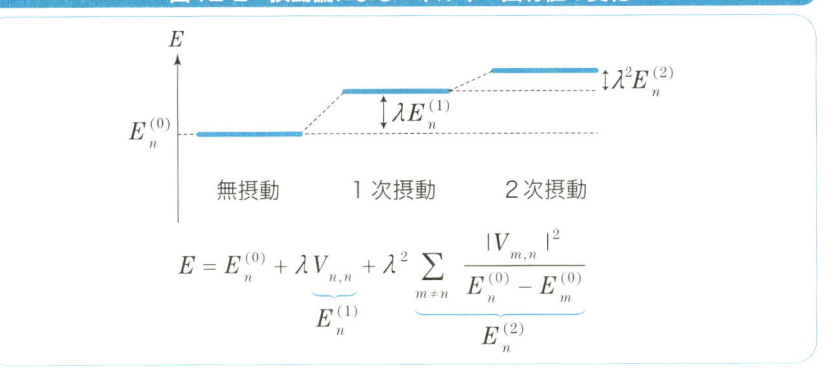

● λの2次について

λの2次項まで考慮したときの変化を **2次摂動** といいます。以下、2次摂動によるエネルギー固有値と波動関数を求める手順を示します。

$$\sum_m V_{l,m} c_{nm}^{(1)} = \left(E_n^{(0)} - E_l^{(0)}\right) c_{nl}^{(2)} + E_n^{(1)} c_{nl}^{(1)} + E_n^{(2)} \delta_{n,l}$$
(12.9) (12.10)

$l = n \Downarrow$ $\qquad\qquad\qquad \Downarrow l \neq n$

$\Downarrow$

$\Downarrow$

(12.13)(12.16) と $\left(E_l^{(0)} - E_n^{(0)}\right) c_{nl}^{(2)} = -\sum_m V_{l,m} c_{nm}^{(1)} + E_n^{(1)} c_{nl}^{(1)}$

$V_{l,m} = V_{m,l}^*$ を使う

$\qquad\qquad\qquad \Downarrow$ (12.12)(12.13)(12.16) を使う

$$c_{nl}^{(2)} = \sum_{m \neq n} \frac{V_{l,m} V_{m,n}}{\left(E_n^{(0)} - E_l^{(0)}\right)\left(E_n^{(0)} - E_m^{(0)}\right)} - \frac{V_{n,n} V_{l,n}}{\left(E_n^{(0)} - E_l^{(0)}\right)^2} \quad (l \neq n)$$
(12.19)

$$E_n^{(2)} = \sum_{m \neq n} \frac{|V_{m,n}|^2}{E_n^{(0)} - E_m^{(0)}}$$
(12.18)

○ 2次摂動のエネルギー固有値

(12.6)(12.12)(12.18)から、2次摂動によるエネルギー固有値は

$$E = E_n^{(0)} + \lambda V_{n,n} + \lambda^2 \sum_{m \neq n} \frac{|V_{m,n}|^2}{E_n^{(0)} - E_m^{(0)}} \qquad (12.20)$$

となります(図12-2参照)。

○ 2次摂動の波動関数

$l \neq n$ の $c_{nl}^{(2)}$ は(12.19)です。$l = n$ の $c_{nn}^{(2)}$ は波動関数の規格化条件から決まります。2次摂動の波動関数は $\psi_n = \psi_n^{(0)} + \lambda \sum_m c_{nm}^{(1)} \psi_m^{(0)} + \lambda^2 \sum_m c_{nm}^{(2)} \psi_m^{(0)}$ なので、(12.16)を使うと

$$1 = \int \psi_n^* \psi_n \, d^3x = 1 + \lambda^2 \left(c_{nn}^{(2)} + c_{nn}^{(2)*} + \sum_{m \neq n} |c_{nm}^{(1)}|^2 \right) \qquad (12.21)$$

となります。λ^2 の項がゼロになる条件を課して、(12.13)より実数の $c_{nn}^{(2)}$ を選ぶと

$$c_{nn}^{(2)} = -\frac{1}{2} \sum_{m \neq n} \frac{|V_{m,n}|^2}{\left(E_n^{(0)} - E_m^{(0)} \right)^2} \qquad (12.22)$$

となります。以上から、2次摂動の波動関数は

$$\psi_n = \psi_n^{(0)} + \lambda \sum_{m \neq n} \frac{V_{m,n}}{E_n^{(0)} - E_m^{(0)}} \psi_m^{(0)} + \lambda^2 \sum_m c_{nm}^{(2)} \psi_m^{(0)} \qquad (12.23)$$

$$c_{nl}^{(2)} = \sum_{m \neq n} \frac{V_{l,m} V_{m,n}}{\left(E_n^{(0)} - E_l^{(0)} \right)\left(E_n^{(0)} - E_m^{(0)} \right)} - \frac{V_{n,n} V_{l,n}}{\left(E_n^{(0)} - E_l^{(0)} \right)^2}$$

$$c_{nn}^{(2)} = -\frac{1}{2} \sum_{m \neq n} \frac{|V_{m,n}|^2}{\left(E_n^{(0)} - E_m^{(0)} \right)^2}$$

となります。

> 2次摂動まで考えたけど、3次、4次と、どこまでも計算が続くの？

> 高次になるほど、摂動の大きさは小さくなり、無視できるほどになります。2次摂動まで計算すれば実用的には十分です。

1次元調和振動子の摂動計算例（縮退がない場合）

非摂動系の調和振動子に、λx の摂動が加わるときの2次摂動のエネルギー固有値を計算してみましょう（図12-3参照）。

第8章から非摂動系の1次元調和振動子のエネルギー固有値と波動関数を示します。

非摂動のハミルトニアン：$H_0 = -\dfrac{\hbar^2}{2m}\dfrac{d^2}{dx^2} + \dfrac{1}{2}m\omega^2 x^2$

非摂動のエネルギー固有値：$E_n^{(0)} = \hbar\omega\left(n + \dfrac{1}{2}\right)$

非摂動の波動関数：$\psi_n^{(0)}(x) = A_n H_n(\alpha x) e^{-\frac{\alpha^2 x^2}{2}}$

$$A_n = \left(\dfrac{\alpha}{2^n\, n!\,\sqrt{\pi}}\right)^{\frac{1}{2}} ,\ \alpha = \sqrt{\dfrac{m\omega}{\hbar}}$$

ハミルトニアンは

$$H = H_0 + \lambda x \tag{12.24}$$

なので、(12.3)から $H' = x$ に対して

$$V_{l,m} = \int_{-\infty}^{\infty} \psi_l^{(0)*}(x)\, x\, \psi_m^{(0)}(x)\, dx = \dfrac{1}{\alpha}\sqrt{\dfrac{m+1}{2}}\delta_{l,m+1} + \dfrac{1}{\alpha}\sqrt{\dfrac{m}{2}}\delta_{l,m-1} \tag{12.25}$$

となります。よって、

$$V_{m+1,m} = \dfrac{1}{\alpha}\sqrt{\dfrac{m+1}{2}} ,\quad V_{m-1,m} = \dfrac{1}{\alpha}\sqrt{\dfrac{m}{2}} \tag{12.26}$$

となります。

以上から $V_{n,n} = 0$ なので、1次摂動によるエネルギーは

$$E_n^{(1)} = 0 \tag{12.27}$$

となり、また、(12.18)は

$$E_n^{(2)} = \sum_{m \neq n} \frac{|V_{m,n}|^2}{E_n^{(0)} - E_m^{(0)}} = \lambda^2 \left(\frac{|V_{n+1,n}|^2}{E_n^{(0)} - E_{n+1}^{(0)}} + \frac{|V_{n-1,n}|^2}{E_n^{(0)} - E_{n-1}^{(0)}} \right) = -\frac{1}{2m\omega^2} \tag{12.28}$$

となるので、2次摂動のエネルギー(12.20)は、(12.27)(12.28)から

$$E = \hbar\omega\left(n + \frac{1}{2}\right) - \frac{\lambda^2}{2m\omega^2} \tag{12.29}$$

で与えられます。

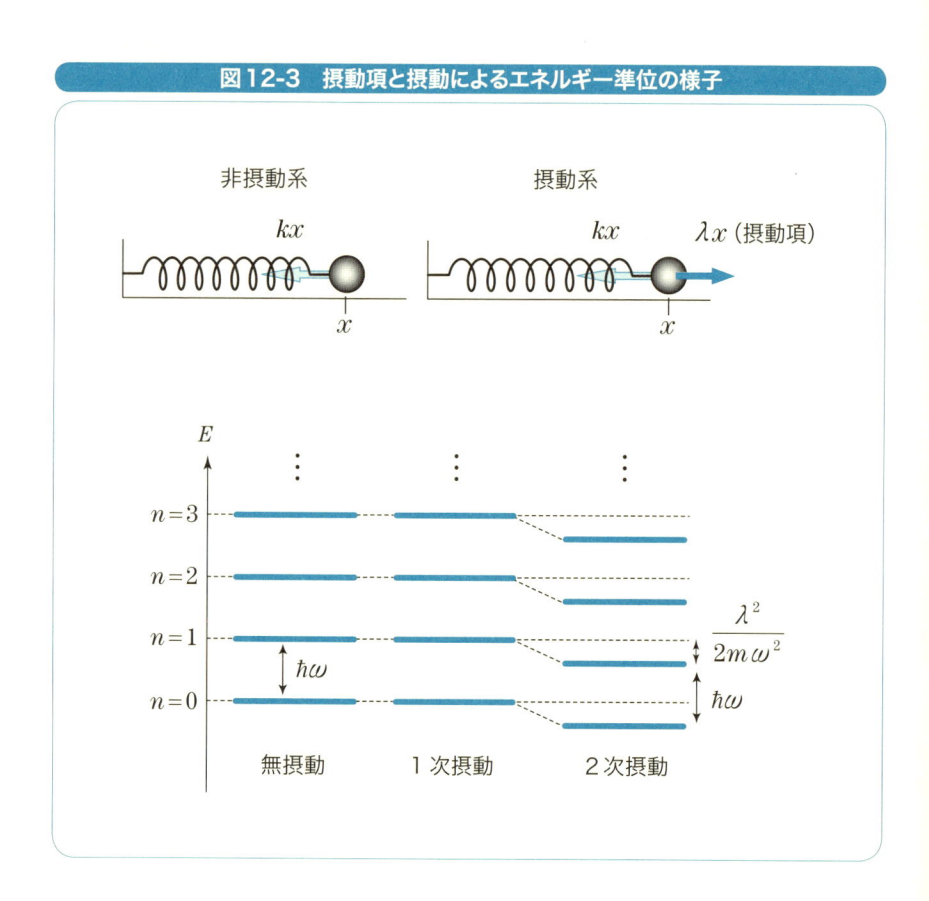

図12-3 摂動項と摂動によるエネルギー準位の様子

λx の摂動では、1次摂動のエネルギー固有値は変化せず、2次摂動まで考慮すると変化が現れます(図12-3参照)。

この摂動の場合、エネルギー固有値を厳密に解くことができます。(12.24)から

$$H = -\frac{\hbar^2}{2m}\frac{d^2}{dx^2} + \frac{1}{2}m\omega^2\left(x + \frac{\lambda}{m\omega^2}\right)^2 - \frac{\lambda^2}{2m\omega^2} \qquad (12.30)$$

となります。これは、非摂動ハミルトニアンの原点を$-\frac{\lambda}{m\omega^2}$ずらしたハミルトニアンに対応します。エネルギー固有値は、非摂動エネルギー固有値から$-\frac{\lambda^2}{2m\omega^2}$ずれた値に対応し、それは(12.29)の結果と一致します。

12-3 定常状態で縮退がある場合の摂動論

● 定常状態で縮退がある場合

　非摂動系が縮退を持つ場合、前節の方法では解くことができません。例として、2重縮退の1次摂動エネルギー固有値を求めてみましょう。

　非摂動系のハミルトニアン H_0 が2重に縮退しているので、同じエネルギー固有値をとる2つの非摂動系の波動関数 $\psi_{n1}^{(0)}$ と $\psi_{n2}^{(0)}$（異なる量子数 $n_1 \neq n_2$）が存在します。シュレディンガー方程式は

$$H_0 \psi_{n1}^{(0)} = E_{n1}^{(0)} \psi_{n1}^{(0)}$$
$$H_0 \psi_{n2}^{(0)} = E_{n2}^{(0)} \psi_{n2}^{(0)} \tag{12.31}$$

$$E_{n1}^{(0)} = E_{n2}^{(0)} = E_n^{(0)} \tag{12.32}$$

となります。縮退のある非摂動系の波動関数 $\psi_n^{(0)}$ は $\psi_{n1}^{(0)}$ と $\psi_{n2}^{(0)}$ の重ね合わせとなるので、

$$\psi_n^{(0)} = c_{n1}^{(0)} \psi_{n1}^{(0)} + c_{n2}^{(0)} \psi_{n2}^{(0)} \tag{12.33}$$

と書きます。$c_{n1}^{(0)}$ と $c_{n2}^{(0)}$ は展開係数です。

　摂動系のシュレディンガー方程式は

$$\left(H_0 + \lambda H' \right) \psi_n = E_n \psi_n \tag{12.34}$$

で与えられます。1次摂動のエネルギー固有値は

$$E_n = E_n^{(0)} + \lambda E_n^{(1)} \tag{12.35}$$

と書けます。1次摂動の波動関数は(12.33)の展開係数を λ の1次までのべきで展開して

$$\psi_n = \left(c_{n1}^{(0)} + \lambda c_{n1}^{(1)} \right) \psi_{n1}^{(0)} + \left(c_{n2}^{(0)} + \lambda c_{n2}^{(1)} \right) \psi_{n2}^{(0)} \tag{12.36}$$

と書きます。

以下、$E_n^{(1)}$を求める手順を示します。

(12.35) と (12.36) を (12.34) に代入し、(12.31)(12.32) を使う

$$c_{n1}^{(0)} H' \psi_{n1}^{(0)} + c_{n2}^{(0)} H' \psi_{n2}^{(0)} = c_{n1}^{(0)} E_n^{(1)} \psi_{n1}^{(0)} + c_{n2}^{(0)} E_n^{(1)} \psi_{n2}^{(0)}$$

⇩　　　　　　　　　　⇩

$\psi_{n1}^{(0)*}$ を左からかけて積分　　　　$\psi_{n2}^{(0)*}$ を左からかけて積分

$$c_{n1}^{(0)} V_{n1,n1} + c_{n2}^{(0)} V_{n1,n2} = c_{n1}^{(0)} E_n^{(1)} \qquad c_{n1}^{(0)} V_{n2,n1} + c_{n2}^{(0)} V_{n2,n2} = c_{n2}^{(0)} E_n^{(1)}$$

⇩　　　　　　　　　　⇩

$$c_{n1}^{(0)} V_{n1,n1} + c_{n2}^{(0)} V_{n1,n2} = c_{n1}^{(0)} E_n^{(1)}$$
$$c_{n1}^{(0)} V_{n2,n1} + c_{n2}^{(0)} V_{n2,n2} = c_{n2}^{(0)} E_n^{(1)}$$

⇩

行列で表示する

$$\begin{pmatrix} V_{n1,n1} & V_{n1,n2} \\ V_{n2,n1} & V_{n2,n2} \end{pmatrix} \begin{pmatrix} c_{n1}^{(0)} \\ c_{n2}^{(0)} \end{pmatrix} = E_n^{(1)} \begin{pmatrix} c_{n1}^{(0)} \\ c_{n2}^{(0)} \end{pmatrix}$$

⇩

行列の固有値問題
(固有値と固有ベクトルを解く問題に帰着)

$$\begin{pmatrix} V_{n1,n1} - E_n^{(1)} & V_{n1,n2} \\ V_{n2,n1} & V_{n2,n2} - E_n^{(1)} \end{pmatrix} \begin{pmatrix} c_{n1}^{(0)} \\ c_{n2}^{(0)} \end{pmatrix} = \begin{pmatrix} 0 \\ 0 \end{pmatrix} \qquad (12.37)$$

$c_{n1}^{(0)}$ と $c_{n2}^{(0)}$ は同時にゼロにならない　⇩

永年方程式と呼ぶ

$$\begin{vmatrix} V_{n1,n1} - E_n^{(1)} & V_{n1,n2} \\ V_{n2,n1} & V_{n2,n2} - E_n^{(1)} \end{vmatrix} = 0$$

⇩

$$E_n^{(1)} = \frac{1}{2} \left\{ V_{n1,n1} + V_{n2,n2} \pm \sqrt{\left(V_{n1,n1} - V_{n2,n2}\right)^2 + 4\left|V_{n1,n2}\right|^2} \right\} = E_n^{(1)\pm} \qquad (12.38)$$

異なる 2 つの 1 次摂動エネルギー固有値 $E_n^{(1)\pm}$ を持つ

ここで、固有ベクトル $\left(c_{n1}^{(0)}, c_{n2}^{(0)}\right)$ を適切に選ぶと、常に $V_{n1,n1} = V_{n2,n2}$ とすることができます。よって、$E_n^{(1)\pm} = V_{n1,n1} + \left|V_{n1,n2}\right|$ です。非摂動系で2重に縮退しているエネルギー固有値が、摂動によって2つのエネルギー固有値 $E_n^{(1)\pm}$ に分離します（図12-4参照）。

$$E_n^{\pm} = E_n^{(0)} + \lambda E_n^{(1)\pm} = E_n^{(0)} + \lambda \left(V_{n1,n1} \pm \left|V_{n1,n2}\right|\right)$$

このように、縮退したエネルギー固有値が分離することを、**摂動により縮退がとける**といいます。

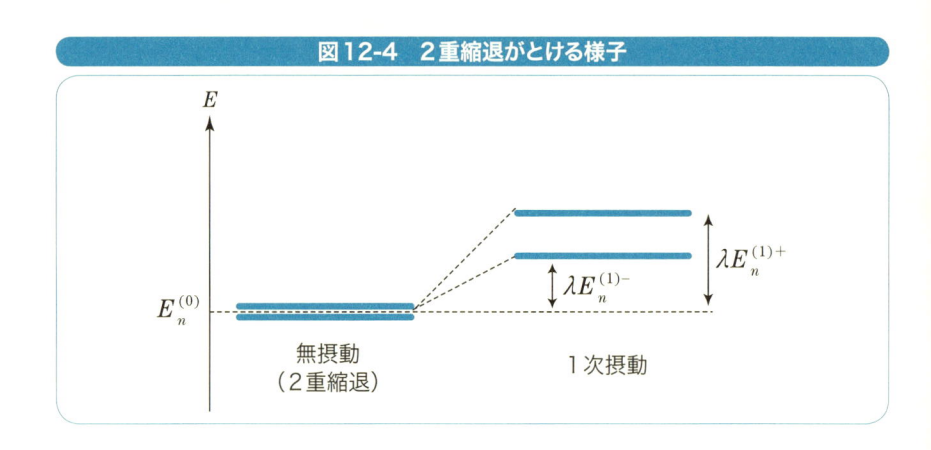

図12-4　2重縮退がとける様子

2重縮退の例を N 重縮退の摂動論に一般化しましょう。非摂動系のエネルギー固有値が N 重に縮退しているとき、波動関数は N 個の波動関数の重ね合わせになっています。$\psi_{nm}^{(0)}$ をエネルギー固有値 $E_n^{(0)}$ を持つ縮退した波動関数とします。量子数の指定は系によって異なるので、ここでは抽象的に量子数 nm ($nm = n1, n2, \cdots, nN$) で指定します。

非摂動系シュレディンガー方程式　　1次摂動のシュレディンガー方程式

$$H_0 \psi_{nm}^{(0)} = E_n^{(0)} \psi_{nm}^{(0)} \qquad \left(H_0 + \lambda H'\right)\psi_n = \left(E_n^{(0)} + \lambda E_n^{(1)}\right)\psi_n$$

(12.39)

非摂動系の波動関数　　　　　　　　1次摂動の波動関数

$$\psi_n^{(0)} = \sum_{m=1}^{N} c_{nm}^{(0)} \psi_{nm}^{(0)} \qquad \psi_n = \sum_{m=1}^{N} \left(c_{nm}^{(0)} + \lambda c_{nm}^{(1)}\right)\psi_{nm}^{(0)}$$

(12.40)

1次摂動のエネルギー固有値 $E_n^{(1)}$ を決定する方程式を求める手順を示します。

(12.40)を(12.39)に代入し、λ の 1 次項で比較する

$$\sum_{m=1}^{N} c_{nm}^{(0)} H' \psi_{nm}^{(0)} = E_n^{(1)} \sum_{m=1}^{N} c_{nm}^{(0)} \psi_{nm}^{(0)}$$

⇓

$\psi_{nl}^{(0)*}$ を左からかけて積分する

$$\sum_{m=1}^{N} c_{nm}^{(0)} V_{nl,nm} = E_n^{(1)} c_{nl}^{(0)}$$

⇓

具体的な表記　　$l = 1, 2, \cdots, N$ を代入

$$
\begin{aligned}
c_{n1}^{(0)} V_{n1,n1} + c_{n2}^{(0)} V_{n1,n2} + \cdots + c_{nN}^{(0)} V_{n1,nN} &= E_n^{(1)} c_{n1}^{(0)} \\
c_{n1}^{(0)} V_{n2,n1} + c_{n2}^{(0)} V_{n2,n2} + \cdots + c_{nN}^{(0)} V_{n2,nN} &= E_n^{(1)} c_{n2}^{(0)} \\
\vdots \qquad \vdots \qquad \vdots &= \vdots \\
c_{n1}^{(0)} V_{nN,n1} + c_{n2}^{(0)} V_{nN,n2} + \cdots + c_{nN}^{(0)} V_{nN,nN} &= E_n^{(1)} c_{nN}^{(0)}
\end{aligned}
$$

⇓

行列表示

$$\begin{pmatrix} V_{n1,n1} & V_{n1,n2} & \cdots & V_{n1,nN} \\ V_{n2,n1} & V_{n2,n2} & \cdots & V_{n2,nN} \\ \vdots & \vdots & \ddots & \vdots \\ V_{nN,n1} & V_{nN,n2} & \cdots & V_{nN,nN} \end{pmatrix} \begin{pmatrix} c_{n1}^{(0)} \\ c_{n2}^{(0)} \\ \vdots \\ c_{nN}^{(0)} \end{pmatrix} = E_n^{(1)} \begin{pmatrix} c_{n1}^{(0)} \\ c_{n2}^{(0)} \\ \vdots \\ c_{nN}^{(0)} \end{pmatrix} \quad (12.41)$$

⇓

$c_{n1}^{(0)}, c_{n2}^{(0)}, \cdots, c_{nN}^{(0)}$ は同時にゼロにならない

$$\begin{vmatrix} V_{n1,n1} - E_n^{(1)} & V_{n1,n2} & \cdots & V_{n1,nN} \\ V_{n2,n1} & V_{n2,n2} - E_n^{(1)} & \cdots & V_{n2,nN} \\ \vdots & \vdots & \ddots & \vdots \\ V_{nN,n1} & V_{nN,n2} & \cdots & V_{nN,nN} - E_n^{(1)} \end{vmatrix} = 0 \quad (12.42)$$

永年方程式

このように、縮退のある場合の1次摂動エネルギー固有値を求める計算は、$V_{nl,nm} = \int \psi_{nl}^{(0)*} H' \psi_{nm}^{(0)} d^3x$ を行列要素とする $N \times N$ 行列の固有値問題に帰着することがわかります。

● 2次元調和振動子の摂動計算例（縮退がある場合）

非摂動系として2次元調和振動子を考えます。縮退のある状態に摂動を加えたとき、1次摂動エネルギーを計算し縮退がとける様子を見てみましょう。

非摂動ハミルトニアン：$H_0 = -\dfrac{\hbar^2}{2m}\left(\dfrac{d^2}{dx^2} + \dfrac{d^2}{dy^2}\right) + \dfrac{1}{2}m\omega^2(x^2 + y^2)$

非摂動のエネルギー固有値：$E_{n_1,n_2}^{(0)} = \hbar\omega(n_1 + n_2 + 1)$ $n_1, n_2 = 0, 1, 2, \cdots$

非摂動の波動関数：$\psi_{n_1,n_2}^{(0)}(x,y) = \psi_{n_1}^{(0)}(x)\psi_{n_2}^{(0)}(y)$

ここで、$\psi_{n_1}^{(0)}(x)$ は1次元調和振動子の波動関数です。

量子状態が $(n_1, n_2) = (1, 0)(0, 1)$ のとき、エネルギー固有値 $E^{(0)} = 2\hbar\omega$ で2重縮退している状態に摂動項

$$H' = xy \tag{12.43}$$

が加わったときの1次摂動エネルギー固有値を計算しましょう。

H' を各状態の波動関数で挟んで行列要素を計算します。その際、(12.25) を用います。

$V_{n_1'n_2',n_1n_2} = \iint \psi_{n_1'}^{(0)*}(x)\psi_{n_2'}^{(0)*}(y)\, xy\, \psi_{n_1}^{(0)}(x)\psi_{n_2}^{(0)}(y)\, dx\, dy$

$= \underbrace{\left(\dfrac{1}{\alpha}\sqrt{\dfrac{n_1+1}{2}}\delta_{n_1',n_1+1} + \dfrac{1}{\alpha}\sqrt{\dfrac{n_1}{2}}\delta_{n_1',n_1-1}\right)}_{x\text{で積分した部分}}$

$\times \underbrace{\left(\dfrac{1}{\alpha}\sqrt{\dfrac{n_2+1}{2}}\delta_{n_2',n_2+1} + \dfrac{1}{\alpha}\sqrt{\dfrac{n_2}{2}}\delta_{n_2',n_2-1}\right)}_{y\text{で積分した部分}}$

$$\tag{12.44}$$

以上から

$$V_{10,10} = V_{01,01} = 0 \quad , \quad V_{10,01} = V_{01,10} = \frac{1}{2\alpha^2} \tag{12.45}$$

となります。(12.41)は

$$\begin{pmatrix} V_{10,10} - E^{(1)} & V_{10,01} \\ V_{01,10} & V_{01,01} - E^{(1)} \end{pmatrix} \begin{pmatrix} c_1 \\ c_2 \end{pmatrix} = \begin{pmatrix} 0 \\ 0 \end{pmatrix} \tag{12.46}$$

と書くことができるので、(12.45)から

$$\begin{pmatrix} -E^{(1)} & \frac{1}{2\alpha^2} \\ \frac{1}{2\alpha^2} & -E^{(1)} \end{pmatrix} \begin{pmatrix} c_1 \\ c_2 \end{pmatrix} = \begin{pmatrix} 0 \\ 0 \end{pmatrix} \tag{12.47}$$

となります。永年方程式は

$$\begin{vmatrix} -E^{(1)} & \frac{1}{2\alpha^2} \\ \frac{1}{2\alpha^2} & -E^{(1)} \end{vmatrix} = 0 \tag{12.48}$$

で、これを解くと固有値 $E^{(1)}$ は

$$E^{(1)} = \pm \frac{1}{2\alpha^2} \tag{12.49}$$

となります。よって、1次摂動のエネルギーは

$$E = 2\hbar\omega \pm \frac{\lambda}{2\alpha^2} \tag{12.50}$$

となります。

> 解が2つになるということは、摂動が加えられたことによって、縮退がとけたと考えられるんだね。

図12-5は2重縮退がとける様子を図示したものです。

図12-5　2重縮退がとける様子

無摂動（2重縮退）　　1次摂動

エネルギー準位は $2\hbar\omega$ から $\pm\dfrac{\lambda}{2\alpha^2}$ ずつ分裂する。

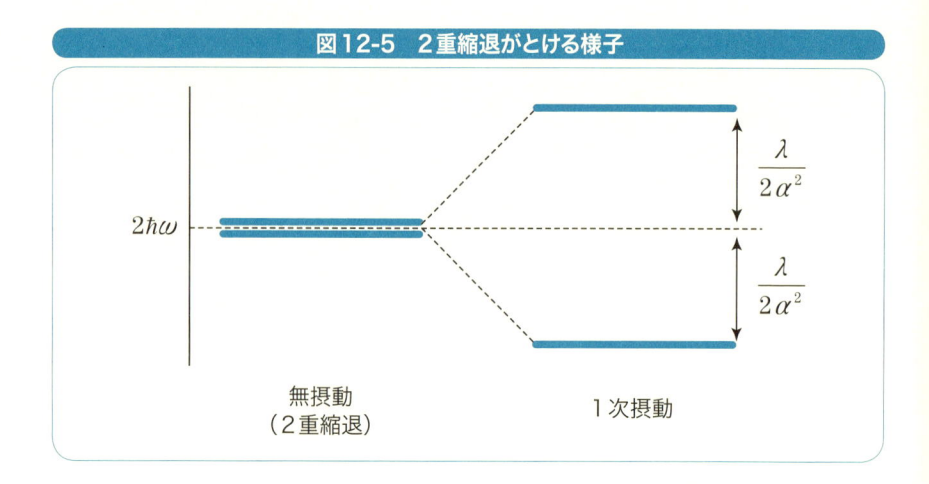

各固有値に対する波動関数は、(12.46)から求めることができます。規格化された固有ベクトルは

$$E^{(1)} = \frac{1}{2\alpha^2} \text{ のとき } \begin{pmatrix} c_1 \\ c_2 \end{pmatrix} = \frac{1}{\sqrt{2}} \begin{pmatrix} 1 \\ 1 \end{pmatrix}$$

$$E^{(1)} = -\frac{1}{2\alpha^2} \text{ のとき } \begin{pmatrix} c_1 \\ c_2 \end{pmatrix} = \frac{1}{\sqrt{2}} \begin{pmatrix} 1 \\ -1 \end{pmatrix}$$

です。以上から摂動の波動関数(λの0次近似)は

$$E = 2\hbar\omega + \frac{\lambda}{2\alpha^2} \text{ のとき } \psi^+ = \frac{1}{\sqrt{2}}\left(\psi_{1,0}^{(0)}(x,y) + \psi_{0,1}^{(0)}(x,y) \right) \quad (12.51)$$

$$E = 2\hbar\omega - \frac{\lambda}{2\alpha^2} \text{ のとき } \psi^- = \frac{1}{\sqrt{2}}\left(\psi_{1,0}^{(0)}(x,y) - \psi_{0,1}^{(0)}(x,y) \right) \quad (12.52)$$

となります。

12-4 非定常状態の摂動論

● 非定常状態

非定常状態とは、時間依存のあるシュレディンガー方程式を考えることです。時刻 $t = t_0$ において、摂動項 $H'(t)$ が加わる場合を考えます。

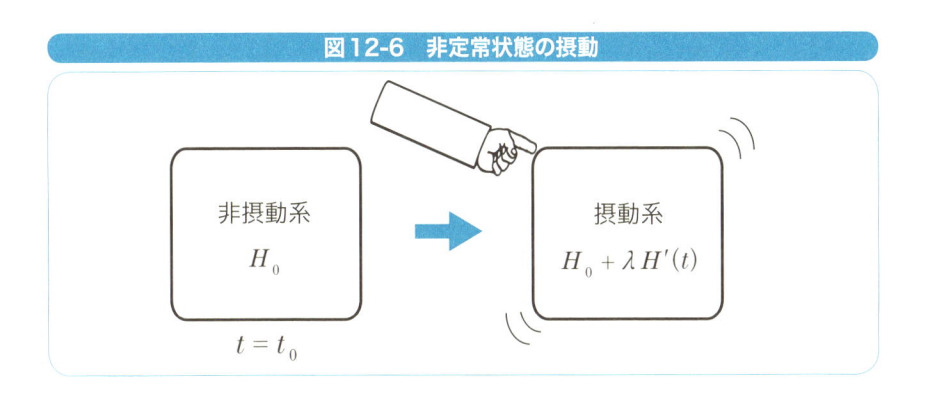

図12-6 非定常状態の摂動

非摂動系 H_0 → 摂動系 $H_0 + \lambda H'(t)$

$t = t_0$

非摂動系と摂動系のシュレディンガー方程式を示しておきます。

非摂動系の非定常状態シュレディンガー方程式

$$H_0 \, \Psi_n^{(0)}(\boldsymbol{r},t) = i\hbar \frac{\partial}{\partial t} \Psi_n^{(0)}(\boldsymbol{r},t)$$
$$\Downarrow$$
$$\Psi_n^{(0)}(\boldsymbol{r},t) = e^{-i E_n^{(0)} \frac{t}{\hbar}} \Psi_n^{(0)}(\boldsymbol{r}) \tag{12.53}$$

摂動系のシュレディンガー方程式

$$\left(H_0 + \lambda H'(t) \right) \Psi_n(\boldsymbol{r},t) = i\hbar \frac{\partial}{\partial t} \Psi_n(\boldsymbol{r},t) \tag{12.54}$$

次の手順で、非定常状態の摂動論を議論します。

摂動系の波動関数 $\Psi_n(\boldsymbol{r},t)$ を非摂動系の
$\Psi_n^{(0)}(\boldsymbol{r},t) = e^{-iE_n^{(0)}\frac{t}{\hbar}} \psi_n^{(0)}(\boldsymbol{r})$ で展開する

$$\Psi_n(\boldsymbol{r},t) = \sum_l c_{n,l}(\lambda,t) e^{-iE_l^{(0)}\frac{t}{\hbar}} \psi_l^{(0)}(\boldsymbol{r}) \qquad (12.55)$$

⇓

(12.55)を(12.54)に代入する

$$\sum_l c_{n,l} e^{-iE_l^{(0)}\frac{t}{\hbar}} \left(E_l^{(0)} + \lambda H'(t) \right) \psi_l^{(0)}(\boldsymbol{r})$$
$$= \sum_l \left\{ i\hbar \frac{dc_{n,l}}{dt} + c_{n,l} E_l^{(0)} \right\} e^{-iE_l^{(0)}\frac{t}{\hbar}} \psi_l^{(0)}(\boldsymbol{r})$$

摂動による物理的効果は展開係数 $c_{n,l}(\lambda,t)$ に含まれている

⇓

$\psi_m^{(0)*}(\boldsymbol{r})$ を左からかけて積分

$\int \psi_m^{(0)*} H'(t) \psi_l^{(0)} d^3x$ を $V_{m,l}(t)$ と置いた

$$\sum_l c_{n,l} e^{-iE_l^{(0)}\frac{t}{\hbar}} E_l^{(0)} \delta_{m,l} + \lambda \sum_l c_{n,l} e^{-iE_l^{(0)}\frac{t}{\hbar}} V_{m,l}$$
$$= \sum_l \left\{ i\hbar \frac{dc_{n,l}}{dt} + c_{n,l} E_l^{(0)} \right\} e^{-iE_l^{(0)}\frac{t}{\hbar}} \delta_{m,l}$$

⇓

(12.56)

$$\lambda \sum_l c_{n,l}(\lambda,t) e^{i(E_m^{(0)} - E_l^{(0)})\frac{t}{\hbar}} V_{m,l}(t) = i\hbar \frac{d}{dt} c_{n,m}(\lambda,t) \qquad (12.57)$$

$c_{n,l}(\lambda,t)$ を決定する連立微分方程式

⇓

近似的に $c_{n,l}(\lambda,t)$ を求めるために、$c_{n,l}(\lambda,t)$ を λ でべき展開した

$$c_{n,l}(\lambda,t) = c_{n,l}^{(0)}(t) + \lambda c_{n,l}^{(1)}(t) + \lambda^2 c_{n,l}^{(2)}(t) + \cdots \qquad (12.58)$$

を(12.57)に代入する

⇓

λ の1次まで比較する

λ の0次: $i\hbar \dfrac{d}{dt} c_{n,m}^{(0)}(t) = 0$ \qquad (12.59)

λ の1次: $i\hbar \dfrac{d}{dt} c_{n,m}^{(1)}(t) = \sum_l c_{n,l}^{(0)}(t) e^{i(E_m^{(0)} - E_l^{(0)})\frac{t}{\hbar}} V_{m,l}(t)$ \qquad (12.60)

● ── λ の 0 次について

(12.59)から

$$c_{n,m}^{(0)}(t) = 定数$$

となります。時刻 $t = t_0$ において、非摂動系の量子状態 n にあったとすると、

$$c_{n,m}^{(0)}(t) = \delta_{n,m} \tag{12.61}$$

としてかまいません。なぜなら、λ の 0 次は非摂動系を考えているので (12.55)から

$$\Psi_n(\boldsymbol{r}, t_0) = \sum_l \delta_{n,l} \, e^{-iE_l^{(0)}\frac{t_0}{\hbar}} \psi_l^{(0)}(\boldsymbol{r})$$
$$= e^{-iE_n^{(0)}\frac{t_0}{\hbar}} \psi_n^{(0)}(\boldsymbol{r})$$

となり、(12.61)とすれば非摂動系の波動関数になるからです。

● ── λ の 1 次について

(12.61)を(12.60)に代入すると

$$i\hbar \frac{d}{dt} c_{n,m}^{(1)}(t) = e^{i\left(E_m^{(0)} - E_n^{(0)}\right)\frac{t}{\hbar}} V_{m,n}(t) \tag{12.62}$$

となります。ここで、

$$\omega_{mn} = \frac{E_m^{(0)} - E_n^{(0)}}{\hbar} \tag{12.63}$$

として、(12.62)を積分すると

$$c_{n,m}^{(1)}(t) = \frac{1}{i\hbar} \int_{t_0}^{t} e^{i\omega_{mn}t'} V_{m,n}(t') dt' \tag{12.64}$$

となります。このように、1 次摂動における展開係数を決めることができます。

摂動項が加わってからの波動関数を見てみましょう。(12.55)に(12.58)(12.61)を代入すると

$$\Psi_n(\boldsymbol{r},t) = \sum_l \left(\delta_{n,l} + \lambda c_{n,l}^{(1)}(t)\right) e^{-iE_l^{(0)}\frac{t}{\hbar}} \psi_l^{(0)}(\boldsymbol{r})$$

$$= \left(1 + \lambda c_{n,n}^{(1)}(t)\right) e^{-iE_n^{(0)}\frac{t}{\hbar}} \psi_n^{(0)}(\boldsymbol{r}) + \lambda \sum_{l \neq n} c_{n,l}^{(1)}(t) e^{-iE_l^{(0)}\frac{t}{\hbar}} \psi_l^{(0)}(\boldsymbol{r})$$

(12.65)

となります。

(12.65)の各項を物理的に解説しましょう。始状態(摂動項が加わる前の状態)の量子状態は n です。終状態(摂動項が加わった後の状態)では量子状態が変化します。つまり、(12.65)は終状態の波動関数を表しています。その第1項は、終状態が始状態と同じときの波動関数の変化を表しています。一方、第2項は始状態と異なる終状態の波動関数の変化を表しています。

展開係数は量子状態間を移る確率(遷移確率)を表しているので、次のように解釈することができます。

時刻 t において、始状態 n のままで留まる確率 $= \left|1 + \lambda c_{n,n}^{(1)}(t)\right|^2$ (12.66)

時刻 t において、始状態 $n \to$ 終状態 l への遷移確率 $= \lambda^2 \left|c_{n,l}^{(1)}(t)\right|^2$ (12.67)

非定常状態における系では時間発展しているので、摂動項により初期の量子状態が他の量子状態に確率的に遷移します。非定常状態の摂動論では、この遷移確率を計算することが主となります。

● 時間に一定な摂動の計算例 (非定常状態)

始状態 n にある系において、時刻 $t = 0$ で一定の摂動項 $H'(\ll 1)$ が加わったとします。つまり、時間をかけて一定のエネルギーを系に加え続けるということです。このとき始状態 n から終状態 m への遷移確率 (12.67) を計算しましょう (図 12-7 参照)。

図12-7　状態 $n \to m$ への遷移

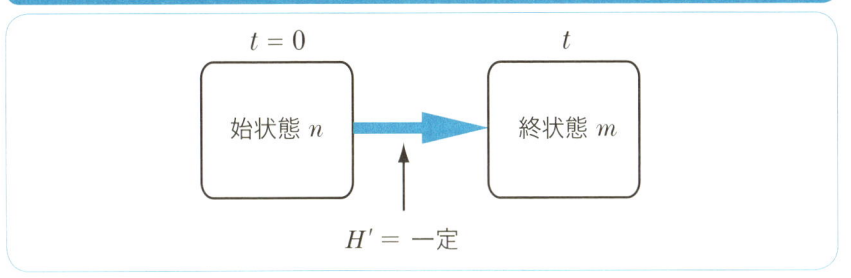

```
   t = 0              t
 ┌────────┐       ┌────────┐
 │始状態 n │ ────▶ │終状態 m │
 └────────┘       └────────┘
        ↑
     H' = 一定
```

(12.56) から H' は時間依存がないので $V_{m,n}$ も時間依存はありません。(12.64) から $t_0 = 0$ として

$$c_{n,m}^{(1)}(t) = \frac{1}{i\hbar} V_{m,n} \int_0^t e^{i\omega_{mn}t} dt = \frac{1}{i\hbar} V_{m,n} \frac{e^{i\omega_{mn}t} - 1}{i\omega_{mn}} \tag{12.68}$$

となります。

ここで、$H' \ll 1$ なので摂動パラメータを $\lambda = 1$ としてよいので、時刻 t において終状態 $m\,(m \neq n)$ に遷移する確率は (12.68) から

$$\left| c_{n,m}^{(1)} \right|^2 = \frac{1}{\hbar^2} \left| V_{m,n} \right|^2 \frac{\sin^2\left(\frac{\omega_{mn}t}{2}\right)}{\left(\frac{\omega_{mn}}{2}\right)^2} \tag{12.69}$$

となります。始状態 $n \to$ 終状態 m への遷移確率 $\left| c_{n,m}^{(1)} \right|^2$ を横軸 ω_{mn} としてグラフを描くと図12-8のようになります。

図12-8からわかるように、$|\omega_{mn}| \leq \frac{2\pi}{t}$ の範囲外で遷移確率はほとんどゼロです。エネルギー幅を $\Delta E = \left| E_m^{(1)} - E_n^{(0)} \right|$ とすると、$\Delta E \cdot t \leq h$ となり、エネルギーと時間の不確定関係を得ます。このように、系に摂動を加え続ける時間 t が大きいほどエネルギー幅 ΔE はゼロに近づくのです。また、t が十分大きくなると最大値が大きくなり、その幅は小さくなります。$t \to \infty$ の極限ではデルタ関数的な形になります。

図12-8 $|c_{n,m}^{(1)}|^2$ のグラフ

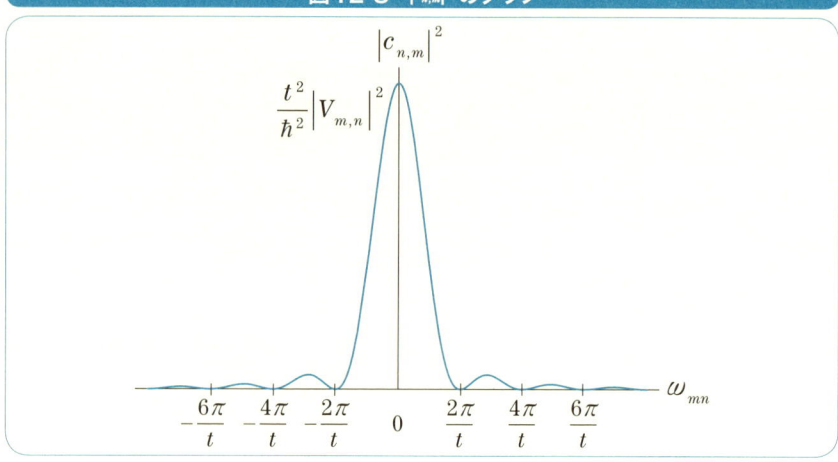

$t \to \infty$ に対するデルタ関数の公式

$$\frac{\sin^2\left(\frac{\omega_{mn} t}{2}\right)}{\omega_{mn}^2} = \frac{\pi t}{2} \delta(\omega_{mn}) \tag{12.70}$$

を使うと

$$\left|c_{n,m}^{(1)}\right|^2 = \frac{2\pi}{\hbar^2} \left|V_{m,n}\right|^2 \delta(\omega_{mn}) \, t \tag{12.71}$$

となります。(12.63)から

$$\frac{1}{t}\left|c_{n,m}^{(1)}\right|^2 = \frac{2\pi}{\hbar} \left|V_{m,n}\right|^2 \delta\left(E_m^{(0)} - E_n^{(0)}\right) \tag{12.72}$$

となります。ここで、デルタ関数の公式 $\delta(ax) = \dfrac{\delta(x)}{|a|}$ を使いました。

始状態 n から十分時間が経って終状態 m へ遷移する確率は、単位時間あたり(12.72)で与えられることがわかります。これを**フェルミの黄金律**と呼びます。(12.72)のデルタ関数部分 $\delta\left(E_m^{(0)} - E_n^{(0)}\right)$ は、エネルギー保存則 $E_m^{(0)} = E_n^{(0)} (m \neq n)$ を意味しています。このように、十分時間をかけて一定摂動が加わるとき、終状態は縮退しています。

> まとめ

○ 定常状態における摂動論

シュレディンガー方程式 $\left(H_0 + \lambda H' \right) \psi_n = E_n \psi_n$

【定常状態で縮退のない場合の摂動論】

$$E = E_n^{(0)} + \lambda V_{n,n} + \lambda^2 \sum_{m \neq n} \frac{|V_{m,n}|^2}{E_n^{(0)} - E_m^{(0)}}$$

$$\psi_n = \psi_n^{(0)} + \lambda \sum_{m \neq n} \frac{V_{m,n}}{E_n^{(0)} - E_m^{(0)}} \psi_m^{(0)} + \lambda^2 \sum_m c_{nm}^{(2)} \psi_m^{(0)}$$

$$V_{l,m} = \int \psi_l^{(0)*} H' \psi_m^{(0)} d^3 x$$

【定常状態で縮退のある場合の摂動論】

1次摂動 $E_n^{(1)}$ を決定する永年方程式

$$\begin{vmatrix} V_{n1,n1} - E_n^{(1)} & V_{n1,n2} & \cdots & V_{n1,nN} \\ V_{n2,n1} & V_{n2,n2} - E_n^{(1)} & \cdots & V_{n2,nN} \\ \vdots & \vdots & \ddots & \vdots \\ V_{nN,n1} & V_{nN,n2} & \cdots & V_{nN,nN} - E_n^{(1)} \end{vmatrix} = 0$$

○ 非定常状態における摂動論

シュレディンガー方程式 $\left(H_0 + \lambda H'(t) \right) \Psi_n(\boldsymbol{r},t) = i\hbar \dfrac{\partial}{\partial t} \Psi_n(\boldsymbol{r},t)$

始状態 n →終状態 m への遷移確率 $= \lambda^2 \left| c_{n,m}^{(1)}(t) \right|^2$

$$c_{n,m}^{(1)}(t) = \frac{1}{i\hbar} \int_{t_0}^t e^{i\omega_{mn} t'} V_{m,n}(t') dt'$$

【時間一定の摂動の場合】

フェルミの黄金律

単位時間当たりの遷移確率 $= \dfrac{2\pi}{\hbar} \left| V_{m,n} \right|^2 \delta\left(E_m^{(0)} - E_n^{(0)} \right)$

この章では、近似解法の1つとして摂動論を解説しましたが、その他にも「変分法」「WKB法」といった方法があります。
摂動論が適用できる現象の例を以下に挙げますので、各自で調べてみましょう。

・水素原子に磁場をかけると縮退がとける
　（ゼーマン効果）
・水素原子に電場をかけると縮退がとける
　（シュタルク効果）
・原子と光子の相互作用
　（光の放出・吸収）

[問題]

12.1　(12.25)を導け。

12.2　1次元調和振動子に摂動 λx^2 が加わったときの2次摂動までのエネルギー固有値を求めよ。

12.3　2次元調和振動子においてエネルギー固有値が3重縮退している状態に、摂動項 $H' = xy$ が加わったときの1次摂動エネルギー固有値を求めよ。

12.4　(12.69)を導け。

略解は P.253

第13章
さらに勉強したい人のために

　12章まで粘り強く学んできた読者の方は、最低限度の量子力学の知識は身についているはずです。しかし、量子力学の真骨頂はこれからなのです。
　ミクロの世界を記述するにはまだまだ学ぶべきことがたくさんありますが、本書ですべてを紹介するわけにはいきません。本章では、少しでも勉強する動機付けをみなさんに与えるために、下記の事項の解説をします。各節の内容が、将来どのように発展するかを示しておきます。

　　13-1 角運動量の代数関係　⇒　群論の初歩
　　13-2 スピン　⇒　スピン歳差運動など
　　13-3 粒子の統計性　⇒　巨視的量子現象・超対称性理論

13-1 角運動量の代数関係

● ブラケット記号

第10章において、量子力学における角運動量演算子の交換関係

$$[l_x, l_y] = i\hbar l_z 、 [l_z, l_x] = i\hbar l_y 、 [l_y, l_z] = i\hbar l_x \tag{13.1}$$

を学びました。このような l_x, l_y, l_z の演算子同士の交換関係を、数学では**代数**と呼びます。この代数関係から角運動量の量子化を導きましょう。

2つの l_x, l_y から次のような線形結合

$$\begin{aligned} l_+ &= l_x + i l_y \\ l_- &= l_x - i l_y \end{aligned} \tag{13.2}$$

を作ります。すると、(13.1)の代数関係は

$$[l_+, l_-] = 2\hbar l_z \tag{13.3}$$

$$[l_z, l_+] = \hbar l_+ \tag{13.4}$$

$$[l_z, l_-] = -\hbar l_- \tag{13.5}$$

となります。ここで、l_+, l_- がどのような役割をする演算子かを調べてみましょう。

l^2 と l_z の交換関係は、

$$[l^2, l_z] = 0 \tag{13.6}$$

なので、可換(P.69)であることから l^2 と l_z は同じ固有関数を持つことができます。規格化された固有関数を $\phi_{m,l}$、l_z の固有値を $\hbar m$、l^2 の固有値を $\hbar^2 \lambda$ とすると次のようになります。

$$l_z \phi_{m,l} = \hbar m \phi_{m,l} \tag{13.7}$$

$$l^2 \phi_{m,l} = \hbar^2 \lambda \phi_{m,l} \tag{13.8}$$

ここで、ディラックが作った便利な記号を導入しましょう。

$$
\begin{aligned}
\phi_{m,l} &\leftrightarrow |m,l\rangle \\
\phi_{m,l}^* &\leftrightarrow \langle m,l| \\
\int \phi_{m',l'}^* \phi_{m,l} d^3x = \delta_{m',m}\delta_{l',l} &\leftrightarrow \langle m',l'|m,l\rangle = \delta_{m',m}\delta_{l',l} \\
\int \phi_{m,l}^* A \phi_{m,l} d^3x = \langle A \rangle &\leftrightarrow \langle m,l|A|m,l\rangle = \langle A \rangle
\end{aligned}
\quad (13.9)
$$

波動関数の量子数のみを括弧の記号を使って表記し、$\langle|$ をブラ、$|\rangle$ をケットと呼びます。括弧を英語でブラケット(bracket)というところから由来しています。

ブラケット記号を使って(13.7)(13.8)を書き直してみましょう。

$$l_z|m,l\rangle = \hbar m |m,l\rangle \quad (13.10)$$
$$\boldsymbol{l}^2|m,l\rangle = \hbar^2 \lambda |m,l\rangle \quad (13.11)$$

上昇・下降演算子

(13.10)から固有状態 $l_\pm|m,l\rangle$ に対する l_z の固有値を求めてみます。

(13.4)の右から $|m,l\rangle$ を作用

$$\Rightarrow [l_z, l_+]|m,l\rangle = \hbar l_+|m,l\rangle \Rightarrow l_z l_+|m,l\rangle = \hbar(m+1) l_+|m,l\rangle \quad (13.12)$$

l_z に対して、$l_+|m,l\rangle$ は固有値 $\hbar(m+1)$ を持つ固有関数です。また、

(13.5)の右から $|m,l\rangle$ を作用

$$\Rightarrow [l_z, l_-]|m,l\rangle = -\hbar l_-|m,l\rangle \Rightarrow l_z l_-|m,l\rangle = \hbar(m-1) l_-|m,l\rangle \quad (13.13)$$

l_z に対して、$l_-|m,l\rangle$ は固有値 $\hbar(m-1)$ を持つ固有関数です。

固有値に注目すると、l_+ が作用した固有値は $\hbar$ だけ増えているので l_+ を**上昇演算子**と呼びます。また、l_- が作用した固有値は $\hbar$ だけ減っているので、l_- を**下降演算子**と呼びます。(13.4)(13.5)の代数関係を使うと、$|m,l\rangle$ に l_+ や l_- を作用させた回数分だけ固有値を上昇させたり下降させたりすることができます。固有関数 $|m,l\rangle$ が存在すると、$l_\pm|m,l\rangle$、$l_\pm^2|m,l\rangle$、…と新しい固有関数を作ることができます。まとめると次ページのようになります。

$\|m,l\rangle$ から作った固有関数	l_z に対する固有値
$\vdots$	$\vdots$
$l_+^2\|m,l\rangle$	$\hbar(m+2)$
$l_+\|m,l\rangle$	$\hbar(m+1)$
$\|m,l\rangle$	$\hbar m$
$l_-\|m,l\rangle$	$\hbar(m-1)$
$l_-^2\|m,l\rangle$	$\hbar(m-2)$
$\vdots$	$\vdots$

(13.14)

固有値の計算

さらに、上昇・下降演算子を使うと $\boldsymbol{l}^2$ の固有値 $\hbar^2\lambda$ を決定することができます。(13.11) の左から $\langle m,l|$ を作用させて、(13.10) を使うと

$$\hbar^2\lambda = \langle m,l|\boldsymbol{l}^2|m,l\rangle = \langle m,l|l_x^2 + l_y^2 + l_z^2|m,l\rangle \geq \hbar^2 m^2 \tag{13.15}$$

となります。つまり、λ は非負であり、λ を与えると l_z の固有値 m には上限と下限が存在することを意味します。

今、l_z の固有値が最大になる m を m_max とする固有関数 $|m_\mathrm{max},l\rangle$ が存在すると、(13.10) から

$$l_z|m_\mathrm{max},l\rangle = \hbar m_\mathrm{max}|m_\mathrm{max},l\rangle \tag{13.16}$$

を満たします。この $|m_\mathrm{max},l\rangle$ から作られる固有関数 $l_+|m_\mathrm{max},l\rangle$ に対する l_z の固有値は $\hbar(m_\mathrm{max}+1)$ となり、最初の前提に反します。つまり、(13.16) を満たす $|m_\mathrm{max},l\rangle$ が存在するとき

$$l_+|m_\mathrm{max},l\rangle = 0 \tag{13.17}$$

となる必要があります。このように、l_+ に $|m_\mathrm{max},l\rangle$ が作用するとゼロになればよいのです。$\boldsymbol{l}^2$ の固有値は $\boldsymbol{l}^2 = l_- l_+ + l_z^2 + \hbar l_z$ と書けるので

$$\boldsymbol{l}^2|m_\mathrm{max},l\rangle = \hbar^2 m_\mathrm{max}(m_\mathrm{max}+1)|m_\mathrm{max},l\rangle \tag{13.18}$$

となり、(13.11) から

$$\lambda = m_{\max}\left(m_{\max}+1\right) \tag{13.19}$$

で与えられます。

さて、(13.14)で見たように、l_z の固有値が最大値の固有関数 $|m_{\max}, l\rangle$ に下降演算子 l_- を作用させていくと、固有値が下がっていきます。しかし、いつまでも下がり続けることはできません。なぜなら、l_z の固有値には下限が存在するからです。

l_- を次々と $|m_{\max}, l\rangle$ に作用させていき、$l_-^n |m_{\max}, l\rangle$ に対する l_z の固有値が $\hbar(m_{\max}-n)$ となり、そこで最小値 $m_{\min}$ になったとします。

l_z に対する固有値

$$\begin{array}{cc}
l_+ |m_{\max}, l\rangle & 0 \\
|m_{\max}, l\rangle & \hbar m_{\max} \\
l_- |m_{\max}, l\rangle & \hbar(m_{\max}-1) \\
l_-^2 |m_{\max}, l\rangle & \hbar(m_{\max}-2) \\
\vdots & \vdots \\
l_-^n |m_{\max}, l\rangle & \hbar(m_{\max}-n) = \hbar m_{\min} \\
l_-^{n+1} |m_{\max}, l\rangle & 0
\end{array} \tag{13.20}$$

つまり、

$$m_{\min} = m_{\max} - n \tag{13.21}$$

となります。最小値の $m_{\min}$ をとる $l_-^n |m_{\max}, l\rangle$ に l_- を作用させるとゼロにならなければなりません。なぜなら、最小値をとるという仮定に反するからです。ということは、

$$l_-^{n+1} |m_{\max}, l\rangle = 0 \tag{13.22}$$

となることが条件になります。$\boldsymbol{l}^2$ は $\boldsymbol{l}^2 = l_+ l_- + l_z^2 - \hbar l_z$ とも書けるので、

$$\begin{aligned}
\boldsymbol{l}^2 l_-^n |m_{\max}, l\rangle &= \hbar^2 (m_{\max}-n)^2 l_-^n |m_{\max}, l\rangle - \hbar^2 (m_{\max}-n) l_-^n |m_{\max}, l\rangle \\
&= \hbar^2 (m_{\max}-n)(m_{\max}-n-1) l_-^n |m_{\max}, l\rangle \\
&= \hbar^2 m_{\min}(m_{\min}-1) l_-^n |m_{\max}, l\rangle
\end{aligned} \tag{13.23}$$

となります。$\left[l^2, l_- \right] = 0$ なので、$l^2 l_-^n \left| m_{max}, l \right\rangle = l_-^n l^2 \left| m_{max}, l \right\rangle = \hbar^2 \lambda l_-^n \left| m_{max}, l \right\rangle$ と (13.19)(13.23) から

$$\lambda = m_{max}\left(m_{max} + 1\right) = m_{min}\left(m_{min} - 1\right) \tag{13.24}$$

となり、結局、$m_{min} = -m_{max}$ となるので、(13.21) は

$$n = 2m_{max} \tag{13.25}$$

となります。今、$m_{max} = l$ と書くと $m_{min} = -l$ となり

$$n = 2l \tag{13.26}$$

で、さらに (13.24) から

$$\lambda = l(l + 1) \tag{13.27}$$

となります。また、n は l_- を作用させる回数なので、(13.26) から

$$2l = 非負の整数 \tag{13.28}$$

でなければなりません。また、m の範囲は $-l \leq m \leq l$ なので、$m_{max} = l$ から l_- を作用させて $m_{min} = -l$ に到達するには、m はとびとびの整数値をとらなければなりません。つまり、

$$m = -l, -l+1, \cdots, l-1, l \tag{13.29}$$

となります。また、(13.28) から l の値は次のように分類することができます。

$$l = 0, 1, 2, \cdots \ (非負の整数) \tag{13.30}$$

$$l = \frac{1}{2}, \frac{3}{2}, \frac{5}{2}, \cdots \ (非負の半整数) \tag{13.31}$$

（整数 $+ \frac{1}{2}$）

第11章で扱った水素原子の角運動量の量子化は (13.30) に対応しています。

以上をまとめると

$$l_z |m,l\rangle = \hbar m |m,l\rangle \tag{13.32}$$

$$\boldsymbol{l}^2 |m,l\rangle = \hbar^2 l(l+1)|m,l\rangle \tag{13.33}$$

$$m = -l, -l+1, \cdots, l-1, l \tag{13.34}$$

となります。重要な関係式を示しておきましょう。固有状態 $|m,l\rangle$ に l_+ を作用させると $m \to m+1$ になるので、固有状態 $|m+1,l\rangle$ で表されるはずです。同様に、$|m,l\rangle$ に l_- をを作用させると $m \to m-1$ になるので、固有状態 $|m-1,l\rangle$ で表されるはずです。代数の計算から次のような結果を得ます。

$$\begin{aligned} l_+ |m,l\rangle &= \hbar \sqrt{(l-m)(l+m+1)}\, |m+1,l\rangle \\ l_- |m,l\rangle &= \hbar \sqrt{(l+m)(l-m+1)}\, |m-1,l\rangle \end{aligned} \tag{13.35}$$

● 角運動量の量子化

さて、第 10 章の結果と比べてみましょう。水素原子のとき、$l = 0, 1, 2, \cdots$ は方位量子数に対応しています。$|m,l\rangle$ は球面調和関数 Y_l^m に対応しています。(13.32)–(13.34) は

$$\boldsymbol{l}^2 Y_l^m = l(l+1)\hbar^2 Y_l^m \tag{13.36}$$

$$l_z Y_l^m = m\hbar Y_l^m,\ m = -l, -l+1, \cdots, l-1, l \tag{13.37}$$

となり第 10 章の結果と一致します。(13.36) と (13.37) の角運動量の量子化はシュレディンガー方程式を解くことによって得ることができましたが、本節では角運動量の代数関係のみから導き出したのです。

本節で解説した代数は、ある変換の下で不変になる対称性を数学的に表現したもので、数学では群論と呼ばれています。群論を使うと素粒子を分類することができ、群論は現在の素粒子論にとって重要な数学的土台となっています。

13-2 スピン

スピンの導入

スピンという言葉にはさほど抵抗感はないでしょう。フィギュアスケートのようなスポーツなどで頻繁に使われる言葉です。自ら回転すること、つまり自転を意味しています。イメージとしてはそれで構いませんが、量子力学ではスピンという内部自由度として理解されています。電子、陽子、中性子などは、軌道角運動量以外にその粒子自身が内在的に持ちうるもう1つの量子状態である、スピンという量があるのです(図13-1参照)。

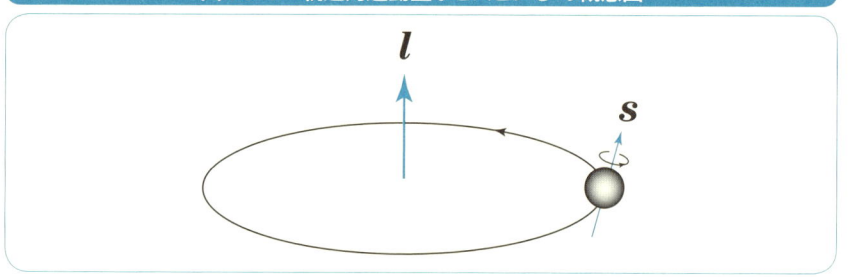

図13-1　軌道角運動量 l とスピン s の概念図

スピンの概念が導入された歴史的経緯を説明しておきましょう。1921年、シュテルンとゲルラッハは不均一な磁場中に銀原子のビームを通す実験を行い、その結果、銀ビームが2つの方向に分離することが確認されました。このことは、銀原子が固有の磁気モーメント(N極S極を持つ小さい磁石)を持たなければならないことを示しています。これを受けて、1925年ウーレンベックとハウトシュミットは、粒子固有の磁気モーメントは粒子自身が持つ角運動量によるものであると提唱し、スピンの概念を量子力学に導入しました。

スピンを考えることによって説明できる現象の例として、ナトリウム

の原子スペクトル D 線の分離があります。ナトリウムの D 線は p 状態 ($l=1$) から s 状態 ($l=0$) に遷移するときに出る光で、その波長は 589.6 nm (D_1 線) と 589.0 nm (D_2 線) と、非常に近接しています (図 13-2 参照)。

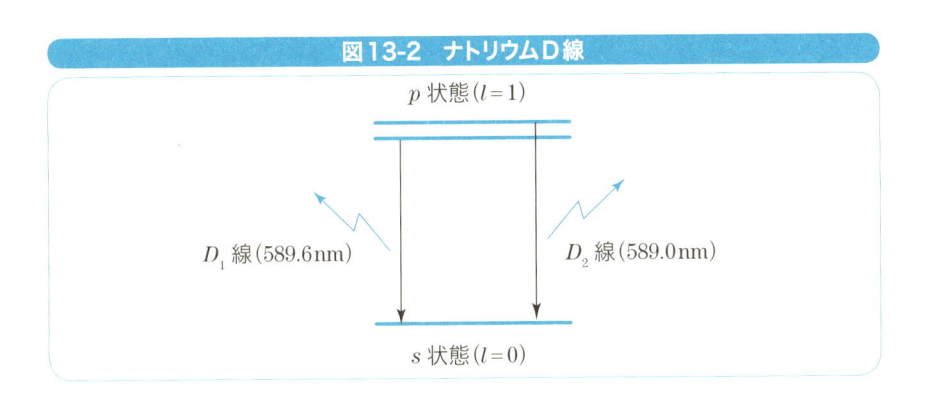

図13-2 ナトリウムD線

p 状態 ($l=1$)

D_1 線 (589.6 nm) D_2 線 (589.0 nm)

s 状態 ($l=0$)

　軌道角運動量のみを考えると、p 状態では縮退しているのでスペクトルが 2 本に分離しません。しかし、実験では 2 本のナトリウム D 線が観測されています。そこでスピンを導入すると、p 状態 ($l=1$) の軌道角運動量による磁気モーメントと、電子のスピンによる磁気モーメントが相互作用します。電子がスピン角運動量 $+\dfrac{\hbar}{2}, -\dfrac{\hbar}{2}$ の 2 つの値を持つと仮定すると、p 状態の縮退がとけて実験事実と一致する 2 本のナトリウム D 線が生じます。

　このように、実験事実から、電子はスピンという自転に対応する角運動量を持つ必要があるのです。以上から、軌道角運動量をさらに一般化した角運動量として、スピンという固有の量子状態を導入します。

● スピンの表現

　スピンを軌道角運動量のときと同様に定式化しましょう。スピンの成分を

$$s = (s_x, s_y, s_z) \tag{13.38}$$

とします。スピンは軌道角運動量のときのように、$l = r \times p$ と表現でき

ないので、代数関係からしか議論できません。(13.1)と同じ代数関係になるので

$$[s_x, s_y] = i\hbar s_z 、 [s_z, s_x] = i\hbar s_y 、 [s_y, s_z] = i\hbar s_x \qquad (13.39)$$

となります。スピンの量子状態を表す固有関数は、具体的な関数で表現することはできません。(13.32)–(13.34)の軌道角運動量と同様に考えると

$$s_z \text{の固有値} = \hbar m_s \quad (m_s = -s, -s+1, \cdots, s-1, s) \qquad (13.40)$$
$$\boldsymbol{s}^2 \text{の固有値} = \hbar^2 s(s+1) \qquad (13.41)$$

となります。スピンの固有状態は量子数 m_s, s で与えられるので、ディラックのブラケット記号を使って

$$|m_s, s\rangle \qquad (13.42)$$

と書きます。(13.40)(13.41)は

$$\begin{aligned} s_z |m_s, s\rangle &= \hbar m_s |m_s, s\rangle \\ \boldsymbol{s}^2 |m_s, s\rangle &= \hbar^2 s(s+1) |m_s, s\rangle \end{aligned} \qquad (13.43)$$

と書けます。

また、$s_\pm = s_x \pm i s_y$ とすると軌道角運動量のときと同様に(13.35)から

$$\begin{aligned} s_+ |m_s, s\rangle &= \hbar \sqrt{(s-m_s)(s+m_s+1)} \, |m_s+1, s\rangle \\ s_- |m_s, s\rangle &= \hbar \sqrt{(s+m_s)(s-m_s+1)} \, |m_s-1, s\rangle \end{aligned} \qquad (13.44)$$

とすることができます。

ナトリウムD線の実験から、電子のスピンは $s = \dfrac{1}{2}$、s_z の固有値 m_s は

$$m_s = -\frac{1}{2}, \frac{1}{2} \qquad (13.45)$$

の2つの値をとります。つまり、スピンの固有状態は2つ存在します。$m_s = \dfrac{1}{2}$ のときを上向きスピンと呼び、その状態を $|\uparrow\rangle$、$m_s = -\dfrac{1}{2}$ のときを下向きスピンと呼び、その状態を $|\downarrow\rangle$ と書きましょう。つまり、

上向きスピンの固有状態 $\left|+\dfrac{1}{2},\dfrac{1}{2}\right\rangle=|\uparrow\rangle$ (13.46)

下向きスピンの固有状態 $\left|-\dfrac{1}{2},\dfrac{1}{2}\right\rangle=|\downarrow\rangle$ (13.47)

となります。上記の上向き下向きスピンを第10章の図10-3を参考にしたスピン空間で考えてみると、図13-3のようになります。スピン空間で見ると、$|\uparrow\rangle$ は真上を向いているわけではなく、$|\downarrow\rangle$ は真下を向いているわけではありませんが、慣例上、上向き下向きと呼びます。

図13-3 スピン空間での「上向き」「下向き」

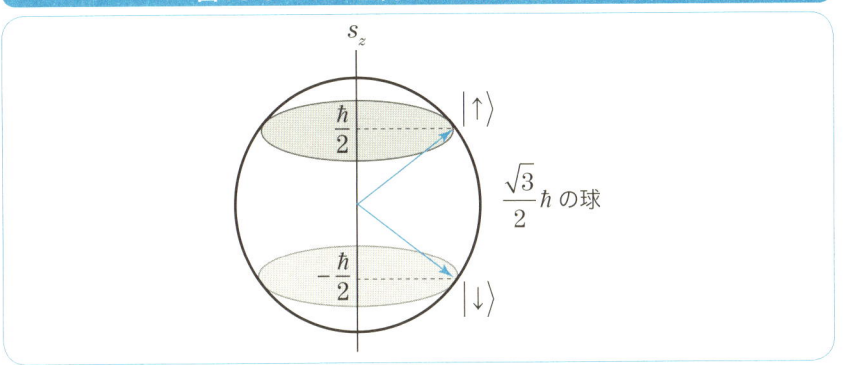

電子の量子的性質

上向きスピンと下向きスピンの状態は独立なので

$$\langle\downarrow|\uparrow\rangle=\langle\uparrow|\downarrow\rangle=0 \tag{13.48}$$

です。(13.43)から

$$\begin{aligned} s_z|\uparrow\rangle&=\dfrac{1}{2}\hbar|\uparrow\rangle, & s_z|\downarrow\rangle&=-\dfrac{1}{2}\hbar|\downarrow\rangle \\ \boldsymbol{s}^2|\uparrow\rangle&=\dfrac{3}{4}\hbar^2|\uparrow\rangle, & \boldsymbol{s}^2|\downarrow\rangle&=\dfrac{3}{4}\hbar^2|\downarrow\rangle \end{aligned} \tag{13.49}$$

また、(13.44)から

$$s_+|\uparrow\rangle = 0 \quad s_+|\downarrow\rangle = \hbar|\uparrow\rangle$$
$$s_-|\uparrow\rangle = \hbar|\downarrow\rangle \quad s_-|\downarrow\rangle = 0 \tag{13.50}$$

となります。第4章の(4.58)を参考にして、s_z, s_+, s_-の行列表示を求めます。

$$s_z \to \begin{pmatrix} \langle\uparrow|s_z|\uparrow\rangle & \langle\uparrow|s_z|\downarrow\rangle \\ \langle\downarrow|s_z|\uparrow\rangle & \langle\downarrow|s_z|\downarrow\rangle \end{pmatrix} = \frac{1}{2}\hbar \begin{pmatrix} 1 & 0 \\ 0 & -1 \end{pmatrix} \tag{13.51}$$

$$s_+ \to \begin{pmatrix} \langle\uparrow|s_+|\uparrow\rangle & \langle\uparrow|s_+|\downarrow\rangle \\ \langle\downarrow|s_+|\uparrow\rangle & \langle\downarrow|s_+|\downarrow\rangle \end{pmatrix} = \hbar \begin{pmatrix} 0 & 1 \\ 0 & 0 \end{pmatrix} \tag{13.52}$$

$$s_- \to \begin{pmatrix} \langle\uparrow|s_-|\uparrow\rangle & \langle\uparrow|s_-|\downarrow\rangle \\ \langle\downarrow|s_-|\uparrow\rangle & \langle\downarrow|s_-|\downarrow\rangle \end{pmatrix} = \hbar \begin{pmatrix} 0 & 0 \\ 1 & 0 \end{pmatrix} \tag{13.53}$$

$|\uparrow\rangle$と$|\downarrow\rangle$を列ベクトルで

$$|\uparrow\rangle \to \begin{pmatrix} 1 \\ 0 \end{pmatrix}, |\downarrow\rangle \to \begin{pmatrix} 0 \\ 1 \end{pmatrix} \tag{13.54}$$

と表記できます。(13.48)はベクトルの計算で書くと

$$\langle\downarrow|\uparrow\rangle \to \begin{pmatrix} 0 & 1 \end{pmatrix}\begin{pmatrix} 1 \\ 0 \end{pmatrix} = 0, \quad \langle\uparrow|\downarrow\rangle \to \begin{pmatrix} 1 & 0 \end{pmatrix}\begin{pmatrix} 0 \\ 1 \end{pmatrix} = 0 \tag{13.55}$$

となります。$s_\pm = s_x \pm is_y$と(13.52)(13.53)から

$$s_x = \frac{1}{2}(s_+ + s_-) \to \frac{\hbar}{2}\begin{pmatrix} 0 & 1 \\ 1 & 0 \end{pmatrix} \tag{13.56}$$

$$s_y = \frac{1}{2i}(s_+ - s_-) \to \frac{\hbar}{2}\begin{pmatrix} 0 & -i \\ i & 0 \end{pmatrix} \tag{13.57}$$

となります。ここで、

$$\sigma_x = \begin{pmatrix} 0 & 1 \\ 1 & 0 \end{pmatrix}, \sigma_y = \begin{pmatrix} 0 & -i \\ i & 0 \end{pmatrix}, \sigma_z = \begin{pmatrix} 1 & 0 \\ 0 & -1 \end{pmatrix} \tag{13.58}$$

という**パウリ行列**と呼ばれる行列を導入します。パウリ行列の代数関係は

$$[\sigma_x, \sigma_y] = 2i\sigma_z、 [\sigma_z, \sigma_x] = 2i\sigma_y、 [\sigma_y, \sigma_z] = 2i\sigma_x \quad (13.59)$$

となります。

ここで、

$$s_x = \frac{\hbar}{2}\sigma_x, \ s_y = \frac{\hbar}{2}\sigma_y, \ s_z = \frac{\hbar}{2}\sigma_z \quad (13.60)$$

として、(13.60)を(13.59)に代入すると(13.39)の代数関係と一致します。(13.60)はスピンの代数関係を行列表現したものになります。また、パウリ行列は次のような関係にあります。

$$\begin{aligned}\sigma_x \sigma_y &= -\sigma_y \sigma_x \\ \sigma_x \sigma_z &= -\sigma_z \sigma_x \\ \sigma_y \sigma_z &= -\sigma_z \sigma_y\end{aligned} \quad (13.61)$$

パウリ行列は、積の順番を交換するとマイナス符号が出ます。このような性質を**反可換**といいます。

電子はスピンという量子状態を持ち、上向きスピン $|\uparrow\rangle$ と下向きスピン $|\downarrow\rangle$ の2自由度を持つことがわかりました。このように、スピンが半整数の粒子を**フェルミ粒子**といいます。フェルミ粒子は次の規則に従います。

「2個以上のフェルミ粒子は、同じ量子状態を占有できない」

これを**パウリの排他原理**といいます。簡単に言うと、"電車の席に一人が座ると、ほかの人はもうその席に座ることができない"ということです。つまり、席が量子状態で人が電子に対応します。

第11章で水素原子内の電子のシュレディンガー方程式を解いて波動関数を導出し、3つの量子数 n, l, m で波動関数が指定できることを学びました。つまり、電子の量子状態は $|n, l, m\rangle$ と書くことができます。しかし、この場合、スピンについては考慮していませんでした。電子のスピンを考慮すると

$$|n, l, m, m_s\rangle, \ m_s = \pm\frac{1}{2} \quad (13.62)$$

となります。

スピンは量子力学特有の内部自由度です。スピン$\frac{1}{2}$のフェルミ粒子はパウリの排他原理に従い、多粒子系での振る舞いでは、スピンの性質がさらに重要になります。

　本節での説明はここまでにしておきますが、スピンにまつわる物理現象はたくさんあります。例えば、スピンは磁場と相互作用して歳差運動（スピンの向きがコマの軸のように変化する運動）します。また、電子の軌道角運動量とスピン角運動量が相互作用します。

　スピンは、物性物理学など多岐にわたる分野で顔を見せます。先端分野に触れて予習してみるのもいいでしょう。

13-3 粒子のスピンと統計性

同種粒子の表現

粒子のスピンを表す s の値は、理論と実験事実によって明らかになっています。

表13-4 粒子の種類とスピンの値

s の値	粒子の種類
0	π 中間子、K 中間子、ヒッグス粒子（未発見）
$\frac{1}{2}$	電子、陽子、中性子、ニュートリノ、クォーク
1	光子、ウィークボゾン
2	重力子（未発見）

「同じ種類の粒子」と言ったとき、それは**質量・電荷・スピンの大きさ**が同じであることを意味します。同じ種類の粒子は互いに区別できないので、**同種粒子**と呼びます。

同種粒子が多数存在する多粒子系の波動関数を考えてみましょう。簡単のため、座標 (x_1, y_1, z_1) でスピンの z 成分 s_1 の粒子と、座標 (x_2, y_2, z_2) でスピンの z 成分 s_2 の粒子が存在する2個の同種粒子を考えます（図13-5参照）。

図13-5 2個の同種粒子の波動関数

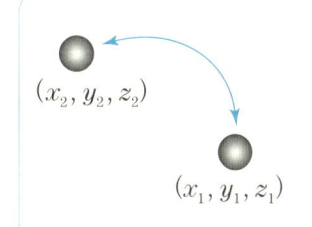

$$\psi(x_1, y_1, z_1, s_1; x_2, y_2, z_2, s_2)$$

(x_2, y_2, z_2)

↓ 粒子の座標とスピンを入れ換える

(x_1, y_1, z_1)

$$\psi(x_2, y_2, z_2, s_2; x_1, y_1, z_1, s_1)$$

波動関数は

$$\psi(x_1, y_1, z_1, s_1; x_2, y_2, z_2, s_2) \tag{13.63}$$

と書くことができます。今、波動関数の座標とスピンの入れ替え操作をすると

$$\psi(x_2, y_2, z_2, s_2; x_1, y_1, z_1, s_1) \tag{13.64}$$

となります。同種粒子なので波動関数の状態は同じですが、量子力学では位相だけ異なっても同じ量子状態を表すことになります。よって、定数倍して

$$\psi(x_2, y_2, z_2, s_2; x_1, y_1, z_1, s_1) = \varepsilon\, \psi(x_1, y_1, z_1, s_1; x_2, y_2, z_2, s_2) \tag{13.65}$$

となり、(13.65) の右辺でさらに座標とスピンを入れ替えると

$$\psi(x_2, y_2, z_2, s_2; x_1, y_1, z_1, s_1) = \varepsilon^2\, \psi(x_2, y_2, z_2, s_2; x_1, y_1, z_1, s_1) \tag{13.66}$$

となるので、

$$\varepsilon^2 = 1 \quad \Rightarrow \quad \varepsilon = \pm 1 \tag{13.67}$$

となります。

ボーズ粒子とフェルミ粒子

上記のように、2個の同種粒子の波動関数は、入れ替えに対して

対称な入れ替え($\varepsilon = +1$):
$$\psi(x_2, y_2, z_2, s_2; x_1, y_1, z_1, s_1) = \psi(x_1, y_1, z_1, s_1; x_2, y_2, z_2, s_2) \tag{13.68}$$
反対称な入れ替え($\varepsilon = -1$):
$$\psi(x_2, y_2, z_2, s_2; x_1, y_1, z_1, s_1) = -\psi(x_1, y_1, z_1, s_1; x_2, y_2, z_2, s_2) \tag{13.69}$$

の2通りしかありません。

　同種粒子の波動関数の座標とスピンの入れ替えの操作に対して、波動関数が対称あるいは反対称で粒子の性質が異なり、次のように名前が付

けられています。

   対称な粒子 ⇒ **ボーズ粒子(ボゾン)**
   反対称な粒子 ⇒ **フェルミ粒子(フェルミオン)**

2個のフェルミ粒子が同じ位置・スピンの状態にあるとき、(13.69)において$(x_1, y_1, z_1, s_1) = (x_2, y_2, z_2, s_2)$とすると

$$\psi = 0 \tag{13.70}$$

となり、波動関数はゼロになります。つまり、**フェルミ粒子は同じ位置に同じスピンは存在しないことになります**。さらに、一般化すると2個以上の粒子は同じ量子状態に占有することはできないことを意味し、前節で扱ったパウリの排他原理そのものになります。

一方、**ボーズ粒子は同じ量子状態に何個でも占有することができます**。図13-6には、フェルミ粒子とボーズ粒子の分布の違いを示しています。線分の位置は異なる量子状態を表しています。例えば、下からフェルミ粒子を詰めていこうとすると、パウリの排他原理から図のように下からフェルミ粒子は積みあがっていきます。一方、ボーズ粒子は下の量子状態にいくらでも占有することが可能になります。

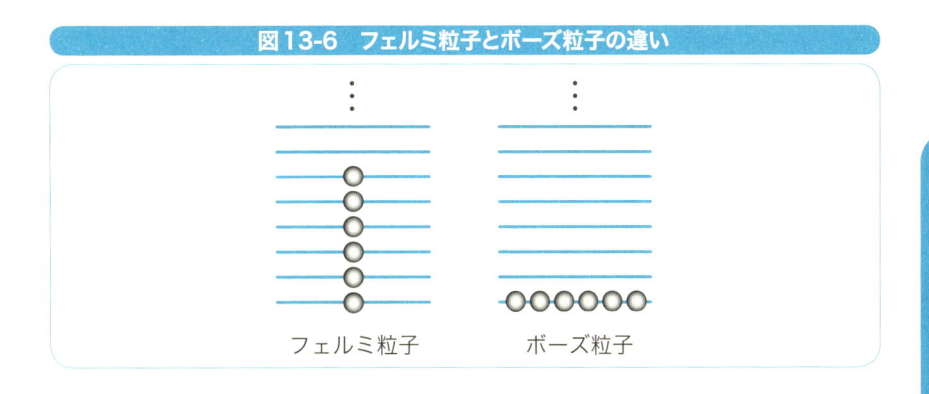

図13-6 フェルミ粒子とボーズ粒子の違い

さらに、相対論的な量子論で扱うとフェルミ粒子とボーズ粒子はスピンsで次のように分類することができます。

$$s = 0, 1, 2, \cdots \quad \Rightarrow \quad ボーズ粒子$$

$$s = \frac{1}{2}, \frac{3}{2}, \frac{5}{2}, \cdots \quad \Rightarrow \quad フェルミ粒子$$

まとめると、表13-7のようになります。

表13-7 ボーズ粒子とフェルミ粒子

	波動関数の変数の入れ替え操作に対して	スピン s	性質
ボーズ粒子	対称	$s = 0, 1, 2, \cdots$	同じ量子状態に何個でも占有できる
フェルミ粒子	反対称	$s = \frac{1}{2}, \frac{3}{2}, \frac{5}{2}, \cdots$	同じ量子状態に2個以上占有できない

> ボーズ粒子の代表は、光子(フォトン)です。同じ量子状態に何個でも占有できるのも、光のイメージならば納得できるのではないでしょうか。

　このような関係を**スピンと粒子の統計性**といいます。ボーズ粒子とフェルミ粒子の決定的な違いが、さまざまな量子現象を引き起こします。例えば、超流動現象や超伝導などです。

　素粒子論では、非常に興味深いことが提唱されています。素粒子論にとっては、自然界の4つの力(重力・電磁気力・弱い力・強い力)を統一する統一理論を作ることが最大の目標になっていますが、その統一理論の候補として、超対称性理論があります。

　超対称性理論とは、ボーズ粒子とフェルミ粒子を入れ替える変換(超対称性変換)の下で不変な場の量子論のことです。つまり、全ての粒子の相棒として超対称性粒子が存在する、というものです。この理論はま

だ仮説に過ぎず、現在のところ超対称性粒子は発見されていません。

　粒子がボーズ粒子(フェルミ粒子)なら、その超対称性粒子はフェルミ粒子(ボーズ粒子)になります。超対称性理論では、光子(フォトン)に対する超対称性粒子をフォティーノと呼びます。以下にいくつかの相棒の名前を示しておきましょう。

粒子⇔超対称性粒子

光子(フォトン)⇔フォティーノ

クォーク⇔スクォーク

レプトン⇔スレプトン

重力子(グラビトン)⇔グラビティーノ

　今、我々が知っている素粒子の理論は低エネルギー世界の理論で、標準模型と呼ばれる理論です。4つの力が統一される統一理論は、非常に高エネルギーの世界での理論です。高エネルギーの世界で超対称性粒子の存在を認めると、力がうまく統一できそうなのですが、しかし、現時点では理論的にも実験的にもあまりうまくいっていません。現在、ヨーロッパのCERNで稼働中のLHC(大型ハドロン衝突加速器)の実験によって、超対称性粒子の存在が確認できるかもしれないと期待されています。

　素粒子を研究する物理学者達は、統一理論完成のためにさまざまなアイデアを提唱しています。超対称性理論もその1つです。若い読者も是非チャレンジ精神を持って、勉学に励んでもらいたいものです。

付録

付録1　必要な数学の知識
付録2　平面波について
付録3　特殊関数公式集
付録4　調和振動子のエネルギー固有値の離散化

今月号の付録♪　付録♪

そういう付録じゃありません。

付録1 必要な数学の知識

複素数

一般に複素数 z は、実数 x, y に対して

$$z = x + iy \tag{A1.1}$$

と定義されます。i は虚数単位と呼ばれ、

$$i^2 = -1 \tag{A1.2}$$

という性質を持ちます。x は実部、y は虚部とも呼ばれ複素数 z の大きさ $|z|$ は

$$|z| = \sqrt{x^2 + y^2} \tag{A1.3}$$

と定義されます。複素数 z は x を横軸(実軸)、y を縦軸(虚軸)にした平面(**複素平面**または**ガウス平面**)上の1点で表されます。図A1-1に示すように、複素数の大きさ $|z|$ は複素平面内の1点から原点までの距離になります。

図A1-1 複素平面

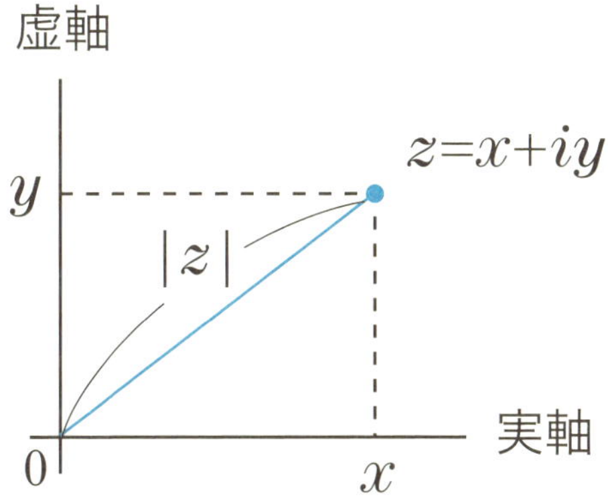

複素数 $z = x + iy$ の i を $-i$ にする操作を複素共役と呼び

$$z^* = x - iy \tag{A1.4}$$

とします。(A1.4)から複素数の大きさの2乗は

$$|z|^2 = z^* z = x^2 + y^2 \tag{A1.5}$$

となります。これは、波動関数 ψ の確率密度 $|\psi|^2$ と同じです。

● べき級数展開

関数 $f(x)$ を $x = a$ のまわりで展開するとき

$$\begin{aligned} f(x) &= \sum_{n=0}^{\infty} \frac{1}{n!} f^{(n)}(a)(x-a)^n \\ &= f(a) + f'(a)(x-a) + \frac{1}{2} f''(a)(x-a)^2 + \frac{1}{3!} f'''(a)(x-a)^3 + \cdots \end{aligned} \tag{A1.6}$$

これを**べき級数展開**(**テイラー展開**)といいます。ここで、

$$f^{(n)}(a) = \left. \frac{d^n}{dx^n} f(x) \right|_{x=a} \tag{A1.7}$$

と書き、$f(x)$ を x で n 回微分した後に $x = a$ を代入することを意味しています。

例えば、$f(x) = e^x$ を $x = 0$ のまわりでべき級数展開すると、(A1.6)から

$$e^x = \sum_{n=0}^{\infty} \frac{1}{n!} x^n = 1 + x + \frac{1}{2} x^2 + \frac{1}{6} x^3 + \cdots \tag{A1.8}$$

となります。(A1.8)をグラフで理解してみましょう。図A1-2には、$x = 0$ 付近の e^x のグラフと、右辺の x の1次まで、2次まで、3次までのグラフがあります。

図A1-2　e^xと3次までのべき級数展開のグラフ

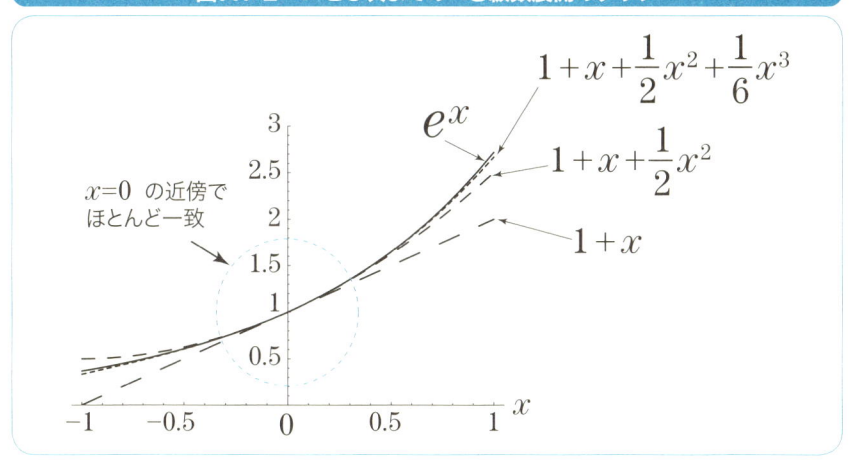

x=0 の近傍でほとんど一致

e^x

$1+x+\frac{1}{2}x^2+\frac{1}{6}x^3$

$1+x+\frac{1}{2}x^2$

$1+x$

　xの高次項まで考慮してくると、x=0 付近では e^x とべき級数展開式とほぼ一致してきます。つまり、(A1.8)の左辺は x が十分小さいときの近似式を与えています。

　物理におけるべき級数展開の役割は、関数の近似式や漸近的挙動を調べるために使われるのがほとんどです。

● 偏微分と全微分

　多変数関数に対して、ただ1つの変数に関して微分する操作を**偏微分**といいます。

　2変数関数 $f(x,y)$ の場合、x についての偏微分は

$$\frac{\partial}{\partial x}f(x,y) = \lim_{\Delta x \to 0}\frac{f(x+\Delta x,y)-f(x,y)}{\Delta x} \tag{A1.9}$$

となります。つまり、y を固定し、x に関しては $x \to x+\Delta x$ だけ微小変化させたときの関数 $f(x,y)$ の変化の割合を意味しています。同様に、y についての偏微分は

$$\frac{\partial}{\partial y}f(x,y) = \lim_{\Delta y \to 0}\frac{f(x,y+\Delta y)-f(x,y)}{\Delta y} \tag{A1.10}$$

となります。つまり、xを固定し、yに関しては$y \to y + \Delta y$だけ微小変化させたときの関数$f(x,y)$の変化の割合を意味しています。

全微分とは、偏微分とは異なり多変数をすべて微小変化させたときの関数の変化量を表すものです。2変数関数$f(x,y)$の場合、xとyを同時に$x \to x + \Delta x$かつ$y \to y + \Delta y$だけ微小変化させたとき関数がΔfだけ変化したとすると、

$$\Delta f = f(x+\Delta x, y+\Delta y) - f(x,y) \tag{A1.11}$$

となります。そのとき、微小量である$\Delta x, \Delta y$の1次まで考慮する近似をとると、$\Delta f \to df$, $\Delta x \to dx$, $\Delta y \to dy$として

$$df = \frac{\partial f}{\partial x}dx + \frac{\partial f}{\partial y}dy \tag{A1.12}$$

となります。(A1.12)は次のように理解できます。

図A1-3を使いながら、説明していきましょう。

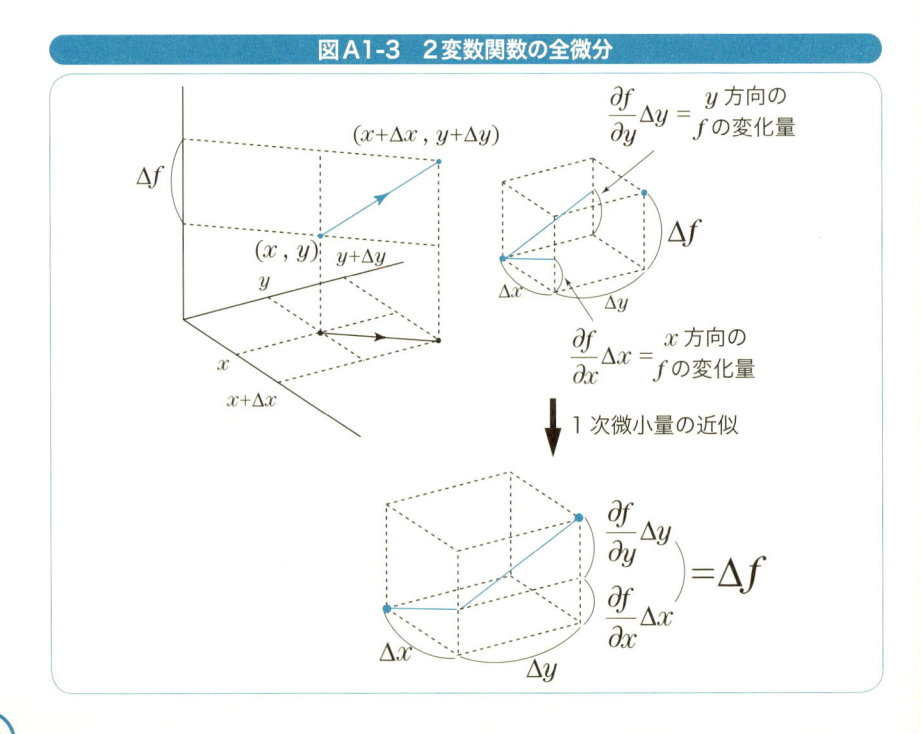

図A1-3　2変数関数の全微分

座標(x, y)を次のように微小変化

$$(x, y) \to (x + \Delta x, y + \Delta y) \quad (A1.13)$$

したとき関数fの変化量Δfとします。1次の微小量$\Delta x, \Delta y$のみを考えると、各方向の変化量は

$$(x, y) \to (x + \Delta x, y) \text{ に対する} f \text{の変化量} = \frac{\partial f}{\partial x} \Delta x$$

$$(x, y) \to (x, y + \Delta y) \text{ に対する} f \text{の変化量} = \frac{\partial f}{\partial y} \Delta y$$

となります。以上から(A1.13)に対して2つの変化量の和をとって

関数の変化量$\Delta f = x$方向のみの変化量$+ y$方向のみの変化量

となり、(A1.12)の全微分が得られます。

極座標系(2次元と3次元)

物理では、直交座標系よりも**極座標系**(距離と角度で位置を決める)で座標を指定した方が物理的な見通しが良い場合がほとんどです。2次元極座標系と2次元直交座標系は次の関係にあります(図A1-4参照)。

$$\begin{array}{l} x = r\cos\theta \\ y = r\sin\theta \end{array} \quad \text{または} \quad \begin{array}{l} r = \sqrt{x^2 + y^2} \\ \tan\theta = \dfrac{y}{x} \end{array} \quad (A1.14)$$

図A1-4　2次元極座標系と面積要素

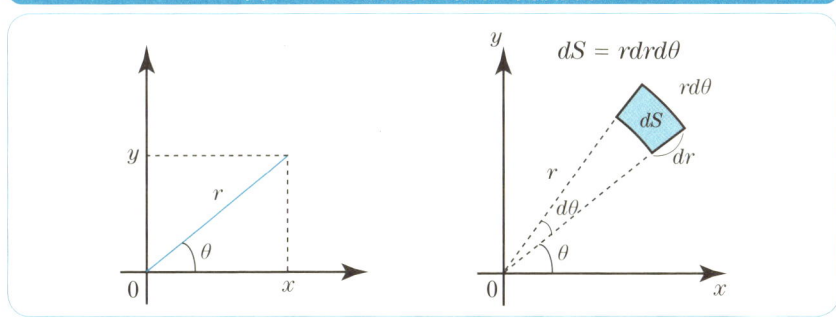

$dS = rdrd\theta$

2次元極座標系における面積要素は、2変数rとθのうち1つを固定して1つを微小変位させたときの線素から計算できます。

θを固定してrをdrだけ微小変位させたときの線素 $= dr$

rを固定してθを$d\theta$だけ微小変位させたときの線素 $= rd\theta$

図Ａ1-4から、面積要素dSは

$$dS = rdrd\theta \tag{A1.15}$$

となります。

3次元極座標系と3次元直交座標系は次の関係にあります（図Ａ1-5参照）。

$$\begin{array}{l} x = r\sin\theta\cos\varphi \\ y = r\sin\theta\sin\varphi \\ z = r\cos\theta \end{array} \quad \text{または} \quad \begin{array}{l} r = \sqrt{x^2 + y^2 + z^2} \\ \tan\varphi = \dfrac{y}{x} \\ \tan\theta = \dfrac{\sqrt{x^2 + y^2}}{z} \end{array} \tag{A1.16}$$

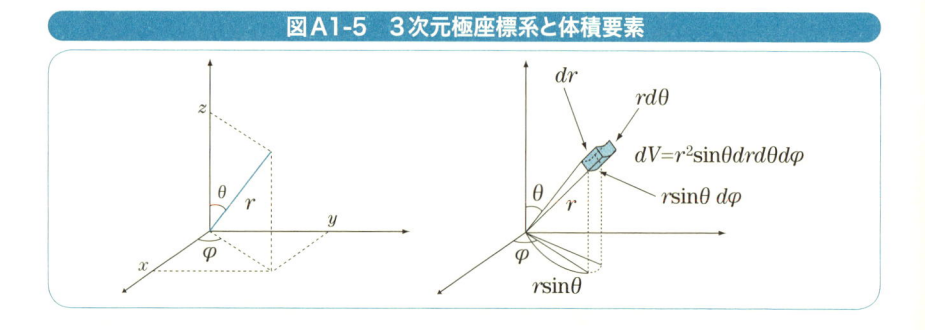

図A1-5　3次元極座標系と体積要素

3次元極座標系における体積要素は、3変数r, φ, θのうち2つを固定して1つを微小変位させたときの線素から計算できます。

θ, φを固定してrをdrだけ微小変位させたときの線素 $= dr$

r, φを固定してθを$d\theta$だけ微小変位させたときの線素 $= rd\theta$

r, θを固定してφを$d\varphi$だけ微小変位させたときの線素 $= r\sin\theta d\varphi$

図Ａ1-5から、体積要素dVは

$$dV = r^2 \sin\theta\, dr\, d\theta\, d\varphi \tag{A1.17}$$

となります。

ガウス積分とそれに関連した積分

量子力学や熱統計力学では、次の積分がよく登場します。$a > 0$、$n = 0, 1, 2\cdots$ に対して、

$$\int_{-\infty}^{\infty} x^{2n} e^{-ax^2} dx = \frac{(2n-1)(2n-3)\cdots 5\cdot 3\cdot 1}{2^n}\sqrt{\frac{\pi}{a^{2n+1}}} \tag{A1.18}$$

$$\int_{0}^{\infty} x^{2n+1} e^{-ax^2} dx = \frac{n!}{2a^{n+1}} \tag{A1.19}$$

となります。これらを簡単に証明してみましょう。

(A1.18)を示すのに重要なのが**ガウス積分**です。

$$\int_{-\infty}^{\infty} e^{-ax^2} dx = \sqrt{\frac{\pi}{a}} \tag{A1.20}$$

これは2重積分を用いると示すことができます。$I = \int_{-\infty}^{\infty} e^{-ax^2} dx$ として、I^2 の計算を直交座標系から極座標系に変換すると次のようになります。

$$\begin{aligned}I^2 &= \int_{-\infty}^{\infty} e^{-ax^2} dx \times \int_{-\infty}^{\infty} e^{-ay^2} dy = \int_{-\infty}^{\infty} dx \int_{-\infty}^{\infty} dy\, e^{-a(x^2+y^2)} \\ &= \int_{0}^{2\pi} d\theta \cdot \int_{0}^{\infty} dr\, r e^{-ar^2} = \frac{\pi}{a}\end{aligned} \tag{A1.21}$$

以上から(A1.20)になります。

次に(A1.20)の両辺を a で微分してみます。

$$\frac{d}{da}\int_{-\infty}^{\infty} e^{-ax^2} dx = \frac{d}{da}\sqrt{\frac{\pi}{a}} \Rightarrow \int_{-\infty}^{\infty} \frac{\partial}{\partial a} e^{-ax^2} dx = -\frac{1}{2}\sqrt{\frac{\pi}{a^3}} \tag{A1.22}$$

左辺の a についての微分は被積分関数に入るとき、a の偏微分になることに注意しましょう。以上から、

$$\int_{-\infty}^{\infty} x^2 e^{-ax^2} dx = \frac{1}{2}\sqrt{\frac{\pi}{a^3}} \tag{A1.23}$$

となり、これは(A1.18)の $n=1$ に対応します。以上から(A1.20)の両辺を a で n 回微分すると

$$\int_{-\infty}^{\infty} \frac{\partial^n}{\partial a^n} e^{-ax^2} dx = \frac{d^n}{da^n}\sqrt{\frac{\pi}{a}} \tag{A1.24}$$

となり、(A1.24)の左辺は

$$\frac{\partial^n}{\partial a^n} e^{-ax^2} = (-1)^n x^{2n} e^{-ax^2} \tag{A1.25}$$

となり、右辺は

$$\begin{aligned}\frac{d^n}{da^n} a^{-\frac{1}{2}} &= \underbrace{\frac{-1}{2} \cdot \frac{-3}{2} \cdots \frac{-(2n-3)}{2} \cdot \frac{-(2n-1)}{2}}_{n\text{個}} a^{-\frac{2n+1}{2}} \\ &= (-1)^n \frac{(2n-1)(2n-3)\cdots 5\cdot 3\cdot 1}{2^n} a^{-\frac{2n+1}{2}}\end{aligned} \tag{A1.26}$$

を使うと、(A1.25)と(A1.26)を(A1.24)に代入して(A1.18)になります。

(A1.19)を示すには、積分

$$\int_0^{\infty} x e^{-ax^2} dx = \frac{1}{2a} \tag{A1.27}$$

を使います。これは $ax^2 = t$ として置換積分すれば計算できます。(A1.27)の両辺を a で n 回微分すると

$$\int_0^{\infty} \frac{\partial^n}{\partial a^n} x e^{-ax^2} dx = \frac{d^n}{da^n} \frac{1}{2a} \tag{A1.28}$$

となり、(A1.28)の左辺は

$$\frac{\partial^n}{\partial a^n} x e^{-ax^2} = (-1)^n x^{2n+1} e^{-ax^2} \tag{A1.29}$$

と右辺は

$$\frac{d^n}{da^n}a^{-1} = \underbrace{(-1)\cdot(-2)\cdots(-n-1)\cdot(-n)}_{n個}a^{-n-1} = (-1)^n n! a^{-n-1} \quad \text{(A1.30)}$$

を使うと、(A1.29)と(A1.30)を(A1.28)に代入して(A1.19)になります。

3次元極座標のラプラシアン

3次元直交座標系のラプラシアンを3次元極座標系のラプラシアンに書き直します。x, y, zの偏微分をr, θ, φの偏微分に書き直すために、下記の偏微分の連鎖則

$$\begin{aligned}\frac{\partial}{\partial x} &= \frac{\partial r}{\partial x}\frac{\partial}{\partial r} + \frac{\partial \theta}{\partial x}\frac{\partial}{\partial \theta} + \frac{\partial \varphi}{\partial x}\frac{\partial}{\partial \varphi} \\ \frac{\partial}{\partial y} &= \frac{\partial r}{\partial y}\frac{\partial}{\partial r} + \frac{\partial \theta}{\partial y}\frac{\partial}{\partial \theta} + \frac{\partial \varphi}{\partial y}\frac{\partial}{\partial \varphi} \\ \frac{\partial}{\partial z} &= \frac{\partial r}{\partial z}\frac{\partial}{\partial r} + \frac{\partial \theta}{\partial z}\frac{\partial}{\partial \theta} + \frac{\partial \varphi}{\partial z}\frac{\partial}{\partial \varphi}\end{aligned} \quad \text{(A1.31)}$$

を使います。(A1.16)から、(A1.31)に登場する偏微分を下記に与えます。

$$r = \sqrt{x^2+y^2+z^2} \to \begin{aligned}\frac{\partial r}{\partial x} &= \sin\theta\cos\varphi \\ \frac{\partial r}{\partial y} &= \sin\theta\sin\varphi \\ \frac{\partial r}{\partial z} &= \cos\theta\end{aligned}, \quad \tan\varphi = \frac{y}{x} \to \begin{aligned}\frac{\partial \varphi}{\partial x} &= -\frac{\sin\varphi}{r\sin\theta} \\ \frac{\partial \varphi}{\partial y} &= \frac{\cos\varphi}{r\sin\theta} \\ \frac{\partial \varphi}{\partial z} &= 0\end{aligned} \quad \text{(A1.32)}$$

また、

$$\tan\theta = \frac{\sqrt{x^2+y^2}}{z} \to \begin{aligned}\frac{\partial \theta}{\partial x} &= \frac{\cos\theta\cos\varphi}{r} \\ \frac{\partial \theta}{\partial y} &= \frac{\cos\theta\sin\varphi}{r} \\ \frac{\partial \theta}{\partial z} &= -\frac{\sin\theta}{r}\end{aligned} \quad \text{(A1.33)}$$

となるので、(A1.31)は

$$\frac{\partial}{\partial x} = \sin\theta\cos\varphi\frac{\partial}{\partial r} + \frac{\cos\theta\cos\varphi}{r}\frac{\partial}{\partial \theta} - \frac{\sin\varphi}{r\sin\theta}\frac{\partial}{\partial \varphi}$$

$$\frac{\partial}{\partial y} = \sin\theta\sin\varphi\frac{\partial}{\partial r} + \frac{\cos\theta\sin\varphi}{r}\frac{\partial}{\partial \theta} + \frac{\cos\varphi}{r\sin\theta}\frac{\partial}{\partial \varphi} \quad \text{(A1.34)}$$

$$\frac{\partial}{\partial z} = \cos\theta\frac{\partial}{\partial r} - \frac{\sin\theta}{r}\frac{\partial}{\partial \theta}$$

となります。次に、少々大変な $\frac{\partial^2}{\partial x^2}$ の計算方法を示します。

$$\frac{\partial^2}{\partial x^2} = \frac{\partial}{\partial x}\frac{\partial}{\partial x}$$
$$= \left(\sin\theta\cos\varphi\frac{\partial}{\partial r} + \frac{\cos\theta\cos\varphi}{r}\frac{\partial}{\partial \theta} - \frac{\sin\varphi}{r\sin\theta}\frac{\partial}{\partial \varphi}\right)$$
$$\left(\sin\theta\cos\varphi\frac{\partial}{\partial r} + \frac{\cos\theta\cos\varphi}{r}\frac{\partial}{\partial \theta} - \frac{\sin\varphi}{r\sin\theta}\frac{\partial}{\partial \varphi}\right)$$

$$= \sin\theta\cos\varphi\frac{\partial}{\partial r}\underbrace{\left(\sin\theta\cos\varphi\frac{\partial}{\partial r} + \frac{\cos\theta\cos\varphi}{r}\frac{\partial}{\partial \theta} - \frac{\sin\varphi}{r\sin\theta}\frac{\partial}{\partial \varphi}\right)}_{①}$$

$$+ \frac{\cos\theta\cos\varphi}{r}\frac{\partial}{\partial \theta}\underbrace{\left(\sin\theta\cos\varphi\frac{\partial}{\partial r} + \frac{\cos\theta\cos\varphi}{r}\frac{\partial}{\partial \theta} - \frac{\sin\varphi}{r\sin\theta}\frac{\partial}{\partial \varphi}\right)}_{②}$$

$$- \frac{\sin\varphi}{r\sin\theta}\frac{\partial}{\partial \varphi}\underbrace{\left(\sin\theta\cos\varphi\frac{\partial}{\partial r} + \frac{\cos\theta\cos\varphi}{r}\frac{\partial}{\partial \theta} - \frac{\sin\varphi}{r\sin\theta}\frac{\partial}{\partial \varphi}\right)}_{③}$$

①、②、③はそれぞれ以下のように計算できます。

$$① = \sin\theta\cos\varphi\frac{\partial^2}{\partial r^2} - \frac{\cos\theta\cos\varphi}{r^2}\frac{\partial}{\partial \theta} + \frac{\cos\theta\cos\varphi}{r}\frac{\partial^2}{\partial r\partial \theta}$$
$$+ \frac{\sin\varphi}{r^2\sin\theta}\frac{\partial}{\partial \varphi} - \frac{\sin\varphi}{r\sin\theta}\frac{\partial^2}{\partial r\partial \varphi}$$

(A1.35)

$$② = \cos\theta\cos\varphi\frac{\partial}{\partial r} + \sin\theta\cos\varphi\frac{\partial^2}{\partial r\partial\theta} - \frac{\sin\theta\cos\varphi}{r}\frac{\partial}{\partial\theta} + \frac{\cos\theta\cos\varphi}{r}\frac{\partial^2}{\partial\theta^2}$$
$$+ \frac{\cos\theta\sin\varphi}{r\sin^2\theta}\frac{\partial}{\partial\varphi} - \frac{\sin\varphi}{r\sin\theta}\frac{\partial^2}{\partial\theta\partial\varphi}$$

(A1.36)

$$③ = -\sin\theta\sin\varphi\frac{\partial}{\partial r} + \sin\theta\cos\varphi\frac{\partial^2}{\partial r\partial\varphi} - \frac{\cos\theta\sin\varphi}{r}\frac{\partial}{\partial\theta} + \frac{\cos\theta\cos\varphi}{r}\frac{\partial^2}{\partial\theta\partial\varphi}$$
$$- \frac{\cos\varphi}{r\sin\theta}\frac{\partial}{\partial\varphi} - \frac{\sin\varphi}{r\sin\theta}\frac{\partial^2}{\partial\varphi^2}$$

(A1.37)

以上から、

$$\frac{\partial^2}{\partial x^2} = \sin^2\theta\cos^2\varphi\frac{\partial^2}{\partial r^2} - \frac{\sin\theta\cos\theta\cos^2\varphi}{r^2}\frac{\partial}{\partial\theta} + \frac{\sin\theta\cos\theta\cos^2\varphi}{r}\frac{\partial^2}{\partial r\partial\theta}$$
$$+ \frac{\sin\varphi\cos\varphi}{r^2}\frac{\partial}{\partial\varphi} - \frac{\sin\varphi\cos\varphi}{r\sin\theta}\frac{\partial^2}{\partial r\partial\varphi}$$
$$+ \frac{\cos^2\theta\cos^2\varphi}{r}\frac{\partial}{\partial r} + \frac{\sin\theta\cos\theta\cos^2\varphi}{r}\frac{\partial^2}{\partial r\partial\theta} - \frac{\sin\theta\cos\theta\cos^2\varphi}{r^2}\frac{\partial}{\partial\theta}$$
$$+ \frac{\cos^2\theta\cos^2\varphi}{r^2}\frac{\partial^2}{\partial\theta^2} + \frac{\cos^2\theta\sin\varphi\cos\varphi}{r^2\sin^2\theta}\frac{\partial}{\partial\varphi} - \frac{\cos\theta\sin\varphi\cos\varphi}{r^2\sin\theta}\frac{\partial^2}{\partial\theta\partial\varphi}$$
$$+ \frac{\sin^2\varphi}{r}\frac{\partial}{\partial r} - \frac{\sin\varphi\cos\varphi}{r}\frac{\partial^2}{\partial r\partial\varphi} + \frac{\cos\theta\sin^2\varphi}{r^2\sin\theta}\frac{\partial}{\partial\theta}$$
$$- \frac{\cos\theta\sin\varphi\cos\varphi}{r^2\sin\theta}\frac{\partial^2}{\partial\theta\partial\varphi} + \frac{\sin\varphi\cos\varphi}{r^2\sin^2\theta}\frac{\partial}{\partial\varphi} + \frac{\sin^2\varphi}{r^2\sin^2\theta}\frac{\partial^2}{\partial\varphi^2}$$

同様にして、$\frac{\partial^2}{\partial y^2}$, $\frac{\partial^2}{\partial z^2}$ を計算します。その結果、

$$\frac{\partial^2}{\partial x^2} + \frac{\partial^2}{\partial y^2} + \frac{\partial^2}{\partial z^2} = \frac{1}{r^2}\frac{\partial}{\partial r}\left(r^2\frac{\partial}{\partial r}\right) + \frac{1}{r^2}\left[\frac{1}{\sin\theta}\frac{\partial}{\partial\theta}\left(\sin\theta\frac{\partial}{\partial\theta}\right) + \frac{1}{\sin^2\theta}\frac{\partial^2}{\partial\varphi^2}\right]$$

(A1.38)

を得たときの喜びはこの上ないものでしょう。

オイラーの式

オイラーの式

$$e^{i\theta} = \cos\theta + i\sin\theta \tag{A1.39}$$

は指数関数と三角関数の関係式を表しています。オイラーの式はベキ級数展開によって以下のように証明できます。

$$e^{i\theta} = \sum_{n=0}^{\infty}\frac{1}{n!}(i\theta)^n = \sum_{n=0}^{\infty}\frac{(-1)^n}{(2n)!}\theta^{2n} + i\sum_{n=0}^{\infty}\frac{(-1)^n}{(2n+1)!}\theta^{2n+1} = \cos\theta + i\sin\theta \tag{A1.40}$$

ここで、三角関数のべき級数展開を使っています。

オイラーの式を使うと、$-1, i$ を次のように指数関数で表すことができます。

$$e^{i\pi} = -1 \quad , \quad e^{i\frac{\pi}{2}} = i \tag{A1.41}$$

(A1.39)を複素平面で表すと、$z = e^{i\theta}$ は半径1の円周上の点になります。(図A1-6参照)。

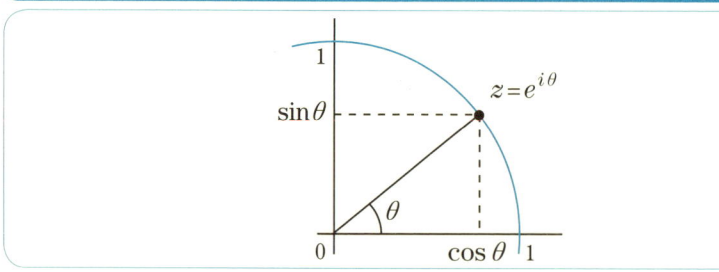

図A1-6 オイラーの式の複素平面上での表示

オイラーの式は、量子力学で頻繁に登場します。特に、波動関数の周期的境界条件において $e^{i\theta} = 1$ が出てきますが、これを満たす θ は

$$\theta = 2\pi n, \quad n = 0, \pm 1, \pm 2, \cdots$$

となります。

付録2 平面波について

波の式（実数表示）

　水面上を伝わる波を数学的に表現するには、時刻と位置を与えると波の高さを与える式が必要です。そこで、x の正方向を進む速さ v の波を考えます。ある時刻の波の写真を撮ったとします（図A2-1参照）。そのときの時刻を $t=0$ とすると、波の高さを $y(x,t)$、波長を λ、振幅を A とすると y は次のように書くことができます。

$$y(x,0) = A\sin\left(\frac{2\pi}{\lambda}x + \delta\right) \tag{A2.1}$$

　ここで、δ は初期位相であり、sin関数で表すかcos関数で表すかはどちらでもよい。時刻が経過すると波は正方向に進み、$t=t$ 秒後の波の写真を撮ると、$t=0$ の波よりも距離 vt だけ進んでいることがわかります。t 秒後の波の高さ $y(x,t)$ は $y(x,0)$ のグラフを正方向に vt だけ平行移動したものなので、

$$y(x,t) = y(x - vt, 0) \tag{A2.2}$$

と書けます。

図A2-1　波の式

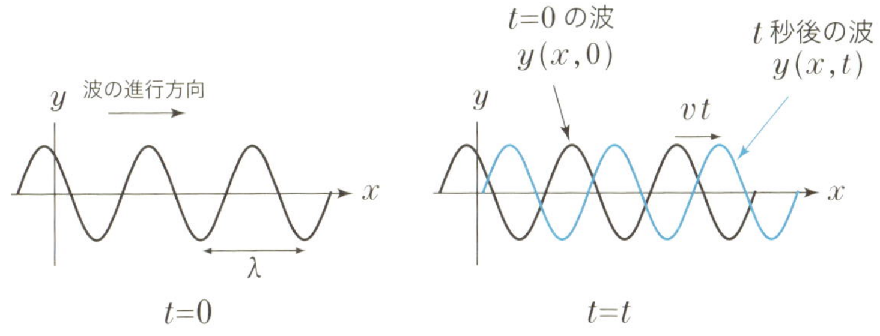

(A2.1)(A2.2)から

$$y(x,t) = A\sin\left(\frac{2\pi}{\lambda}(x - vt) + \delta\right) \tag{A2.3}$$

となります。また、波の周期を T(波が1波長進む時間)とすると $\lambda = vT$ なので

$$y(x,t) = A\sin\left(2\pi\left(\frac{x}{\lambda} - \frac{t}{T}\right) + \delta\right) \tag{A2.4}$$

と書くことができます。この式は高校物理で扱う波の式になります。
　さらに、角振動数 $\omega = \frac{2\pi}{T}$、波数 $k = \frac{2\pi}{\lambda}$ とすると(A2.4)は

$$y(x,t) = A\sin(kx - \omega t + \delta) \tag{A2.5}$$

となります。k が波数を表す由来を考えてみましょう。1波長 λ の波を1個とすると、$\frac{1}{\lambda}$ は単位長さ当たりの波の個数になります。よって、$\frac{x}{\lambda}$ は位置 x にある波の個数を表すことになるのです。

◐ 平面波（複素数表示）

　1次元方向に伝わる波(A2.5)は実数で表示されていましたが、これを複素数で表示すると便利です。オイラーの式 $e^{i\theta} = \cos\theta + i\sin\theta$ はサイン関数とコサイン関数を両方含んでおり、また指数関数なので微分積分に関して計算が非常に容易なのです。すると、(A2.5)は複素数表示で y を ψ と書くと

$$\Psi(x,t) = Ae^{i(kx - \omega t)} \tag{A2.6}$$

となります。ここで、初期位相の因子 $e^{i\delta}$ は振幅 A に含めました。(A2.6)が1次元波動方程式

$$\frac{\partial^2}{\partial x^2}\Psi(x,t) = \frac{1}{v^2}\frac{\partial^2}{\partial t^2}\Psi(x,t) \tag{A2.7}$$

を満たすことは(A2.7)に代入すると簡単に確認できます。ここで、角振動数 ω、波の速度 v、波数 k の関係は

$$\omega = vk \tag{A2.8}$$

です。

(A2.7)を3次元空間内を伝わる波動方程式に拡張すると

$$\left(\frac{\partial^2}{\partial x^2} + \frac{\partial^2}{\partial y^2} + \frac{\partial^2}{\partial z^2}\right)\Psi(x,y,z,t) = \frac{1}{v^2}\frac{\partial^2}{\partial t^2}\Psi(x,y,z,t) \tag{A2.9}$$

となります。(A2.6)を3次元空間内を伝わる波動に拡張すると

$$\Psi(x,y,z,t) = A e^{i(k_x x + k_y y + k_z z - \omega t)} \tag{A2.10}$$

となります。(A2.10)を(A2.9)に代入すると

$$\omega = v\sqrt{k_x^2 + k_y^2 + k_z^2} \tag{A2.11}$$

となります。

さて、3次元空間内を伝わる波動はどのようにイメージすればよいでしょう。もう水面上を伝わる波のようなイメージができないと思うかもしれません。例えば、電磁波は3次元空間を伝わる電場と磁場の**波動場**です。空間内の1点にある場(位置と時刻の関数)が付与されているのです。(A2.10)も波動場として考えるとよいでしょう。時刻 t において波動場 Ψ が同じ値をもつ面を**波面**とよびます。

ここで、波数ベクトル $\boldsymbol{k}$ と位置ベクトル $\boldsymbol{r}$ をそれぞれ

$$\boldsymbol{k} = (k_x, k_y, k_z) \tag{A2.12}$$

$$\boldsymbol{r} = (x, y, z) \tag{A2.13}$$

とすると(A2.10)は

$$\Psi(x,y,z,t) = A\exp\bigl(i(\boldsymbol{k}\cdot\boldsymbol{r} - \omega t)\bigr) \tag{A2.14}$$

と書くことができ、(A2.11)は

$$\omega = v|\boldsymbol{k}| \tag{A2.15}$$

という関係になります。

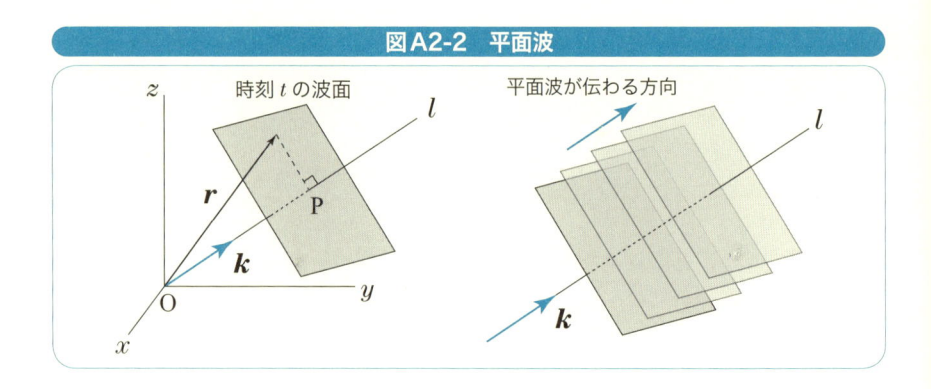

図A2-2　平面波

(A2.14)を3次元空間内を伝わる**平面波**といいます。3次元空間内の位置ベクトル r から波数ベクトル k の延長上の直線 l に下ろした垂線と l との交点をPとします。すると波数ベクトルと位置ベクトルの内積は

$$k \cdot r = |k|\overline{\text{OP}} \tag{A2.16}$$

となります。$\overline{\text{OP}}$ は原点OとPまでの距離です。直線 l に直交する平面では $k \cdot r =$ 一定なので、(A2.14)から時刻 t において波動場は $\Psi =$ 一定となります。つまり、波数ベクトルに直交する平面は波面になります。時刻が経過すると、波数ベクトル k の方向に沿って波面は移動します。つまり、波数ベクトルは平面波の進む方向と一致します。

平面波の複素数表示

$$\Psi(x,y,z,t) = A\exp\bigl(i(k \cdot r - \omega t)\bigr) \tag{A2.17}$$

は量子力学では都合がよいのです。なぜなら、運動量演算子 $p = -i\hbar\nabla$ とエネルギー演算子 $E = i\hbar\dfrac{\partial}{\partial t}$ に対して

$$p\Psi = \hbar k \Psi \tag{A2.18}$$

$$E\Psi = \hbar\omega\Psi \tag{A2.19}$$

となり、Ψ は固有関数になるからです。この式からわかるように、平面波(A2.17)の運動量は $\hbar k$，エネルギーは $\hbar\omega$ となります。

付録3 特殊関数公式集

● エルミート多項式　$H_n(x)$　$n = 0, 1, 2, \cdots$

○微分方程式

$$\frac{d^2}{dx^2}H_n(x) - 2x\frac{d}{dx}H_n(x) + 2n H_n(x) = 0$$

○母関数

$$\exp\left(-t^2 + 2xt\right) = \sum_{n=0}^{\infty}\frac{H_n(x)}{n!}t^n$$

○表示

$$H_n(x) = (-1)^n e^{\frac{x^2}{2}}\frac{d^n}{dx^n}e^{-\frac{x^2}{2}}$$

○直交性

$$\int_{-\infty}^{\infty} e^{-x^2} H_n(x) H_m(x) dx = 2^n n! \sqrt{\pi}\, \delta_{n,m}$$

○漸化式

$$H_{n+1}(x) = 2x H_n(x) - 2n H_{n-1}(x)$$
$$H_n'(x) = 2n H_{n-1}(x)$$

○具体的表記

$$H_0(x) = 1$$
$$H_1(x) = 2x$$
$$H_2(x) = 4x^2 - 2$$
$$H_3(x) = 8x^3 - 12x$$
$$H_4(x) = 16x^4 - 48x^2 + 12$$

ルジャンドル多項式　$P_n(x)$　$n = 0, 1, 2, \cdots$

○微分方程式

$$\frac{d}{dx}\left((1-x^2)\frac{d}{dx}P_n(x)\right) + n(n+1)P_n(x) = 0$$

○母関数

$$\frac{1}{\sqrt{1-2tx+t^2}} = \sum_{n=0}^{\infty} P_n(x)t^n$$

○表示

$$P_n(x) = \frac{1}{2^n n!}\frac{d^n}{dx^n}(x^2-1)^n$$

○直交性

$$\int_{-1}^{1} P_n(x)P_m(x)dx = \frac{2}{2n+1}\delta_{n,m}$$

○漸化式

$$(n+1)P_{n+1}(x) = (2n+1)xP_n(x) - nP_{n-1}(x)$$
$$P'_{n+1}(x) - xP'_n(x) = (n+1)P_n(x)$$

○具体的表記

$$P_0(x) = 1$$
$$P_1(x) = x$$
$$P_2(x) = \frac{1}{2}(3x^2 - 1)$$
$$P_3(x) = \frac{1}{2}(5x^3 - 3x)$$
$$P_4(x) = \frac{1}{8}(35x^4 - 30x^2 + 3)$$

● ルジャンドル陪関数　$P_n^m(x),\ m \leqq n$

○微分方程式

$$\frac{d}{dx}\left((1-x^2)\frac{d}{dx}P_n^m(x)\right) + \left(n(n+1) - \frac{m^2}{1-x^2}\right)P_n^m(x) = 0$$

○表示

$$P_n^m(x) = (1-x^2)^{\frac{m}{2}} \frac{d^m}{dx^m} P_n(x)$$

○直交性

$$\int_{-1}^{1} P_n^m(x) P_{n'}^m(x) dx = \frac{2}{2n+1} \frac{(n+m)!}{(n-m)!} \delta_{n,n'}$$

○漸化式

$$(1-x^2)\frac{d^2}{dx^2}P_n^m(x) - 2(m+1)x\frac{d}{dx}P_n^m(x) + \left[n(n+1) - m(m+1)\right]P_n^m(x) = 0$$

● 球面調和関数　$Y_l^m(\theta, \varphi)\ |m| \leqq l, l = 0, 1, 2, \cdots$

○定義式

$$Y_l^m(\theta, \varphi) = (-1)^{\frac{m+|m|}{2}} \sqrt{\frac{2l+1}{4\pi} \frac{(l-|m|)!}{(l+|m|)!}}\ P_l^{|m|}(\cos\theta)\ e^{im\varphi}$$

○直交性

$$\int_{\varphi=0}^{2\pi} \int_{\theta=0}^{\pi} Y_{l_1}^{m_1*}(\theta, \varphi) Y_{l_2}^{m_2}(\theta, \varphi) \sin\theta\ d\theta\ d\varphi = \delta_{l_1, l_2} \delta_{m_1, m_2}$$

ラゲール多項式 $L_n(x)$ とラゲール陪多項式 $L_n^m(x)$, $m \leq n$

○微分方程式

$$x\frac{d^2}{dx^2}L_n^m(x)+(m+1-x)\frac{d}{dx}L_n^m(x)+(n-m)L_n^m(x)=0$$

○表示

$$L_n^m(x)=\frac{d^m}{dx^m}L_n(x)$$

$$L_n(x)=e^x\frac{d^n}{dx^n}(e^{-x}x^n)$$

○母関数

$$\frac{1}{1-t}e^{-\frac{xt}{1-t}}=\sum_{n=0}^{\infty}\frac{t^n}{n!}L_n(x)$$

○直行性

$$\int_0^{\infty}e^{-x}L_n(x)L_m(x)dx=(n!)^2\delta_{n,m}$$

$$\int_0^{\infty}x^m e^{-x}L_n^m(x)L_{n'}^m(x)dx=\frac{(n!)^3}{(n-m)!}\delta_{n,n'}$$

$$\int_0^{\infty}x^{m+1}e^{-x}L_n^m(x)L_{n'}^m(x)dx=\frac{(n!)^3}{(n-m)!}(2n-m+1)\delta_{n,n'}$$

○ 具体的表記

$$L_1^1(x)=-1$$
$$L_2^1(x)=-2(2-x)$$
$$L_3^1(x)=-3(6-6x+x^2), L_3^3(x)=-6$$
$$L_4^3(x)=-24(4-x)$$
$$L_5^5(x)=-120$$

付録4 調和振動子のエネルギー固有値の離散化

　第8章で省略した調和振動子のエネルギー固有値 E が離散化する理由を説明しましょう。調和振動子の波動関数は第8章(8.18)から

$$\psi(z) = u(z)e^{-\frac{z^2}{2}} \tag{A4.1}$$

となり、$u(z)$ が満たすべき微分方程式は(8.19)で与えられた

$$\frac{d^2}{dz^2}u(z) - 2z\frac{d}{dz}u(z) + 2\lambda u(z) = 0 \tag{A4.2}$$

です。ここで、

$$\lambda = \frac{E}{\hbar\omega} - \frac{1}{2} \tag{A4.3}$$

としました。物理的意味のある波動関数 ψ を要請すると

$$\lambda = 0, 1, 2, \tag{A4.4}$$

となることを以下の手順で示します。

手順1）べき級数解を仮定する

(A4.2)の微分方程式解を得るため次のようなべき級数解を仮定します。

$$u(z) = z^s(c_0 + c_1 z + c_2 z^2 + \cdots) = \sum_{n=0}^{\infty} c_n z^{n+s} \tag{A4.5}$$

$$c_0 \neq 0 \tag{A4.6}$$

このように、べき級数解で微分方程式を解く方法はよくやるので覚えておきましょう。(A4.5)を(A4.2)に代入すると

$$\sum_{n=0}^{\infty} c_n(n+s)(n+s-1)z^{n+s-2} + \sum_{n=0}^{\infty} c_n(2\lambda - 2(n+s))z^{n+s} = 0 \tag{A4.7}$$

となります。(A4.7)が成り立つためには z の係数が全て常にゼロである

必要があります。(A4.7)の第1項の和だけを $n=0,1$ まで進めて書くと

$$c_0 s(s-1)z^{s-2} + c_1 s(s+1)z^{s-1} + \sum_{n=2}^{\infty} c_n(n+s)(n+s-1)\,z^{n+s-2}$$
$$+ \sum_{n=0}^{\infty} c_n(2\lambda - 2(n+s))\,z^{n+s} = 0 \tag{A4.8}$$

となります。(A4.8)の第3項の和は $n \to n+2$ に置き換えると第4項の和の z のべきと同じになるのでまとめることができます。

$$c_0 s(s-1)z^{s-2} + c_1 s(s+1)z^{s-1}$$
$$+ \sum_{n=0}^{\infty} \left\{ c_{n+2}(n+s+1)(n+s+2) - 2c_n(n+s-\lambda) \right\} z^{n+s-2} = 0 \tag{A4.9}$$

以上から、z の係数が全て同時にゼロになればよいので、

$$c_0 s(s-1) = 0 \tag{A4.10}$$
$$c_1 s(s+1) = 0 \tag{A4.11}$$
$$c_{n+2}(n+s+1)(n+s+2) = 2c_n(n+s-\lambda) \tag{A4.12}$$

となります。

手順2）べき級数解の漸化式から解を見つける

(A4.6)と(A4.10)から $s=0$ または $s=1$ となります。それぞれの場合で(A4.12)の c_n に対する漸化式の性質をみましょう。

【$s=0$ のとき】

このとき、べき級数解(A4.5)は

$$u(z) = c_0 + c_1 z + c_2 z^2 + c_3 z^3 \cdots = \sum_{n=0}^{\infty} c_n z^n \tag{A4.13}$$

となります。また、(A4.11)を自動的に満たすので $c_1 = $ 任意となります。(A4.12)は

$$c_{n+2} = \frac{2(n-\lambda)}{(n+1)(n+2)} c_n \tag{A4.14}$$

となります。(A4.14)は係数 c_n を与えたら係数 c_{n+2} を決める漸化式なので、$n=$ 偶数のときは $c_{偶数}$ の値のみ決め、$n=$ 奇数のときは $c_{奇数}$ の値のみ決める漸化式になります。具体的に書いてみましょう。

c_0 が決まると $c_2, c_4, c_6, \cdots$ の値が以下のように決まっていきます。

$$c_2 = \frac{2(-\lambda)}{1 \cdot 2} c_0$$
$$c_4 = \frac{2(2-\lambda)}{3 \cdot 4} c_2 = \frac{2^2(2-\lambda)(-\lambda)}{1 \cdot 2 \cdot 3 \cdot 4} c_0 \quad (A4.15)$$
$$c_6 = \frac{2(4-\lambda)}{5 \cdot 6} c_4 = \frac{2^3(4-\lambda)(2-\lambda)(-\lambda)}{1 \cdot 2 \cdot 3 \cdot 4 \cdot 5 \cdot 6} c_0$$
$$\vdots$$

また、c_1 が決まると $c_3, c_5, c_7, \cdots$ の値が以下のように決まっていきます。

$$c_3 = \frac{2(1-\lambda)}{2 \cdot 3} c_1$$
$$c_5 = \frac{2(3-\lambda)}{4 \cdot 5} c_3 = \frac{2^2(3-\lambda)(1-\lambda)}{2 \cdot 3 \cdot 4 \cdot 5} c_1 \quad (A4.16)$$
$$c_7 = \frac{2(5-\lambda)}{6 \cdot 7} c_5 = \frac{2^3(5-\lambda)(3-\lambda)(1-\lambda)}{2 \cdot 3 \cdot 4 \cdot 5 \cdot 6 \cdot 7} c_1$$
$$\vdots$$

(A4.15)(A4.16)から、$\lambda \neq$ 非負整数のときゼロではない c_n が無限につづくことになります。このとき何が起きるか調べてみましょう。

n が大きくなると、(A4.14)から

$$\frac{c_{n+2}}{c_n} \to \frac{2}{n} \quad (A4.17)$$

となります。つまり、(A4.13)の $u(z)$ のべき級数解の z のべきが十分大きいときの係数 c_n の漸化式が $nc_{n+2} \approx 2c_n$ の関係になることを意味しています。実は、このようなべき級数展開になる関数はすでに知られているのです。

e^x を $x = 0$ のまわりでべき級数展開すると

$$e^x = 1 + \frac{1}{1!}x + \frac{1}{2!}x^2 + \frac{1}{3!}x^3 + \cdots + \frac{1}{n!}x^n + \frac{1}{(n+1)!}x^{n+1} + \cdots \quad (A4.18)$$

となります。$x \to x^2$ にすると

$$e^{x^2} = 1 + \frac{1}{1!}x^2 + \frac{1}{2!}x^4 + \frac{1}{3!}x^6 + \cdots + \frac{1}{n!}x^{2n} + \frac{1}{(n+1)!}x^{2n+2} + \cdots$$

$$= 1 + \frac{1}{1!}x^2 + \frac{1}{2!}x^4 + \frac{1}{3!}x^6 + \cdots + \frac{1}{\left(\frac{\nu}{2}\right)!}x^\nu + \frac{1}{\left(\frac{\nu}{2}+1\right)!}x^{\nu+2} + \cdots \quad (A4.19)$$

となるので e^{x^2} のべき級数展開において x^ν の係数は $c_\nu = \dfrac{1}{\left(\dfrac{\nu}{2}\right)!}$ なので ν が十分大きい極限で

$$\frac{c_{\nu+2}}{c_\nu} = \frac{1}{\dfrac{\nu}{2}+1} \to \frac{2}{\nu} \quad (A4.20)$$

となります。このように、係数 c_n が(A4.17)の漸化式のとき、n が偶数・奇数にかかわらず無限べき級数であれば

$$\cdots + c_n z^n + c_{n+2} z^{n+2} + \cdots \cong e^{z^2} \quad (A4.21)$$

となります。以上から、$\lambda \neq$ 非負整数のとき $u(z)$ は無限べき級数になり

$$u(z) = (c_0 + c_2 z^2 + c_4 z^4 + \cdots) + z(c_1 + c_3 z^2 + c_5 z^4 + \cdots) \cong c_0 e^{z^2} + c_1 z e^{z^2} \quad (A4.22)$$

という挙動になります。この解は物理的に許されるでしょうか。

(A4.1)の波動関数に(A4.22)を代入すると

$$\psi(z) \cong (c_0 + c_1 z) e^{\frac{z^2}{2}} \quad (A4.23)$$

となります。これは任意であった $c_1 = 0$ を選んだとしても $z \to \pm\infty$(無限遠方)において波動関数は

$$\lim_{z \to \pm\infty} \psi(z) = \infty \quad (A4.24)$$

となり発散し、物理的に不適になります。

それでは、物理的に意味のある解はないのでしょうか。答えはあります。$u(z)$ が無限べき級数にならなければよいのです。つまり、**$u(z)$ が多項式になればこの状況から抜け出せます。**

漸化式(A4.14)を見ればわかるように、$\lambda = m$(非負整数)を選んだとき、係数 $c_{m+2} = 0$ となり無限に漸化式は続かなくなります。もう少し、詳

細に調べてみましょう。

$\lambda=2m$(偶数)のとき、$c_{2m+2}=0$ となり c_{2m} で z の偶数べきの和は打ち止めとなります。しかし、$c_{奇数} \neq 0$ なので z の奇数べきの係数は無限に続くので、やはり $u(z)$ は無限べき級数になりそうですが、そのときは $c_1=0$ を選べばずっと $c_{奇数}=0$ となり無限級数は出てきません。結局、

$$u(z) = c_0 + c_2 z^2 + c_4 z^4 + \cdots + c_{2m} z^{2m} \tag{A4.25}$$

という形の多項式になります。

$\lambda=2m+1$(奇数)のとき、$c_1 \neq 0$ とすると、$c_{2m+3}=0$ となり c_{2m+1} で z の奇数べきの和は打ち止めとなります。しかし、$c_0 \neq 0$ なので z の偶数べきの係数 $c_{偶数}$ は無限に続き、$u(z)$ は無限べき級数になります。このとき、$u(z)$ は多項式になりません。以上から、$s=0$ のとき、$\lambda=$ 偶数を選べば物理的に意味の波動関数になります。

【$s=1$ のとき】

このとき、べき級数解(A4.5)は

$$u(z) = z(c_0 + c_1 z + c_2 z^2 + \cdots) = \sum_{n=0}^{\infty} c_n z^{n+1} \tag{A4.26}$$

となります。(A4.11)から

$$c_1 = 0 \tag{A4.27}$$

となり、(A4.12)は

$$c_{n+2} = \frac{2(n+1-\lambda)}{(n+2)(n+3)} c_n \tag{A4.28}$$

となります。(A4.27)と(A4.28)から

$$c_{奇数} = 0$$

となります。つまり、(A4.26)を見るとわかるように、べき級数は $c_{奇数} z^{偶数}$ の和になっているので、z の偶数べきの係数はすべてゼロになります。$c_0 \neq 0$ なので、前回の議論から $u(z)$ が多項式になるには $c_{偶数}$ がどこかでゼロになればよいわけです。$c_{偶数}$ のとき $n=$ 偶数なので、(A4.28)

から $\lambda = n+1 =$ 奇数を選べば $u(z)$ は必ず多項式になります。結局、

$$u(z) = c_0 z + c_2 z^3 + c_4 z^5 + \cdots + c_{2m} z^{2m+1}$$

という形の多項式になります。

手順3）まとめ

以上をまとめると、物理的に意味のある調和振動子の波動関数を得るには $u(z)$ が多項式でなければなりません。そのとき、

$s=0$ のときは $\lambda = 0, 2, 4, \cdots$（非負の偶数）を選ぶ→ $u(z)$ は偶関数の多項式

$s=1$ のときは $\lambda = 1, 3, 5, \cdots$（非負の奇数）を選ぶ→ $u(z)$ は奇関数の多項式

となります。このようにして、λ の値が決まります。

上記の場合分けをまとめてしまうと、$\lambda = 0, 1, 2, \cdots$（非負整数）のとき，$u(z)$ は多項式解になることができます。まとめてしまっていいのかと思う読者がいると思いますが、λ が非負整数であれば、必ず多項式解 $u(z)$ が存在することが重要なのです。そして、すでに知られている $u(z)$ がエルミート多項式なのです。

以上から、(A4.3)は $\dfrac{E}{\hbar\omega} - \dfrac{1}{2} = n$ となり、(8.27)の

$$E = \hbar\omega\left(n + \dfrac{1}{2}\right)$$

を得ます。このように、調和振動子のエネルギー固有値は離散化します。

章末問題略解

第1章 (P. 23)

1.1 $E = h\dfrac{c}{\lambda} = 6.63 \times 10^{-34} \times \dfrac{3 \times 10^8}{650 \times 10^{-9}} = 3.06 \times 10^{-19} [\text{J}] = 1.9 [\text{eV}]$

1.2 振動数：$\nu = \dfrac{E}{h} = \dfrac{1.6 \times 10^{-19}}{6.63 \times 10^{-34}} = 2.4 \times 10^{14} [\text{Hz}]$

　　 波長：$\lambda = \dfrac{c}{\nu} = \dfrac{3 \times 10^8}{2.4 \times 10^{14}} = 1.25 \times 10^{-6} [\text{m}]$

1.3 2.5×10^{20} 個

第2章 (P. 42)

2.4 電子：$\lambda = \dfrac{h}{mv} = \dfrac{6.63 \times 10^{-34}}{9.1 \times 10^{-31} \times 10^7} = 7.28 \times 10^{-11} [\text{m}]$

　　 陽子：$\lambda = \dfrac{h}{mv} = \dfrac{6.63 \times 10^{-34}}{1.67 \times 10^{-27} \times 10^7} = 3.97 \times 10^{-14} [\text{m}]$

第3章 (P. 52)

3.1 $\psi(x) = \int_{-k_0}^{k_0} g_0\, e^{ikx}\, dk = 2g_0 \dfrac{\sin k_0 x}{x}$

3.2 $\dfrac{1}{2}\hbar\omega$

第4章 (P. 72)

4.1 (1) 規格化条件から $1 = \int_{-\infty}^{\infty} \psi^* \psi\, dx = N^2 \sqrt{\dfrac{\pi}{2}}$ となるので、$N = \left(\dfrac{2}{\pi}\right)^{\frac{1}{4}}$

　　 (2) $\langle x \rangle = \int_{-\infty}^{\infty} \psi^* x \psi\, dx = \left(\dfrac{2}{\pi}\right)^{\frac{1}{2}} \int_{-\infty}^{\infty} x\, e^{-2x^2}\, dx = 0$

　　 (3) $\langle x^2 \rangle = \int_{-\infty}^{\infty} \psi^* x^2 \psi\, dx = \left(\dfrac{2}{\pi}\right)^{\frac{1}{2}} \int_{-\infty}^{\infty} x^2\, e^{-2x^2}\, dx = \dfrac{1}{4}$

4.2 $\dfrac{d}{dx}e^{ikx} = ike^{ikx}$ なので、固有値は ik

4.3 (1) 整数 m, n に対して

$m \neq n$ のとき、$\int_{-1/2}^{1/2} \psi_m^* \psi_n \, dx = \dfrac{1}{i \, 2\pi(n-m)} \left[e^{i 2\pi(n-m)x} \right]_{-1/2}^{1/2} = 0$

$m = n$ のとき、$\int_{-1/2}^{1/2} \psi_n^* \psi_n \, dx = \int_{-1/2}^{1/2} 1 \, dx = 1$ なので、

$\int_{-1/2}^{1/2} \psi_m^* \psi_n \, dx = \delta_{m,n}$

(2) $n = 0$ のとき $c_0 = \int_{-1/2}^{1/2} x \, dx = 0$

$n \neq 0$ のとき $c_n = \int_{-1/2}^{1/2} x \, e^{-i 2\pi n x} \, dx = -i \int_{-1/2}^{1/2} x \sin 2\pi n x \, dx = i \dfrac{(-1)^n}{2\pi n}$

4.4 $\int_{-\infty}^{\infty} \psi_1^* \hat{p}_x \psi_2 \, dx = -i\hbar \int_{-\infty}^{\infty} \psi_1^* \dfrac{\partial}{\partial x} \psi_2 \, dx$

$= -i\hbar \left[\psi_1^* \psi_2 \right]_{-\infty}^{\infty} + i\hbar \int_{-\infty}^{\infty} \left(\dfrac{\partial}{\partial x} \psi_1^* \right) \psi_2 \, dx = \int_{-\infty}^{\infty} \left(\hat{p}_x \psi_1 \right)^* \psi_2 \, dx$

4.6 $\left[\hat{x}, \hat{p}_x^2 \right] = \hat{p}_x \left[\hat{x}, \hat{p}_x \right] + \left[\hat{x}, \hat{p}_x \right] \hat{p}_x = 2i\hbar \hat{p}_x$

第 5 章 (P. 86)

5.3 基底状態のエネルギー固有値は $\dfrac{3\hbar^2 \pi^2}{2mL^2}$、量子数は $(1, 1, 1)$。

第 2 励起状態はエネルギー固有値 $\dfrac{9\hbar^2 \pi^2}{2mL^2}$ で、量子数 $(2,2,1)\,(2,1,2)\,(1,2,2)$ の量子状態で 3 重に縮退している。

第 6 章 (P. 97)

6.1 図 6-3 から $V_0 \to \infty$ では $K = \dfrac{\pi}{2} n$ になるので、$E_n = \dfrac{\hbar^2}{2m} \left(\dfrac{\pi}{2a} n \right)^2$

6.2 各領域の波動関数の境界条件と接続条件を解くと、エネルギー固有値を決める方程式は、本章の (6.23) と (6.24) と同じになる。束縛条件の存在はそれら 2 つのグラフが交点を持つ条件となり、$V_0 > \dfrac{\hbar^2}{2m} \left(\dfrac{\pi}{2a} \right)^2$

第 7 章 (P. 113)

7.1 (7.19) の透過率の式と同じになる。

第 8 章 (P. 128)

8.1 ハミルトニアンを X, x で書き直し

$$\hat{H} = -\frac{\hbar^2}{2\cdot\boxed{2m}}\frac{\partial^2}{\partial X^2} + \frac{1}{2}\boxed{2k}X^2 - \frac{\hbar^2}{2\cdot\boxed{\dfrac{m}{2}}}\frac{\partial^2}{\partial x^2} + \frac{1}{2}\cdot\boxed{\dfrac{3}{2}}kx^2 。$$

（重心運動の質量とばね定数／相対運動の質量とばね定数）

この式から、重心運動と相対運動それぞれの調和振動子の角振動数が求められ、エネルギー固有値は2つの調和振動子の和より

$$E = \left(n_1 + \frac{1}{2}\right)\hbar\sqrt{\frac{k}{m}} + \left(n_2 + \frac{1}{2}\right)\hbar\sqrt{\frac{3k}{m}} \quad (n_1, n_2 = 1, 2, 3, \cdots)$$

（重心運動の角振動数／相対運動の角振動数）

第 9 章 (P. 148)

9.1, 9.2 付録 1 を参照

第 10 章 (P. 160)

10.1 偏微分に注意して導出

第 11 章 (P. 177)

11.2 $l=0$ のとき $m=0$ (縮退度 1)、$l=1$ のとき $m=0, \pm 1$ (縮退度 3)、$l=2$ のとき $m=0, \pm 1, \pm 2$ (縮退度 5)、$l=3$ のとき $m=0, \pm 1, \pm 2, \pm 3$ (縮退度 7) なので、合計して $n=4$ の縮退度は 16。

第 12 章 (P. 204)

12.2 $E = \hbar\omega\left(n + \dfrac{1}{2}\right)\left(1 + \dfrac{\lambda}{m\omega^2} - \dfrac{\lambda^2}{2m^2\omega^4}\right)$

12.3 $E = 3\hbar\omega$ をもつ 3 重縮退の量子数は $(1,1)(2,0)(0,2)$。永年方程式を立て、(12.44) から $V_{11,20} = V_{11,02} = \dfrac{1}{\sqrt{2}\alpha^2}$ なので、$E^{(1)} = 0, \pm\dfrac{1}{\alpha^2}$

略解 253

索引 INDEX

ア行

- ウィーンの式 — 27
- エネルギー固有値 — 62
- エネルギー準位 — 31
- エネルギー量子 — 30
- エルミート演算子 — 65
- エルミート共役演算子 — 65
- エルミート多項式 — 121

カ行

- ガウス積分 — 231
- ガウス平面 — 225
- 可換 — 68
- 角振動数 — 117
- 確率の流れ — 100
- 確率の流れの密度 — 102
- 下降演算子 — 207
- 可視光 — 16
- 干渉現象 — 15
- 干渉縞 — 15
- 完全正規直交系 — 63, 79
- 規格化条件 — 59
- 規格直交性 — 63
- 奇関数 — 92
- 基底状態 — 37, 78
- 球面調和関数 — 139
- 境界条件 — 75
- 極座標系 — 131, 229
- 偶関数 — 92
- 偶奇性 — 92
- クォーク — 12
- クロネッカーのデルタ記号 — 63
- ゲージ粒子 — 11
- 限界振動数 — 18
- 原子 — 10
- 交換子 — 68
- 格子振動 — 126
- 光電効果 — 18
- 光量子仮説 — 20
- 黒体輻射 — 27
- 固有関数 — 61
- 固有状態 — 62
- 固有値 — 61

サ行

- 質量 — 219
- 磁気量子数 — 141, 156
- 周期 — 16
- 周期的境界条件 — 136
- 周波数 — 16
- 縮退 — 84
- 主量子数 — 166
- 上昇演算子 — 207
- 状態数 — 28
- 真空エネルギー — 126
- 真空状態 — 126
- 振動数 — 16
- スピン — 212
- スピンの大きさ — 219
- スペクトル分布 — 26
- 接続条件 — 90
- 遷移 — 37
- 漸近解 — 119

線形結合	62	微分演算子	55
全微分	228	フェルミオン	221
束縛状態	74	フェルミの黄金律	202
素粒子	11	フェルミ粒子	217, 221
素粒子論	13	フォノン	126
		不確定性関係	46
		不確定性原理	51

タ・ナ行

代数	206
中心力	133
調和振動子	118
テイラー展開	226
展開係数	63
電荷	219
電磁波	16
同種粒子	219
ド・ブロイ波長	40
トンネル効果	107
熱輻射	26
熱放射	26

複素平面	225
物質波	40
物質粒子	11
プランク定数	20
プランクの放射式	30
平面波	240
べき級数展開	226
偏微分	227
方位量子数	141, 156
方向量子化	157
ボーアの原子模型	37
ボーズ粒子	221
ボルツマン定数	28
ボゾン	221

ハ行

パウリの排他原理	217
波数	46
波束	44
波長	16
波動関数	44, 55
波動場	239
ばねの単振動	116
ハミルトニアン	56
波面	239
パリティ	92
バルマー系列	36
反可換	217
非可換	68
光の強さ	18
光の二重性	22

マ・ラ行

ミクロの世界	11
無限次元ベクトル空間	66
モード数	28
ラゲールの陪多項式	165
量子数	37, 77
量子力学	13
ルジャンドル多項式	139
ルジャンドルの陪関数	139
励起状態	37, 78
零点エネルギー	123
零点振動	123
レーリー・ジーンズの式	28
レプトン	12
連続方程式	101

【著者略歴】

伊東　正人（いとう・まさと）
　1968年生まれ。東京工業大学総合理学研究科修士課程修了後、（株）ソニーを経て、名古屋大学大学院理学研究科博士課程修了。現在、愛知教育大学自然科学コース（宇宙・物質科学専攻）准教授。理学博士。専門分野は素粒子論。

カバーイラスト	● ゆずりはさとし
カバー・本文デザイン	● 下野剛／小山巧（志岐デザイン事務所）
編集	● 株式会社エディット（冨田智）
DTP	● 株式会社エディット／株式会社千里
本文イラスト	● 樫居晶

ファーストブック
量子力学がわかる
りょうし　りきがく

2010年7月25日　　初版　　第1刷発行

著　者　伊東 正人
発行者　片岡 巌
発行所　株式会社技術評論社
　　　　東京都新宿区市谷左内町 21-13
　　　　電話　03-3513-6150 販売促進部
　　　　　　　03-3267-2270 編集部
印刷／製本　　株式会社加藤文明社

定価はカバーに表示してあります。

本書の一部または全部を著作権法の定める範囲を越え、無断で複写、転載、複製、テープ化、ファイルに落とすことを禁じます。

©2010　伊東正人

> 造本には細心の注意を払っておりますが、万一、乱丁（ページの乱れ）や落丁（ページの抜け）がございましたら、小社販売促進部までお送りください。送料小社負担にてお取り替えいたします。

ISBN 978-4-7741-4287-6　C3042
Printed in Japan